強 鄰 在 側

韓恩澤博士於此書中不遺餘力地探索了中國與東南亞的兩個鄰國——緬甸和泰國的關係，敏銳地闡述了鄰域效應對國家互動產生的影響。此書對相關領域貢獻卓越，見解獨創，強烈推薦。

——**王賡武**，新加坡國立大學特級教授

《強鄰在側》是一本精彩、深入而又易於閱讀的傑出著作，它同時遊走於比較政治學的宏觀視野、歷史學的豐富素材與人類學的田野深耕。韓恩澤提出「鄰域效應」理論，有力地分析了中國、緬甸與泰國彼此不對等的國力互動關係如何衝擊到邊區的治理，並影響國家的整合與國族的認同。作者不但打破了中國研究與東南亞研究的傳統區隔，其多語言的資料運用、清晰的理論陳述與優美的文字敘述在在反映了他深厚的學術功力。

——**張雯勤**，台灣中央研究院人文社會科學研究中心研究員

韓恩澤教授在本書中提出的許多具有開創性的論點，極大地影響了我們對國家建構的理解，迫使我們重新思考中國與東南亞邊疆政治的基本概念。如本書提出了一種超越有形國界的單一視角看待國家建構的新穎方法，認為國家建構不是由政治制度、地理、人口以及戰爭等國內因素決定的孤立過程，而是受「鄰域效應」和權力不對稱關係影響的互動過程。韓教授還指出，強大鄰國可以作為影響一國的國家建構和政治發展路徑的關鍵變量。

——李晨陽，雲南大學副校長、緬甸研究院創院院長

作者探討中緬泰邊區的國家建構，為讀者呈現及時且嶄新的研究成果。作者為這個複雜的邊區地帶提供了全新的理解方式，呈現出中國及其鄰國緬甸和泰國盤根錯節的關係，令本書尤有新意。有別於傳統的地區研究方法，作者並非單一考察各個國家，而是提出「鄰域效應」，進一步把國家和國族建構視為一個深受跨境情勢影響、相異但密切相關的過程，這是個可喜的轉變。作者引用多種語言的資料將為專家所欣賞，而把複雜的地理、政治和民族脈絡以簡單易明的方式進行敘述，亦將為普通讀者所樂於接受。

——**Michael Brose**，印第安納大學東亞研究中心主任

中泰邊區博弈下
緬甸的國家命運

強鄰

Asymmetrical
Neighbors

Borderland State Building between China and Southeast Asia

在側

韓恩澤——著

林紋沛——譯

香港中文大學出版社

《強鄰在側：中泰邊區博弈下緬甸的國家命運》
韓恩澤 著
林紋沛 譯

繁體中文版©香港中文大學 2022

本書由 Oxford University Press 2019 年出版之 *Asymmetrical Neighbors: Borderland State Building between China and Southeast Asia* 翻譯而來，由 Oxford University Press 授權出版。

本書版權為香港中文大學所有。除獲香港中文大學
書面允許外，不得在任何地區，以任何方式，任何
文字翻印、仿製或轉載本書文字或圖表。

國際統一書號 (ISBN)：978-988-237-244-3

出版：香港中文大學出版社
　　　香港 新界 沙田 · 香港中文大學
　　　傳真：+852 2603 7355
　　　電郵：cup@cuhk.edu.hk
　　　網址：cup.cuhk.edu.hk

Asymmetrical Neighbors:
Borderland State Building between China and Southeast Asia
By Enze Han
Translated by Lin Wenpei

Traditional Chinese edition © The Chinese University of Hong Kong 2022
All Rights Reserved.

© Oxford University Press 2019

Asymmetrical Neighbors: Borderland State Building between China and Southeast Asia was originally published in English in 2019. This translation is published by arrangement with Oxford University Press. The Chinese University of Hong Kong Press is solely responsible for this translation from the original work and Oxford University Press shall have no liability for any errors, omissions or inaccuracies or ambiguities in such translation or for any losses caused by reliance thereon.

ISBN: 978-988-237-244-3

Published by The Chinese University of Hong Kong Press
　　　　The Chinese University of Hong Kong
　　　　Sha Tin, N.T., Hong Kong
　　　　Fax: +852 2603 7355
　　　　Email: cup@cuhk.edu.hk
　　　　Website: cup.cuhk.edu.hk

Printed in Hong Kong

目　錄

音譯及參考資料説明

　　原文書裏的中文字和中文姓名，除直接引用處，一般音譯皆用
漢語拼音系統，本譯本多數中文姓名及名詞則直接寫出原中文；緬
文和泰文依照一般的羅馬拼音法。此外，書末提供中文、泰文、緬
文、英文書目的原文資訊。

中譯版序言

2021年2月1日緬甸又一次發生軍事政變。這是緬甸在2010年軍政府轉型為民政府之後的又一次軍人攝政。軍方電台宣布，以民盟去年11月全國大選舞弊為由，宣布不承認選舉的結果，同時號稱緬甸軍方在現有憲法下有權接管，軍委主席大將軍敏昂萊接手主持大局。昂山素姬和民盟的其他政治要員則受囚獄之災，緬甸局勢一下變得空前緊張。

這一次政變其實來的有些突然，之前也沒有什麼徵兆。畢竟，過去十年左右的時間，隨著2010年之後緬甸政治經濟的開放，軍方其實可以說是一個最大的得利者。軍方不僅在政治上控制25%強的議會席位，從而保證其否決權。與此同時，軍隊在社會經濟全方位滲透控制，所以緬甸開放後經濟快速增長，對於軍方及其領導人和家屬來說，應該有很多人從中謀取了暴利。所以，當這一次軍方又宣布政變，從而造成了國內局勢大動盪和國際形勢危機四伏，其原因著實有點令人費解。

估計軍方也沒料到這次政變造成的社會反彈會如此強烈。將軍們本來可能以為時機不錯，在新冠肺炎肆虐的情況下，國際社會和西方各國都自顧不暇，哪會有多餘的關注力放在緬甸？當然，軍方也沒預料到，緬甸社會的反抗會這麼劇烈。這無疑是一個非常愚蠢的錯誤，完全誤判了過去十年政治經濟開放造成的社會大整型與變遷。在過去十年裏，緬甸政治逐漸開放，經濟獲得快速增長，在這期間成長起來的年輕一代，尤其珍惜現在自由開放的生活，無法接受回到過去的時代倒退。所以當政變發生，整個緬甸社會都加入公民抗議運動，強力反抗軍政府的統治。

然而，軍政府的暴力鎮壓日趨血腥。緬甸各大小城市出現巷戰，軍警士兵對手無寸鐵的平民大開殺戮。一場人道主義的悲劇又在緬甸上演，然而國際社會對緬甸政局動盪的回應軟弱無力。媒體關注焦點也放在緬甸最大的鄰國，揣測中國如何出招應對。

中國作為緬甸最大貿易夥伴、第二大外資投資來源，在緬的利益巨大，同時國內對緬外交口又多而錯綜複雜。中國同時也是聯合國安理會的常任理事國，其外交政策一向推崇「不干涉別國內政」，尤其對於譴責威權政府暴力行為三緘其口。所以當中國和俄羅斯在安理會對緬聲明裏抹去譴責政變等字眼時，中國一下成為緬甸國內民憤的眾矢之的，社交媒體上充斥針對中國及其在緬投資的負面情緒，全民反華浪潮一觸即發。

緬甸反華排華的歷史由來已久。緬甸國族主義的建構從英國殖民時期開始就有很強的仇恨排外傾向，再加上中國共產黨在冷戰期間曾支持緬甸共產黨，緬甸內政深受其北邊鄰國的影響。中國改革開放後，經濟騰飛，近幾十年來對緬的經濟滲透支配極其深刻，緬甸國內民眾對於所謂中國對緬資源掠奪也十分反感。的確，緬甸對於應對中國這個強鄰一直是束手無策。此描述也同樣適用緬甸同其另一強鄰泰國之間又愛又恨的關係。毋庸置疑的是，緬甸國內政治經濟和社會變遷也深受其鄰國影響。

　　本書講述的就是緬甸及強鄰中國和泰國的近現代關係，尤其聚焦中、緬、泰三國交界的邊區，詳盡描繪這三個國家邊區地帶的國家建構及國族建構進程。書中爬梳了各國國家、國族建構差異的歷史發展及當代樣貌，藉此強調跨越國界的不對等國力關係，如何深深影響邊區地帶的政治結構方式，又如何深深影響國家整合和國族認同建構的多樣結果。從後文可以看到，這個國家整合和國族認同建構的過程，對於我們了解現今緬甸國內政局及其與中、泰兩國的關係都舉足輕重。

　　這片橫跨東南亞大陸和中國西南地區之間的高地，山巒綿亙、人煙稀少，並且民族十分多樣。在歷史上很長一段時間，這片高地和在此生活的人民遠離中央集權國家。然而，過去受限於山區地形障礙而隔絕於世，自20世紀上半葉以來，這片高地已成為現代國家滲透的目標。通過現代化的武力、交通和科技，擁有著建立民族國家的雄心，這些國家努力進入這片偏遠區域並鞏固其控制。然而，這些現代化國家和國族建構的進程究竟是如何在這片邊區高地進行的，尚未得到全面的檢視。事實上，很少人關注並比較分析在東南亞高地邊界區域中，不同國家之間的國家和國族建構進程及其變化原因。

　　今天，當我們看著緬甸與中國和泰國的邊界時，可以發現中、泰明顯各自鞏固了邊境主權，並跨越邊境將其經濟和文化影響投射到緬甸一側的相鄰地區。中、泰的國族建構也相對成功，因為越來越多邊境民族認同自身為中國公民或泰國公民。而緬甸政府則持續面臨族群叛亂、地方武裝遍布其邊疆地帶的狀況，民族建構進程也屢受衝擊。那麼，我們該如何解釋這種橫跨共同邊境的國家和民族建構之不同？為何緬甸政府無法在其領土內完全壟斷暴力？為何中國西南或泰國北部並未發生國家分裂的情形？

　　拙著《強鄰在側》英文版於 2019 年由牛津大學出版社發表。書中提供了一個歷史比較論述，聚焦討論在中國和東南亞邊境高山地區的國家及國族建構進程。該書旨在闡述一個理論性問題，即國家和國族的建構應被視為跨越國家邊界的一個互動性過程，與現有主要關注單一國家之研究不同，論述的是一個國家和國族的建構如何跨越邊界影響他國，以及被他國的建構過程所影響。本書對中國、緬甸以及泰國邊境之間國家和國族建構的現代歷史，進行了豐富詳盡的介紹。同時，也旨在消除隔離中國研究與東南亞研究的障礙，且強調中國和東南亞如何緊密連結。

　　近來中、美關係的平衡日漸打破，大國競爭也越演越烈。雖然現時中、美競爭焦點聚集在香港、台灣和南海，但東南亞其實一直都是中、美競爭之前沿陣地。所以，了解東南亞的歷史和現狀都有助於我們更好的為中、美角逐做好準備。

　　從二戰結束開始，國共內戰後，國民黨殘軍兵敗雲南入侵緬甸，在 1950 和 1960 年代長期占據緬甸東撣邦。因毒品和軍火貿易而臭名昭著的金三角就可以追溯到這段不光采的冷戰歷史。在美國中情局的支持下，通過台灣和泰國的供給，國民黨軍隊駐紮緬甸對中國大陸西南邊疆不時進行武裝騷擾。在緬甸，國民黨軍隊的入侵加強了緬甸軍方相對於平民政府的力量，為接下來數十年的軍事統治奠下基礎。

　　冷戰期間的東南亞同時還充斥著很大規模的共產武裝革命。在國際共產主義和反共產主義的對抗衝擊下，東南亞的中南半島首當其衝成為美國武力介入的戰場。與此同時，很多當地政府也面臨國內武裝起義的威脅。從馬來亞到泰國，從菲律賓到緬甸，各個國家都有本國的共產黨得到國際共產，尤其是中國共產黨的支持，進而反動威脅其政權的軍事行動。就是因為在這樣錯綜複雜的大國競爭關係下，我們才需要理解解釋東南亞國家的內政外交時，為什麼需要著重考慮到冷戰期間國際地區的戰略角逐。缺乏對中國和東南亞關係的了解，很多時候就無法解釋許多東南亞國家的外交關係和國內政策的制定。

不同於美國，中國和東南亞互為鄰里，也有很長的互動歷史，尤其是華人下南洋的移民歷史，使中國與華人華僑及當地國家之間的關係既密切又複雜。雖然地理位置那麼接近，然而中文學術界對東南亞的研究並未具有規模及深度。從政治學到國際關係，從歷史學到人類學等，大部分中國大陸及台灣和香港學者，往往視角落在中國本身或其他大國（例如，歐、美、日、俄），反而對自身周邊的這些「小國」缺乏興趣與了解。這也表現在現有教育研究體制下，對東南亞國家語言和歷史文化教學的欠缺。

同時，很多對於中國邊疆研究的著作，焦點大部分其實也只侷限於中國境內，現有的文獻著作很少突破邊界，把中國和其他鄰國放在一起。拙著正是在此突破了中國研究的侷限，把視角帶到中國和鄰國在邊疆的互動上，以一個跨邊境的敘事方式，做出理論和方法上的貢獻。

本書的成形經過多年醞釀。2013年，我根據博士論文出版了討論中國民族政治的第一本書，之後對下一步茫無頭緒。我研究中國民族政治這個課題好一陣子以後，對緬甸屆時正發生的轉變深深入迷，因而開始關注緬甸持續變化的對中關係。因為這個新興趣，我決定開始學習緬語。那個時候，我還在倫敦大學亞非學院工作，作為學院教職員，我可以隨心所欲修習語言課，於是便報名了初級緬語課程。我和東南亞研究重續前緣的旅程於焉展開。

說是「重續前緣」，是因為我過去曾和東南亞相遇，多年以前還在北京外國語大學讀本科時，學的專業就是老撾語，同時也學習了泰語。後來到英屬哥倫比亞大學念碩士時，也修過一學年的東南亞政治課程。不過到喬治華盛頓大學讀博士時，我的研究興趣轉向中國的國內政治。因此很高興能和東南亞重續前緣，自己也老驥伏櫪地學了一門新語言——緬語。

上緬語課是我過去幾年來數一數二好的決定。歐凱爾老師 (John Okell)、瓦金斯老師 (Justin Watkins) 和莎曾老師 (Tha Zin) 的精湛教學不只讓我體會到自己多喜歡學語言，也讓我了解緬甸的國內政治和對外關係多麼引人入勝。我特別好奇緬甸和中國之間的邊區議題。幸運的是，克欽政治與社會的一流專家薩丹 (Mandy Sadan) 也在亞非學院，我在她的熱心介紹下，初次前往克欽獨立軍 (Kachin Independence Army) 控制的邊境城鎮「拉咱」(Laiza)，自此展開我對這片紛擾邊區的國家建構政治研究。

我也大約在這段時間開始和泰國學者交遊往來，之後在2013年夏天前往曼谷法政大學當訪問學人，從此成為定期造訪泰國的旅人。在此特別感謝艾穆約特 (Sorayut Aiemueayut)、阿里 (Virot Ali)、朗斯里 (Waraporn Ruangsri)、桑塔松巴 (Yos Santasombat)、翁蘇拉瓦 (Wasana Wongsurawat)，他們讓我的曼谷和清邁之旅滿載而歸。

本書呈現的研究計畫在構思階段受惠於普林斯頓高等研究院 (Institute for Advanced Study, IAS) 社會科學研究所提供的研究獎助，讓我可以在2015年重回普林研修一年。法尚 (Didier Fassin) 在普林斯頓高等研究院開設的一系列邊界與界限專題的討論，授予我得以打造出本書理論框架的完美知識背景。我還遇見三位難能可貴的益友：高夫曼 (Alice Goffman)、金 (Monica Kim)、帕倫娜 (Rhacel Salazer Parreñas)，她們給我陪伴，支持我度過在普林高研院樹林裏與世隔絕的日子。她們的鼓勵帶給我莫大的力量，若非經過我們在南卡羅來納州、加州、曼谷的寫作聚會的沉澱，本書無以脫胎為今日的面貌。除此之外,在普林斯頓時,張恩恩敞開家門接待我,讓我在普林有家的感覺,懷念她載我出門採買的日子。

這些年來,我從亞非學院的優秀同事身上獲益良多。我要感謝政治與國際研究學系的同事,謝謝他們給予我友好互助的環境。本書研究寫作的日子也獲得利弗休姆研究獎助(Leverhulme Research Fellowship)和英國文化協會牛頓基金(British Council Newton Fund)資助。兩筆獎助為我卸下教學的重擔,讓我有時間和資源進行田野調查並專心寫作。

我也要感謝亞非學院員工發展處,謝謝他們資助兩年在仰光的緬語暑期課程。我也受到韓國東亞研究院的獎助,得以在以下各地大學就進行中的研究發表一系列演講,包括首爾的東亞研究院、上海復旦大學、東京慶應義塾大學、台北國立台灣大學。也謝謝霍爾(Todd Hall)幫我安排2016年上學期前往牛津大學聖安妮學院(St Anne's College)當訪問學人。

本書的最後幾章是我到香港大學任職之後寫成的。謝謝香港大學的卜約翰(John Burns)、趙為民、馮康雲、何立仁(Ian Holliday)、胡偉星、郭全鎧、王曉琦、李慧、閻小駿、朱江南,感謝他們的協助和支持,讓我順利轉換適應香港的新生活。此外也謝謝狄忠浦(Bruce Dickson)和邁洛納斯(Harris Mylonas)始終支持我,每當我尋求職涯建議或需要推薦信時,都大方幫忙。

我當然也必須感謝中國大陸、緬甸、台灣、泰國的每一位報導人和受訪者,是他們提供我一則又一則故事,構成本書的民族誌元素。他們的身分經過匿名處理,我無法一一點名致謝。

在此也謝謝布朗(James Brown)、柯曼沙泰(Sirada Khemanitthathai)、懷斐貌(Wai Phyo Maung)、辛松布通(Tinnaphop Sinsomboonthong)、西雷拉特(Tinakrit Sireerat)、辛奈溫(Zinn Ne Win),謝謝他們在研究

工作上的完美協助。謝謝迪爾門特（Alaric DeArment）協助校稿。牛津大學出版社的祁娜柯（Angela Chnapko）是我心目中的最佳編輯。

本書部分內容曾發表於台灣中央研究院、清邁大學、朱拉隆功大學、喬治華盛頓大學、暨南大學、京都大學、馬希寶大學（Mahidol University）、普林斯頓大學、杜林世界事務研究所（Torino World Affairs Institute）、英屬哥倫比亞大學、加州大學柏克萊分校、雲南大學。謝謝上述演講時，大家賜教的一切評論與回饋。

現有機會能把拙著譯成中文，必能拓寬中文學界對於東南亞的了解，以及加深對中國邊疆研究與東南亞關係的共識。尤其是對緬甸還有泰國感興趣的讀者，通過本書也會更加意識到中國和這些國家之間千絲萬縷的聯繫。非常感謝香港中文大學出版社的葉敏磊編輯和冼懿穎編輯對本書的垂青和支持，也感謝林紋沛小姐深厚的中文功底，把本書翻譯成爽口能讀的中文。

最後感謝家人始終守候著我。這些年來，父母和姐姐一直是我生命中最重要的部分。我將本書獻給外甥女徐怡霖和外甥徐奕愷，他們讓我這位舅舅引以為榮。

韓恩澤
2021年春
香港

緒　論

　　7月炎熱的一個夏日午後，我的班機降落在德宏芒市機場。芒市是中國西南雲南省境內靠近緬甸的小型邊境城市，也是德宏傣族景頗族自治州州府，距離昆明約一小時飛行航程。來接機的是兩個快三十歲的年輕人，他們的任務是帶我跨越邊界前往緬甸拉咱，[1]也就是克欽獨立組織（Kachin Independence Organization）及其軍隊克欽獨立軍的總部所在。

　　當時是2013年，幾個月前緬甸政府軍（Tatmadaw）和克欽獨立軍才剛爆發過軍事衝突，蹂躪這片邊區地帶。來接我的兩人都為克欽獨立組織工作，其中一位我叫他「阿貌」（Maung），阿貌是緬甸的克欽族，精通英語，但不大會說中文；另一位叫「阿華」，是中國的景頗族（中國對克欽族的稱呼），說得一口流利普通話。

　　他們驅車載我開往距芒市機場約200公里遠的邊界。機場出來的高速公路得益於最近中國基礎建設的現代化，又新又快，相當平穩。我們不久便抵達盈江，匆匆用過晚餐繼續向邊界前進，此時天色已暗。在車上，阿貌告訴我，自從幾個月前軍事對抗升級以來，中方便在通往邊界的路上設立軍事崗哨，但晚上哨兵可能不在。我雖然有中國身分證，但不是當地居民，沒有正式跨越邊界所需的邊民證，因此入夜後再出發比較好。萬一車子被攔下來，他們教我說自己是浙江來的商人，想到拉咱對面中國境內的小鎮那邦（Nabang）尋找生意機會。

不久下起雨來，平穩公路一變而為盤山公路，穿越漆黑濃密的森林，我開始暈車。崗哨果然無人駐守，車子於是迅速通過。忽然間，眼前出現另一輛車，向我們閃爍著頭燈。阿華停車，然後我們全部下車，他告訴我，為了悄悄跨越邊界，不能再開這輛懸掛中國牌照的車。於是我們換了車，不久便駛離幹道，轉入狹窄泥濘的小路，15分鐘後抵達拉咱。

拉咱處於克欽獨立軍的實質控制下，緬甸中央政府在鎮上毫無勢力，就連官方邊境管制也一樣，中國側由人民解放軍駐守，克欽側由克欽獨立軍把守。就建築而言，拉咱像個平凡無奇的中國城鎮，只不過路標寫克欽文、緬文，也寫中文。這裏主要流通的貨幣是中國人民幣，移動電話網路也是中國的網路。克欽獨立軍在鎮上巡邏，步槍鬆垮垮地掛在背後，許多商家則由中國移民經營。儘管拉咱官方上隸屬緬甸領土，所有地圖也會毫無爭議地將拉咱置於緬甸國家主權疆界之內，但毋庸置疑的是，緬甸國家主權實際上並未觸及此地。

沿著中國和緬甸之間長達2,000多公里的綿長邊界，有不少領土像拉咱一樣，緬甸在該地的主權畸零破碎，強弱不一。克欽邦和撣邦（Shan State）兩地皆有許多少數民族地方武裝繼續控制零星領土，維持直接行政管理。緬甸和泰國之間的邊界情況也一樣，只是不如中、緬邊界嚴重。某些組織（例如克欽獨立軍）仍和緬甸政府軍不時有衝突。克欽獨立軍拒絕解除武裝，2011年6月和政府軍再掀戰端，直到2013年雙方重啟停火對話時，戰事仍零星爆發。戰況在2012年12月和2013年1月白熱化，當時政府軍頻頻空襲、密集轟炸，攻擊拉咱周遭的克欽獨立軍據點。[2]

早在克欽衝突的幾年以前，類似情節就曾上演，當時果敢的叛軍——緬甸民族民主同盟軍（Myanmar National Democratic Alliance Army，簡稱果敢同盟軍）——遭到緬甸政府軍攻擊，政府軍成功將其逐出基地。然而，在其他幾支少數民族地方武裝的支援下，果敢同盟軍領袖彭家聲（Peng Jiasheng）率領部隊回到果敢，戰事於是再次爆發。[3]

2015年2月，果敢同盟軍攻擊果敢首府老街（Laugai）一帶的緬甸政府軍崗哨。戰事延燒至5月，直到緬甸政府軍終於攻下果敢同盟軍的最後據點。[4]除了克欽獨立軍和果敢同盟軍，還有好幾個少數民族武裝組織，比如佤邦聯合軍（United Wa State Army）、撣邦東部民族民主同盟軍（National Democratic Alliance Army，簡稱勐拉軍）、撣邦軍（Shan State Army）等，以及許多民兵團，仍然控制克欽邦和撣邦邊區地帶的部分領土，維持不同程度的自治。

今日如果檢視緬甸毗鄰中、泰兩國的邊區地帶，可以看到這兩國皆對邊區擁有清楚穩固的主權控制，同時向邊界對面的緬甸相鄰地區輻射經濟、文化影響。與此相關，中、泰兩國皆或多或少成功推行了國族建構（Nation Building），邊區地帶的少數民族日益認同自己是中國或泰國國民，同時保有自身的民族認同，至於形式則各不相同。

相較之下，緬甸政府持續面臨少數民族武裝的抵抗，反抗政府整合國家的努力。此外，緬甸的國族建構進程也不成功，這點可以從大小少數民族的武裝看到，他們的目標是維持自治，不只行政自治，文化也自治，於緬甸政府擘畫的國族歸屬願景相差甚遠。

那麼我們如何解釋橫跨這一帶共同邊區領土上國家、國族建構的種種落差？緬甸政府為何無法在領土內，具有「韋伯理論」（Weberian）所謂的暴力控制權的壟斷地位？邊區地帶的國家破碎化是如何形成的？已大致完成國家整合的中國或泰國為何不曾發生國家破碎化？我們如何解釋中、緬、泰三國邊區地帶在國家建構與整合上的種種落差？

斯科特（James Scott）在《不受統治的藝術》（*The Art of Not Being Governed*）中，相當浪漫地敘述了歷史上橫跨東南亞大陸和中國西南高地上這片無國家空間。這片喜馬拉雅山脈和東南亞高地地區被稱做「贊米亞」（Zomia），是一大片多山崎嶇的土地，地廣人稀、民族多元。[5]傳統概念將低地的谷地農業國家視為文明傳承者，將高地的游耕民族視為野蠻人，斯科特卻顛覆傳統敘事，拒絕接受這種傳統概念。

相反地，斯科特詮釋這些「自由又流動」的高地人身具無政府本質，強調高地人如何逃離「文明」谷地國家施加的政治約束控制。[6]因此，高地人其實不是未經過中央集權國家的「文明化」，而是蓄意逃離國家，追求自由和流動性。

由於山區地形等地理阻隔，這片自由空間在近代以前難以觸及，但自20世紀上半葉以來，已成為現代國家滲透可及的目標。[7]科技實力結合主權野心——現代化國家與國族建構——大幅削弱了這片往昔的無國家空間，以配合谷地國家的利益。於是贊米亞地帶從此成為分屬不同現代國族國家的分裂地區，現代國族國家個個試圖延伸至此地，鞏固國家在這片遙遠山區的勢力，讓生活於此的人民變得「清晰可辨」。[8]

但是現代化國家與國族建構的進程究竟如何展開，這層故事尚未經過全盤檢視。事實上，鮮有研究關注此議題，以比較分析探討東南亞高地邊區如何發生不一致的國家與國族建構進程，以及落差形成的原因，本書試圖填補這塊空白。

　　本書提供的是比較歷史，描述這片「有機」高地的國家與國族建構進程。這一帶就地理和民族多元性而言，共享諸多相似處，但日益被吸納進一群與之毗鄰的現代國家。本書試圖解釋幾個鄰國在國家與國族建構上的落差，同時希望達成兩大目標。

　　目標一是闡明理論問題，釐清國家與國族建構應該如何概念化成跨越國界的互動進程。現有方法看待這類進程時，視角多半侷限於單一領土國家的疆界之內，本書希望另闢蹊徑，主張一個更有收穫的方法，就是認識一國的國家與國族建構如何影響邊界對面鄰國的國家與國族建構進程，以及又如何受鄰國影響。

　　例如，艾塞默魯（Daron Acemoglu）和羅賓森（James Robinson）在其大受歡迎的著作《國家為什麼會失敗》（*Why Nations Fail*）中主張，有些國家比其他國家富裕，是因為富國奠基於較優秀的政治制度。[9]然而，兩位作者未能理解的是，某國的失敗往往正是他國成功所造成的結果。

　　了解這層互動關係的一種方式，是檢視迪頓（Angus Deaton）如何將全球不平等視為進步的後果。[10]迪頓的《財富大逃亡》（*The Great Escape*）主張，常見的狀況是「一國的進步以另一國為**代價**」（強調處為原作者所加）。[11]迪頓分析指出，工業革命嘉惠歐洲良多，但歐洲國家的進步也意味著「亞洲、拉丁美洲、加勒比海等地的人民遭到征服劫掠，不只當時受到傷害，日後往往也背負經濟政治制度的枷鎖，被拖進長達幾世紀的貧窮和不平等。」[12]

　　本書從迪頓的方法汲取靈感，主張我們也應該將國家與國族建構的跨國界落差解釋為交互影響的進程，故一國在國家與國族建構上的成敗，可能取決於國界之外鄰國的影響因素。為此，本書提出以「鄰域效應」（Neighborhood Effect）作為思考國家與國族建構的理論視角。

　　本書的另一目標，是豐富細膩地敘述中國、緬甸、泰國之間的邊區在國家與國族建構方面的現代史。本書跨越區域研究中任意設立的既有邊界，比如將中國研究劃出東南亞研究之外，[13] 以拆毀上述障礙為目標，實證研究的章節特別著重於中國和東南亞彼此如何深深交織、密不可分。因此，相較於既有敘述討論中、緬、泰三國的國家與國族建構時，多半以單一國家為焦點，本書一併討論三國，同時專注於三國共同的邊區領土。

繼續深入之前，應該先釐清一些概念。本書所謂的國家與國族建構意指什麼？國家建構和國族建構在概念上雖然不同，實際發生時卻往往密不可分。多民族邊界地區更是如此，在此地鞏固國家控制和建立國家制度之際，往往必須同時培養國族歸屬感。[14] 緣此之故，我通常將國家建構與國族建構視為共棲共生，屬於整體計畫的一部分。儘管如此，實證研究衡量國家建構和國族建構時，往往採用不同指標。

針對國家建構，焦點放在衡量國家制度如何確立及嵌入至固定領土空間中，試圖建立由中央政府壟斷合法暴力控制權的韋伯式國家，也試圖掌握經濟主權。[15] 針對國族建構，重點往往放在創造同一國族，國族界限是主體互相理解的相互歸屬。[16] 達成國族建構的方式通常是推行各種計畫，以教導人民共同的語言、向人民灌輸國族主義意識形態為目標。本書關注國家建構和國族建構之間的種種區別，在實證研究章節涵蓋兩者的進程，同時注意到兩者緊密相關的性質。

地理、歷史、人群

本書關注的地理區域是中、緬、泰邊界上的大片邊區地帶，大致涵蓋中國雲南省南部、緬甸克欽邦與撣邦，以及泰國和緬甸接壤的北方各府（見【地圖1.1】及【地圖1.2】）。此外，這些領土坐落於三國共享的湄公河和薩爾溫江（怒江）流經之地，特色是地形多山，布滿難以跨越的幽深溪谷。這一帶還包含惡名昭彰的金三角，其自冷戰以來，一直是東南亞鴉片生產和販賣毒品的中心。[17]

地圖1.1　緬甸、泰國、中國雲南

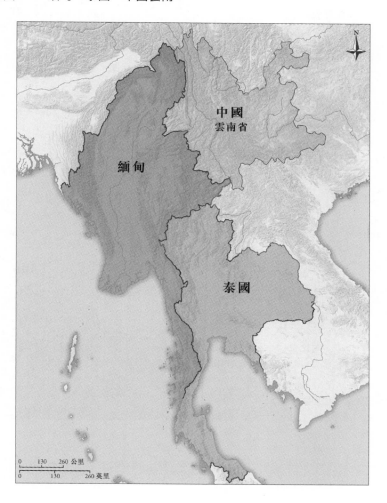

地圖1.2　中國、緬甸、泰國之間的邊區領土

各地併入低地國家的歷史境況略有出入。中國西南在18世紀中葉被大幅納入嚴格的中央集權控制之下，許多當地的少數民族首領（土司）被換成北京派任的流官。[18]不過在雲南南部，許多土司在清代及民國時期一直與中央官僚共存，直到1950年代中華人民共和國成立，才正式廢除土司制度。[19]

撣邦和克欽邦有許多土司和緬甸貢榜王朝（Konbaung Dynasty）及清代中國維持雙重朝貢關係。[20] 1885年英國殖民緬甸全境以後，克欽邦和撣邦另外劃為由英國統治的邊疆地區，緬甸本土劃為緬甸行政區（Ministerial Burma）統治，同時將緬甸全國納為英屬印度一省。[21] 1948年緬甸從英國獨立之後，邊疆地區和緬甸本土統一，但統一迅速演變為長年內戰，戰火延續至今。[22]

至於泰國北部，楠王國過去同時向緬甸及暹羅王國朝貢，18世紀中葉後成為定都曼谷的卻克里王朝（Chakri Dynasty）的附庸國。歐洲公司（以英國公司為主，但也有丹麥公司）在此享有治外法權，開發泰國北部有利可圖的柚木貿易。楠王國最終在1899年併入暹羅，是拉瑪五世朱拉隆功（Rama V Chulalongkorn）統治下中央集權化的一環。[23]

我們的確能在宏觀層級看到三者的差異：只有緬甸正式遭到大英帝國殖民。不過，中國在20世紀上半葉飽受軍閥割據、日本侵略、國共內戰蹂躪，無力推行現代意義下的直接中央集權，這些已足以說明中國的情況。[24]泰國在20世紀初收回歐洲治外法權，其後現代官僚國家才終於開始擴大影響力。各地併入中、緬、泰三國的過去，雖然就歷史脈絡而言略有出入，但現代國族國家都是20世紀中葉後，伴隨1949年中華人民共和國建立、1948年緬甸贏得獨立，以及1947年泰國軍政府上台才開始出現。

這片邊區地帶同時也涵蓋多元民族，共享跨越國界的緊密語言、文化連結。[25] 舉例來說，雲南官方承認省內有25個少數民族，占總人口34%。[26] 泰國官方不承認任何少數民族地位，堅稱住在境內的人民皆是泰人，許多少數民族——尤其是高地人（高山民族）——仍是無國籍之人。[27] 緬甸的克欽邦和撣邦民族極為多元，不過緬甸並未公布任何有關兩邦民族組成的人口普查資料。2014年最近一次人口普查的民族人口統計資料尚未公布，不過一般認為身為多數民族的緬族只占總人口68%。這表示少數民族在邊區地帶人口中，應該占有相當高的比例，這點也能從少數民族武裝組織歷久不滅，以及緬甸政府無力在此推動國家建構計畫上，推論而得。

針對部分較大民族，可以得知其人口推估與分布範圍。傣族在中國約有120萬人，撣族在緬甸約有500萬至600萬人，兩族皆與泰國北部共享緊密的語言、宗教連結。佤族在中國約有40萬人，在緬甸約有80萬人；克欽族約有100萬人在緬甸、15萬人在中國，而中國的克欽族被稱為景頗族；中國住有72萬拉祜族、緬甸住有15萬、泰國10萬；還有73萬傈僳族住在中國、60萬住在緬甸、5萬住在泰國。此外，苗族（赫蒙族）和瑤族（優勉族）也分布在這個邊區地帶。

相互關聯的論點

為了解釋國家與國族建構在橫跨中、緬、泰邊區地帶的落差，本書提出相互關聯的兩大論點。其一是從既有的國家建構文獻另闢

蹊徑，提出嶄新的理論方法，突破國界的侷限。本書不將國家建構
視為主要取決於國內因素的進程（國內因素包括戰爭和戰事準備、
政治制度、地理變數和人口變數等），轉而提倡我們應該超越國界
的限制。本書主張應該將國家建構概念化成強烈受到「鄰域效應」
影響的互動進程，檢視一國的國家建構如何可能受到鄰國相同進程
的影響。

　　本書探究鄰域效應可能發生的條件，主張鄰域效應較可能出現
在鄰國間國力不對等的狀況下，其影響則進一步取決於鄰國間關係
的性質。如果一國和國力遠比自身強大且懷有敵意的鄰國接壤，則
強國既有能力也有意願在共同的邊區地帶進行政治和軍事干涉，導
致弱國在邊區的國家建構努力破碎化。

　　如果雙邊關係較為友善，則經濟實力較強的強國依然會對弱國
的邊區地帶施加顯著影響。如果兩個鄰國勢均力敵、彼此敵對，那
麼我們可以預期雙方的邊區地帶同樣軍事化。最後，如果雙方互為
友善鄰國，則不會發生國家建構的「鄰域」效應。

　　本書對國族建構抱持類似看法，同樣主張跨境動態可能大幅影
響國內的國族建構進程，特別檢視國族建構可能發生鄰域效應的兩
種模式。

　　第一種模式是針對民族分布橫跨國界，但和族出同源的強大祖
國擁有連結者，祖國主張有權提供保護。這類民族受到外部支持與
監控，擁有較多資源和文化資本（cultural repertoire），可以對抗居住
國多數民族加諸他們身上的國族建構計畫。此論點援引布魯貝克
（Rogers Brubaker）的理論，即外部民族連結及其為該民族提供的支
持，可以徹底改變一國之內的國族政治動態。[28]

　　另一種模式則關係到分布橫跨國界，但在兩國皆屬少數的民
族。在此，本書主張這類民族會比較他們在兩個鄰國的國族建構計

畫下，經歷的不同國族主義意識形態，進而影響他們對自身生活條件
的觀感，判斷哪一邊更理想。因此，如果他們認為鄰國的外部同族
人比自己更受善待，則較有可能對居住國心生不滿。前一本討論中國
民族政治的拙作曾提出此論點，本書將其應用至跨國環境之下。[29]

綜上所述，面對中、緬、泰之間的邊區地帶，本書主張緬甸政
府在鞏固邊區地帶的控制上之所以失敗，部分原因在於冷戰期間國
力較強的兩大鄰國進行了政治、軍事干涉。此外，經濟比緬甸進步
的中、泰兩國皆在邊區地帶施加巨大的經濟影響，損耗了緬甸的經
濟主權。這兩大原因解釋了橫跨三國邊區的國家建構落差，同時也
能解釋緬甸國家的國族建構為何失敗。

就撣族而言，因為他們和泰族的民族關係密切，泰國歷史上向
來試圖支持撣族的自決運動，同時為撣族提供強大文化資本，抵抗
緬甸的緬族化進程。至於克欽族、佤族等橫跨中、緬邊界的少數民
族，身處雙重少數民族地位，表示他們會比較中、緬兩國的國族主
義意識形態與政策。越是在中國受到友善對待，就越助長他們對緬
甸國家的疏離感。

研究方法

本書採用比較歷史的研究方法，關注自從第二次世界大戰結束
以來，橫跨這片邊區地帶國家與國族建構的互動動態。國家建構的
比較研究將焦點放在衡量國家建構進程的兩大主要層面。

第一是政治、軍事面，衡量國家如何試圖鞏固實質控制，結果
有何落差，以及造成落差的原因。事實上，本書將政治、軍事面視
為最根本的層面，因為政治、軍事為後續的國家建構努力奠定基
礎。國家建構的第二層面是經濟，這裏將重點放在各國在經濟實力

不均的狀況下為掌控經濟主權所做的努力，及其對橫跨邊區地帶的影響。在國族建構的比較研究方面，本書探討不同模式的國族主義意識形態及其實踐，如何導致散布於這片共同地帶的民族做出不同回應。

本書的實證材料來源多樣，查閱運用的包括英文、中文、緬文、泰文材料，比重依可取得的材料多寡而異。大部分檔案來自美國國家檔案館二館（United States National Archive II）及英國國家檔案館（British National Archives），檔案涵蓋美國國務院及英國外交部關於此邊區地帶的大量內部報告，報告由美、英兩國在仰光、曼德勒、曼谷、清邁的使館和領事館提供。

本書也運用台灣及中國大陸出版的豐富中文材料，形式有回憶錄、公報、報紙、雲南省的地方史記載等；也援引泰文書籍及期刊文章，主題涵蓋泰國北部的中國國民黨、泰國共產黨的武裝反抗，以及撣族國族主義運動；另除了運用緬文材料，還查閱緬甸政府獨立後旋即出版的三本主要刊物：《緬甸》（*Burma*）、《守護者》（*Guardian*）、《前瞻》（*Forward*）。

仰光的國家檔案館目前公開1953年以前的檔案，本書運用了其中部分資料。中國、緬甸、泰國的統計報告也在參考之列。此外，我訪問了一些地處中國大陸、緬甸、泰國、台灣等地的關鍵信息人。

章節大綱

本書包括緒論和結論在內，共分九章。本章緒論勾勒出全書架構，之後第2章確立實證及理論基礎，第3章是邊區的歷史敘事，追溯20世紀中葉以前，谷地國家和高地人民關係的模式。

隨後深入展開五章實證研究，分別探討邊區地帶複雜國家與國族建構的不同層面。第4章和第5章討論冷戰開始以來的兩大政治、軍事事件：置身緬甸、泰國的國民黨軍隊，以及邊區的共產黨武裝反抗；同時討論中、緬、泰三國試圖鞏固對自身邊區地帶的控制時，如何受到這兩大事件影響。第6章描繪邊區經濟的動態，以及中、泰兩國對緬甸邊區領土的影響。第7章比較分析三國的國族建構，及其如何影響少數民族和他們的國族認同。第8章進而分析緬甸邊區地帶的民族政治現況，動盪不安的邊區地帶仍然持續爆發武裝衝突，也持續進行和平談判。

以下是更詳細的章節概述。

第2章：國家建構與國族建構的鄰域效應

第2章為本書確立實證及理論基礎。本章提供比較統計數據，說明中、緬、泰三國在邊區地帶的國家、國族建構有何落差。就國家建構方面，提出諸如徵稅、教育、健康狀況等一系列指標，衡量如何概念化各國管轄邊區地帶國民的能力差異。

接下來，概述三國邊區地帶的國族建構努力，彼此的作風及內容有何不同。本章最後綜合討論各種既有的理論方法，並提出嶄新的理論框架，將國家建構與國族建構視為取決於鄰國之間國力平衡及關係性質的互動進程。

第3章：東南亞高地上國家形成的歷史模式

第3章為讀者介紹東南亞高地邊區地帶的歷史背景，分析谷地國家過去如何看待高地地區和高地人群，以及谷地國家試圖在軍事、政治上逼近高地的種種行動。本章檢視由中國、緬甸、泰國等各國觀點出發的既有史學，關注各國如何運用軍事、政治、經濟等多重手段，企圖統治住在高地的各色各樣人群；在有相關敘述可以利用時，同樣關注高地人自身的觀點，著眼於高地人如何看待自身和谷地國家的關係。

本章目的在於將這片共同邊區地帶置於歷史觀點下，強調現代時期以前，這裏普遍缺乏對這片領土及人群的國家、國族整併，因而為接踵而至的重大政治、軍事動亂預備了合適舞台，日後的一系列動亂將徹底改變高地上政治關係的邏輯。其中登場的第一起歷史事件是1949年國共內戰結束，隨之而來的是中華人民共和國建立、國民黨殘軍入侵撣邦，使中國內戰外溢至緬甸和泰國。

第 4 章：國共內戰外溢與邊區軍事化

中華人民共和國建國之後，部分國民黨軍隊跨越邊界進入緬甸，占領撣邦部分地區。[30] 在美國、台灣的中華民國政府及泰國支持下，國民黨軍隊造成中、緬、泰邊區地帶長達數十年的軍事動盪。本章分析國民黨在邊區地帶的遺產，著眼於其對中、緬、泰三國國家建構的衝擊。

就緬甸而言，國民黨勢力使緬甸政府轉向軍政而非民政，為緬甸數十年的軍事統治鋪下坦途。[31] 和邊區更直接相關的是當地許多少數民族走向軍事化，導致許多少數民族形成反叛組織，為從緬甸獨立或爭取更多自治權而戰。[32] 故國民黨入侵緬甸深深影響緬甸邊陲的破碎化，也間接驅使緬甸軍隊與諸多疏離的民族展開軍事對抗。

自從1960年代早期國民黨漸漸遷往泰國以後，泰國政府招募他們負責巡邏邊界，抵擋共產主義的滲透。理解國民黨事件留給泰國的遺產時，應該先將之放在泰國和美國共組軍事同盟的背景之下。泰國積極支持美國的反共行動，包括支持國民黨的活動、老撾的秘密行動，以及之後的越戰，藉此從美國取得巨額經濟和軍事援助。後來泰國面對自身境內的共產黨武裝反抗時，國民黨殘餘部隊也確實在泰國平叛作戰中出了力。[33]

至於中國，緬甸的國民黨勢力對新成立的共產黨政府構成外部威脅。雖然國民黨只在1951年、1952年幾度成功入侵雲南，也被人民解放軍輕鬆擊退，但國民黨還是為中國境內邊疆的軍事化，提供了合理化的條件。共產黨政府展開殘酷的平叛作戰，掃蕩國民黨殘部，也清掃山區其他企圖抵抗共產黨政權鞏固的民族叛亂與地方叛亂。共產黨也以鎮壓反革命之名征服社會的抵抗。[34] 到了1950年代中期，西南邊區地帶大部分已被北京穩穩掌控。

第5章：邊區的共產革命

第5章追溯引發邊區地帶動盪的另一重要源頭：中國支持緬甸和泰國的共產黨武裝運動。1960年代中期，中國國內政治激進化，體現在國際上的是毛澤東推動支持許多第三世界國家的「人民戰爭」，這也和中國與蘇聯競爭國際共產運動領導人的地位有關。[35] 對緬甸而言，這表示中國在1967年起，大力支持緬甸共產黨的武裝反抗。[36]

緬共武裝反抗為緬甸留下影響深遠的遺產，代表緬甸的國家建構徹底失敗，也表示緬甸無力鞏固其宣稱擁有的邊區領土。緬共沿著中、緬邊界建立穩固根據地，緬甸中央政府直到1990年代中期都無法進入此地，等到1989年緬共垮台、政府和從緬共分裂出來的大小少數民族武裝組織簽訂一系列停火協議，才終於能夠觸及邊區。[37]

緬共最重要的遺產是讓邊境地區的諸多少數民族更加軍事化。雖然緬共的領導階層主要由緬族（緬甸的主要民族）組成，但多數基層士兵卻是從邊區地帶的當地少數民族大批招募而來。因此緬共

垮台之後，各支少數民族武裝組成自己的戰鬥組織，少數民族武裝
反抗於是繼續不休。

　　1965年起，中共也開始支持泰國共產黨的武裝鬥爭。[38] 雖然泰
共一樣大量招募山區的少數民族，但泰國握有更多資源和國際支
持，得以展開平叛行動。[39] 接受美國巨額資助的泰國不只展開軍事
作戰對抗泰共，也針對少數民族「高山民族」進行一項項國族建構
計畫，試圖將他們同化，納入泰國這個國族國家。[40] 因此對泰國而
言，泰共武裝反抗注入一股強烈的迫切感，促使政府在美國支持
下，採取國家、國族建構的反制行動。泰國國族主義強調的國族、
國王、宗教、皇恩形象等被強加此地，也隨而四處傳播。[41]

　　至於中國自身的情況，文化大革命開始後，大批城市紅衛兵被
下放到雲南的邊區地帶。[42] 漢族青年移居邊區地帶，讓中國國家在
整併邊境區域時，無意間創造出人文層面。這段時期是各種少數民
族和主流漢族產生直接人際接觸之時，也和設立教育體系、教導少
數民族漢語中文的時間重疊。[43] 文化大革命釋放的暴力，一方面讓
中國國家有能力深入滲透雲南最偏遠的地區，另一方面也同時讓
「下鄉」的漢族青年在不知不覺中，成為邊區文化整併的代理人。

第6章：流動的跨境經貿往來

　　第5章討論完推動邊區地帶國家建構的互動動態的兩大政治、
軍事事件以後，第6章接著討論跨境關係的經濟邏輯。本章主要探
討兩個相互關聯的進程，說明邊區國家建構的經濟動態，源自緬甸
和國力較強的兩鄰國之間的經濟實力不對等。

　　第一個探討的進程，是中、緬、泰之間的跨境物流、人流，特
別關注從緬甸到泰國的跨國勞工現象，[44] 以及橫跨邊區的整合型貿易
網絡。[45] 由於緬甸經濟發展不均、政治動亂，泰國一直是緬甸移民

最熱門的目的地，尤其深受撣族歡迎——泰國的150萬緬甸移民中，約有三分之一來自撣邦。[46]

貿易網絡同時也將中國和緬、泰兩國連結在一起。中、泰兩國製造的貨物輸往緬甸，緬甸的天然資源物產反方向輸出中國與泰國。邊區地帶的商業網絡當然是有機網絡，以邊界對面的中國境內和泰國境內為重心。泰國美塞和中國瑞麗等邊境城市是跨境人流、物流的中心。更重要的是，中國和緬甸之間的經濟落差，表示中國商人已經開始滲透、支配緬甸市場。

本章也討論緬甸國內由中國、泰國資本支配的跨境資源開發，主要檢視緬甸克欽邦、撣邦的農業開發，以及水力發電、林業、礦業部門的投資。[47]本章目的在於說明橫跨邊區的離心力，如何將地方經濟導離緬甸、轉而導向泰國北部和中國雲南省。故緬甸之所以無法掌控邊區地帶的經濟主權，一大原因是緬甸和開發程度較高的兩鄰國之間存在的經濟不平衡。

第7章：邊區地帶的國族建構比較分析

前文討論到國家建構如何呈現出鄰域效應，接下來第7章將焦點轉移到國族建構，特別關注中、緬、泰三國不同的國族主義意識形態，如何影響住在邊區地帶的各種少數民族之間的國族認同政治。

中國政府承認56個民族，法規允許「名義上」的民族自治。因此，中國國家至少在理論上，允許制度規定下的自治政府、少數民族語言教育、宗教和文化表達等。[48]

泰國的國族論述則相反，泰國宣稱住在泰國國土境內的人民皆是泰人，不正式承認住在王國邊陲的少數民族。除此之外，泰國史

上幾度對緬甸及中國境內的泛傣民族提出「領土收復」（irredentist）
主張。[49]

　　緬甸政府正式承認135個民族，設置七個民族邦。但緬甸長年
處於軍事統治，代表少數民族的文化表達極為受限，民族學校依然
遭到禁止。更重要的是，國家向來大力打壓少數民族爭取自決權。[50]

　　本章進而檢視撣族和泰族之間密切的民族連結，如何體現在泰
國支持撣族民族主義運動的關心上，這是泰國泛傣情感的一環。[51]
雖然泰國自從二戰結束，已放棄對鄰國其他傣族領土的一切主張，
但仍在文化上、宗教上深深影響這些地區。

　　就緬甸撣邦而言，從撣族在文化上傾向泰國這點，可以明顯看
到泰國的影響。撣邦的寺院、僧侶與泰國的寺院、僧侶關係緊密，
泰國流行樂在撣族之間廣受歡迎。[52] 除此之外，泰國政府和大眾支
持撣族，儘管主要只是象徵性的支持，但對維繫撣族民族主義對抗
緬甸而言，至為重要。[53]

　　本章接下來比較不同國族主義意識形態及其實踐，如何影響
中、緬共同的跨境少數民族。由於內戰戰火席捲緬甸超過半世紀之
久，緬甸對待少數民族的方式比起中國殘酷得多。鎮壓大小少數民
族反叛組織的戰事加劇了對克欽邦、撣邦少數民族的壓迫。[54] 過去
三十多年間，中、緬邊區地帶兩側形成鮮明對比，中國境內相對社
會安定、經濟繁榮，許多跨境少數民族認為中國比緬甸善待少數民
族。相對剝奪感恰可以很好的解釋這種現象。

第8章：中、緬邊區地帶的持續武裝衝突

　　第8章檢視沿著中、緬邊區地帶一再爆發的衝突，探討衝突如
何持續影響緬甸的國家、國族建構進程。本章首先討論緬甸1980

年代晚期以來，中央政府和大小少數民族反叛武裝之間的停火協議，特別檢視克欽獨立軍、果敢同盟軍、佤邦聯合軍這三大少數民族反叛組織。

克欽獨立軍和緬甸政府軍之間軍事衝突不斷；果敢同盟軍是果敢的反叛組織，緬甸政府軍曾在2009年和2015年兩度擊敗果敢同盟軍，強化對撣邦北部果敢地區的控制；佤邦聯合軍和緬甸中央政府的停火協議雖然在2011年破裂，但目前為止尚未面臨直接的軍事壓力，依舊維持高度政治及文化自治。

整體而言，本章提供較貼近現時的分析，探討緬甸的國家、國族建構進程面臨的挑戰，及其對緬、中與緬、泰雙邊關係的影響。

第9章：結論

本書最後對國家與國族建構的鄰域效應進行理論反思。結論也談及和本書探討的邊區地帶更切身相關的層次，檢視近來中國推動區域經濟整合深化的發展，以及其對緬、泰兩國的長遠影響。

註釋

1　關於緬甸的英文名，本書在1989年以前的時期以「Burma」稱之，1989年以後稱「Myanmar」；仰光的英文名「Rangoon」和「Yangon」使用規則亦同（中文譯名不分時期，一律譯為「緬甸」及「仰光」。——譯註）。1989年軍政府進行的改名雖引起一些爭議，但近來新國名已大致被國際社會接納。參見：Lowell Dittmer, ed., *Burma or Myanmar? The Struggle for National Identity* (Singapore; Hackensack, NJ: World Scientific Publishing Company, 2010).

2　"Burma Attack Breaks Kachin Truce Near China Border," *BBC News*, January 20, 2013.

3　"Ethnic Allies Join Kokang Fight," *Myanmar Times*, February 13, 2015.

4　"Government Troops 'Seize Last Stronghold of Kokang Rebels,'" *Mizzima*, May 16, 2015.

5　Willem van Schendel, "Geographies of Knowing, Geographies of Ignorance: Jumping Scale in Southeast Asia," *Environment and Planning D: Society & Space* 20, no. 6 (2002): 647–668.

6　James C. Scott, *The Art of Not Being Governed: An Anarchist History of Upland Southeast Asia* (New Haven, CT: Yale University Press, 2009).

7　Ibid, 325.

8　James C. Scott, *Seeing Like a State: How Certain Schemes to Improve the Human Condition Have Failed* (New Haven, CT: Yale University Press, 1999).

9　Daron Acemoglu and James Robinson, *Why Nations Fail: The Origins of Power, Prosperity, and Poverty* (New York: Crown Business, 2013).

10　Angus Deaton, *The Great Escape: Health, Wealth, and the Origins of Inequality* (Princeton, NJ: Princeton University Press, 2013).

11　Ibid, 4.

12　Ibid.

13　Jim Glassman, "On the Borders of Southeast Asia: Cold War Geography and the Construction of the Other," *Political Geography* 24, no. 7 (September 2005): 784–807.

14　E. J. Hobsbawm, *Nations and Nationalism Since 1780: Programme, Myth, Reality* (Cambridge, UK; New York: Cambridge University Press, 1990).

15　Francis Fukuyama, *State Building: Governance and World Order in the Twenty-First Century* (London: Profile Books, 2004); Charles Tilly, ed., *The Formation of National States in Western Europe*, 1st ed. (Princeton, NJ: Princeton University Press, 1975).

16   Harris Mylonas, *The Politics of Nation Building: Making Co-Nationals, Refugees, and Minorities* (New York: Cambridge University Press, 2013).

17   Alfred W. McCoy, *The Politics of Heroin: CIA Complicity in the Global Drug Trade*, 1st ed. (Brooklyn, NY: Lawrence Hill Books, 1991); Ko-Lin Chin, *The Golden Triangle: Inside Southeast Asia's Drug Trade*, 1st ed. (Ithaca, NY: Cornell University Press, 2009); Bertil Lintner and Michael Black, *Merchants of Madness: The Methamphetamine Explosion in the Golden Triangle* (Chiang Mai: Silkworm Books, 2009).

18   John Herman, *Amid the Clouds and Mist: China's Colonization of Guizhou, 1200–1700* (Cambridge, MA: Harvard University Asia Center, 2007); John Herman, "Collaboration and Resistance on the Southwest Frontier: Early Eighteenth-Century Qing Expansion on Two Fronts," *Late Imperial China* 35, no. 1 (2014): 77–112; C. Patterson Giersch, *Asian Borderlands: The Transformation of Qing China's Yunnan Frontier* (Cambridge, MA: Harvard University Press, 2006); Christian Daniels, "Chieftains into Ancestors: Imperial Expansion and Indigenous Society in Southwest China," *The China Journal*, no. 73 (January 2015): 232–235; David A. Bello, "To Go Where No Han Could Go for Long: Malaria and the Qing Construction of Ethnic Administrative Space in Frontier Yunnan," *Modern China* 31, no. 3 (2005): 283–317.

19   Colin Mackerras, *China's Minorities: Integration and Modernization in the Twentieth Century* (Hong Kong; New York: Oxford University Press, 1994).

20   Magnus Fiskesjö, "Mining, History, and the Anti-State Wa: The Politics of Autonomy between Burma and China," *Journal of Global History* 5, no. 2 (July 2010): 241–264; Wenyi Zhang and FKL Chit Hlaing, "The Dynamics of Kachin 'Chieftaincy' in Southwestern China and Northern Burma," *Cambridge Anthropology* 31, no. 2 (Autumn 2013): 88–103.

21   Robert H. Taylor, *The State in Myanmar* (London: C Hurst & Co Publishers Ltd, 2008); Matthew J. Walton, "Ethnicity, Conflict, and History in Burma: The Myths of Panglong," *Asian Survey* 48, no. 6 (2008): 889–910; Victor B. Lieberman, "Reinterpreting Burmese History," *Comparative Studies in Society and History* 29, no. 1 (January 1987): 162–194.

22   Martin Smith, *Burma: Insurgency and the Politics of Ethnic Conflict* (London: Zed Books, 1999); Ashley South, *Ethnic Politics in Burma: States of Conflict* (London; New York: Routledge, 2008).

23   James Ansil Ramsay, "Modernization and Centralization in Northern Thailand, 1875–1910," *Journal of Southeast Asian Studies* 7, no. 1 (March 1976): 16–32.

24 Hsiao-ting Lin, *Modern China's Ethnic Frontiers: A Journey to the West* (Abingdon, UK; New York: Routledge, 2010).

25 Janet C. Sturgeon, *Border Landscapes: The Politics of Akha Land Use in China and Thailand* (Seattle: University of Washington Press, 2005); Janet C. Sturgeon et al., "Enclosing Ethnic Minorities and Forests in the Golden Economic Quadrangle," *Development and Change* 44, no. 1 (January 1, 2013): 53–79. 但是要獲知實際上有多少不同民族及其分布可能相當棘手，部分原因在於不同國家對於民族分類的判準不一。

26 Bin Yang, *Between Winds and Clouds: The Making of Yunnan* (New York: Columbia University Press, 2009).

27 Joy K. Park, "A Global Crisis Writ Large: The Effects of Being 'Stateless in Thailand' on Hill-Tribe Children," *San Diego International Law Journal* 10, no. 2 (March 22, 2009): 495.

28 Rogers Brubaker, *Nationalism Reframed: Nationhood and the National Question in the New Europe* (Cambridge, UK; New York: Cambridge University Press, 1996).

29 Enze Han, *Contestation and Adaptation: The Politics of National Identity in China* (New York and London: Oxford University Press, 2013).

30 Robert H. Taylor, *Foreign and Domestic Consequences of the KMT Intervention in Burma* (Ithaca, NY: Southeast Asia Program, Department of Asian Studies, Cornell University, 1973).

31 Mary P. Callahan, *Making Enemies: War and State Building in Burma* (Ithaca, NY: Cornell University Press, 2005).

32 Chao Tzang Yawnghwe, *The Shan of Burma: Memoirs of a Shan Exile* (Singapore: Institute of Southeast Asian Studies, 2010); Sai Aung Tun, *History of the Shan State: From Its Origins to 1962* (Chiang Mai: Silkworm Books, 2009).

33 Wen-Chin Chang, *Beyond Borders: Stories of Yunnanese Chinese Migrants of Burma* (Ithaca, NY: Cornell University Press, 2014); Richard Michael Gibson and Wen H. Chen, *The Secret Army: Chiang Kai-Shek and the Drug Warlords of the Golden Triangle* (Singapore: Wiley, 2011).

34 Julia C. Strauss, "Paternalist Terror: The Campaign to Suppress Counterrevolutionaries and Regime Consolidation in the People's Republic of China, 1950–1953," *Comparative Studies in Society and History* 44, no. 1 (2002): 80–105.

35 Jian Chen, *Mao's China and the Cold War* (Chapel Hill: University of North Carolina Press, 2001); Jie Chen, "Shaking off an Historical Burden: China's Relations with the ASEAN-Based Communist Insurgency in Deng's Era," *Communist and Post-Communist Studies* 27, no. 4 (December 1, 1994): 443–462.

36 Maung Aung Myoe, *In the Name of Pauk-Phaw: Myanmar's China Policy since 1948* (Singapore; London: Institute of Southeast Asian Studies, 2011).

37 緬共從中國共產黨獲得的資助，在鄧小平上台以後，連年減少，最後終於在1989年垮台。Bertil Lintner, *The Rise and Fall of the Communist Party of Burma (CPB)* (Ithaca, NY: Southeast Asia Program, Department of Asian Studies, Cornell University, 1990).

38 Chris Baker, "An Internal History of the Communist Party of Thailand," *Journal of Contemporary Asia* 33, no. 4 (January 1, 2003): 510–541.

39 Glenn Ettinger, "Thailand's Defeat of Its Communist Party," *International Journal of Intelligence and CounterIntelligence* 20, no. 4 (August 20, 2007): 661–677.

40 Sinae Hyun, "Indigenizing the Cold War: Nation-Building by the Border Patrol Police in Thailand, 1945–1980." (PhD diss., University of Wisconsin-Madison, 2014).

41 Jack Fong, "Sacred Nationalism: The Thai Monarchy and Primordial Nation Construction," *Journal of Contemporary Asia* 39, no. 4 (November 1, 2009): 673–696.

42 Bin Yang, "'We Want to Go Home!' The Great Petition of the Zhiqing, Xishuangbanna, Yunnan, 1978–1979," *The China Quarterly,* no. 198 (2009): 401–421.

43 Mette Halskov Hansen, *Lessons in Being Chinese: Minority Education and Ethnic Identity in Southwest China* (Seattle: University of Washington Press, 1999).

44 Meghan L. Eberle and Ian Holliday, "Precarity and Political Immobilisation: Migrants from Burma in Chiang Mai, Thailand," *Journal of Contemporary Asia* 41, no. 3 (August 1, 2011): 378.

45 Wen-Chin Chang, "The Everyday Politics of the Underground Trade in Burma by the Yunnanese Chinese since the Burmese Socialist Era," *Journal of Southeast Asian Studies* 44, no. 2 (June 2013): 313.

46 Eberle and Holliday, "Precarity and Political Immobilisation," 378.

47 Kevin Woods, "Ceasefire Capitalism: Military–Private Partnerships, Resource Concessions and Military–State Building in the Burma–China Borderlands," *Journal of Peasant Studies* 38, no. 4 (October 1, 2011): 750.

48 Thomas Mullaney, *Coming to Terms with the Nation: Ethnic Classification in Modern China* (Berkeley: University of California Press, 2010).

49 Andrew Walker, ed., *Tai Lands and Thailand: Community and State in Southeast Asia* (Singapore: National University of Singapore, 2009).

50 Bertil Lintner, *Burma in Revolt: Opium and Insurgency since 1948*, 2nd ed. (Chiang Mai: Silkworm Books, 1999); South, *Ethnic Politics in Burma*; Smith, *Burma*.

51　Bruce Reynolds, "Phibun Songkhram and Thai Nationalism in the Fascist Era," *European Journal of East Asian Studies* 3, no. 1 (2004): 119.

52　Amporn Jirattikorn, "'Pirated' Transnational Broadcasting: The Consumption of Thai Soap Operas among Shan Communities in Burma," *Sojourn: Journal of Social Issues in Southeast Asia* 23, no. 1 (2008): 30–62; Amporn Jirattikorn, "Aberrant Modernity: The Construction of Nationhood among Shan Prisoners in Thailand," *Asian Studies Review* 36, no. 3 (September 1, 2012): 336.

53　Jirattikorn, "Aberrant Modernity," 334.

54　Ashley South and Kim Jolliffe, "Forced Migration: Typology and Local Agency in Southeast Myanmar," *Contemporary Southeast Asia: A Journal of International & Strategic Affairs* 37, no. 2 (August 2015): 211–241.

2

國家建構與國族建構的鄰域效應

　　經過半小時的顛簸路程，車子將我載到克欽獨立軍控制區中，規模比較大的境內流離失所者營地。當時是 2013 年夏天，數千人因為克欽獨立軍與緬甸政府軍交戰而流離失所，被安置在此地。由於軍事衝突持續延燒，整個克欽邦有許多境內流離失所者營地，歷經長年境內衝突，邊區地帶的大批少數民族人口被迫棲身在只能勉強遮風蔽雨的克難住處。營地只供應非常有限的電力，而且電力還是越過小溪、從邊境那邊的中國接來的。這裏經濟活動有限，許多人跨過邊境到中國打零工。一間教師寥寥可數的小型學校為孩子提供最基本的教育。

　　拉咱一共有七間學校，包括一所高中，學校由克欽獨立組織（克欽獨立軍的民政單位）設立。因為拉咱地區處於克欽獨立軍的實質控制下，所以學校課程以緬語和克欽語雙語教學。事實上，只有克欽獨立軍控制區內的學校體系才會教授克欽語；克欽邦其他由緬甸政府控制的地區，禁止公立學校體系實行雙語教育。因此，一般克欽人如果想學習自己的語言，無法透過公立學校體系學習，只能在克欽獨立軍的控制區學，或是仰賴某些克欽教會提供的非正規教育。

　　禁止族語教育其實是緬甸所有民族邦的通例。在鄰邦撣邦，人民只能在寺院或撣族民族主義者設立的私立學校學習撣語（傣語）。我朋友杜萬是撣族僧侶，他曾經帶我到撣邦東部城市景棟郊區參觀當地一所撣族（傣艮）學校，學校和撣邦軍或多或少有些關係，就讀學生約有百人。學校是小學，建在撣族寺院腹地內的山頂上。學齡兒童在這裏學習三種語言：緬語、英語、撣語，學校教師自己印製撣語教材。但由於資金短缺、設備不足，只能授予非常基本的教育內容，還必須冒著孩子學歷不被緬甸公立學校體系承認的風險。

　　本章概略描述沿著中國、緬甸、泰國邊界的種種國家、國族建構努力，提供常用來衡量國家、國族建構的一系列統計資料。本章整合既有政治學文獻對話，而後提出自身觀點，闡述一國之內的國家與國族建構如何涉及鄰國的事件和情勢，即國家建構與國族建構的鄰域效應。

橫跨邊區的國家與國族建構的落差

　　檢視中國、緬甸、泰國這三個鄰國時，可以看到三國的國家能力相去甚遠。最常用以評估國家能力的指標之一，是稅收所得占國內生產總值的百分比，這是國家徵收能力（Extractive Capacity）的傳統衡量標準。[1] 稅收比率反映國家向個人及企業徵收資源的能力。可以看到在下頁【圖 2.1】的選定年分中，緬甸的國家徵收能力遠低於中、泰兩國。[2] 緬甸 2004 年的國內生產總值只有大約 3% 來自稅收所得，同年中國的國內生產總值近 9% 來自稅收，泰國的數字則是 16%。雖然無法取得最新資料，但可以確定整體而言，緬甸的國家能力和兩個強鄰不在同一級別。

　　從下頁【圖2.2】也可以看到，中、泰兩國皆發展得遠比緬甸富裕。根據世界銀行發展指標，截至2014年，緬甸的人均國內生產總值只有1,000美元出頭，泰國有將近6,000美元，中國則幾乎高達8,000美元。

　　另外幾項教育和健康方面的人類發展指標也揭露類似差異，如下頁【表2.1】所示。雖然緬甸的成人識字率幾乎追上中、泰兩國——三國的全國成人識字率皆超過90%——但整體的教育供應情況仍有落差。舉例而言，相較於泰國86%和中國96%的學生進入中學，緬甸只有51%，顯示緬甸的教育程度整體上依然十分落後，國家沒有能力提供基礎以上的教育。至於健康方面，緬甸的嬰兒死亡率遠高於中國和泰國，平均壽命也一樣遠低於中、泰兩國。因此就全國層級而言，強力證據顯示各國在國家能力上強弱不一，照顧國民的能力也有差別。

圖2.1　稅收所得占國內生產總值之百分比

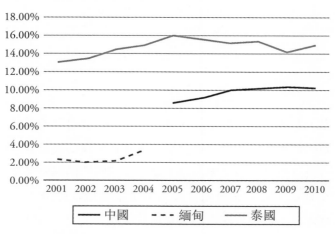

資料來源：世界銀行

圖2.2　人均國內生產總值（以美元現值計算）

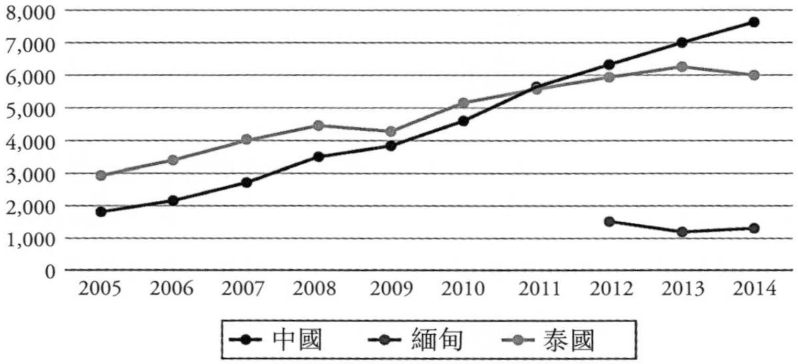

資料來源：世界銀行

表2.1　中國、緬甸、泰國在特定年分之人類發展附加指標

	中國	緬甸	泰國
成人識字率(%)	95.12 (2010)	92.79 (2013)	96.43 (2010)
中學註冊率(%)	96.2 (2013)	51.3 (2013)	86.2 (2013)
嬰兒死亡率(%)	0.92 (2015)	3.95 (2015)	1.05 (2015)
平均壽命(年)	76 (2014)	66 (2014)	74 (2014)

世界銀行發展指標，括號內數字表示可取得之最新年分資料。
資料來源：世界銀行

　　不過，上述資料皆是全國性資料，並不代表邊區地帶的國家建
構也達到同樣水準。我們有充分理由懷疑在遙遠的邊區地帶，國家
的影響力或許模糊得多。尤其中、緬、泰三國間的邊區又是更加偏
遠的多山地區，國家必須先克服險阻重重的地理障礙才能滲透社
會、影響國民。但地方層級的資料極其有限又缺乏一致性，緬甸的
資料尤其不足。原因固然可能是緬甸政府不希望公布全面的資料，
不過更可能的解釋是，對本書討論的大部分邊區地帶而言，緬甸中

央政府就連彰顯其存在也無能為力（正如上一章所論），更遑論為住在邊區的人民提供基本基礎建設。因此，這裏提供的資料僅供參考說明，絕不代表邊區地帶國家建構有效的全面比較。

　　國家能力的差異還可用其他指標衡量，例如聯合國兒童基金會的2009年至2010年多指標類集調查（Multiple Indicator Cluster Survey），這項調查衡量並記錄緬甸兒童及婦女的狀況，包含克欽邦和撣邦的資料。[3] 我們從【圖2.3】可以看到，和國家能力高度相關的多項關鍵基本發展指標皆低得驚人。

　　撣邦的小學註冊率遠低於緬甸全國平均及克欽邦的小學註冊率。特別是和中國接壤的撣邦北部以及和中國、泰國、老撾接壤的撣邦東部，兩地註冊率更是顯著降低。不只如此，小學畢業率整體上又低了一截，顯示緬甸邊區地帶的教育程度非常落後。兒童健康照護方面的狀況極度惡劣。就全國而言，約有35%緬甸兒童發育不良，撣邦北部則有近50%兒童發育不良。至於體重不足的兒童，撣邦北部的數字是24.1%，高於全國平均。

圖2.3　2009年至2010年緬甸克欽邦與撣邦之選定發展指標

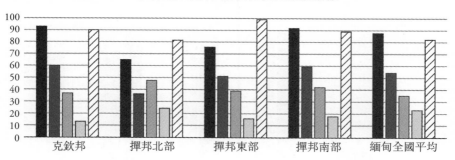

資料來源：聯合國兒童基金會

對照聯合國兒童基金會2012年對泰國的多指標類集調查,泰國北部的發展程度要高出許多。[4]正如【圖2.4】所示,雖然報告資料在衡量指標上略有出入,不過有幾項相當的指標可以利用。例如,泰國北部只有7.8%兒童體重不足,遠低於撣邦的比率。此外,泰國北部有近98%兒童已接種麻疹疫苗。泰國北部的小學就學率也高於撣邦,更引人注目的則是中學就學率也較高,達80%以上。這些指標顯示,隨著泰國北部的經濟發展程度提高,泰國的國家能力也逐步提升,可以為邊區地帶的人口提供更全面的教育和健康照護。

中國沒有可供比較的多指標類集調查資料,不過下頁【表2.2】收集了近年中國雲南省統計年鑑的資料。整體而言,中國政府為邊區地帶的國民提供全面教育。以2013年為例,有99.5%兒童註冊報讀小學,中學註冊率更超過100%,表示有來自中國其他地區的人口移入邊區地帶。健康照護和社會福利的提供狀況也一樣相對全面。種種指標皆指出中國的國家能力遠遠領先緬甸的事實,在兩國之間的邊區地帶差距更明顯。

圖2.4 泰國北部之選定發展指標

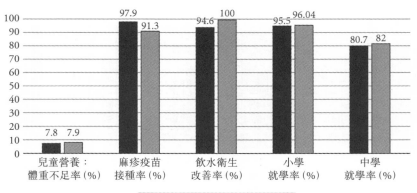

資料來源:聯合國兒童基金會

表2.2 雲南省學校註冊率

	小學 (%)	中學 (%)	高中 (%)	高等教育 (%)
2007	97.59	99.63	45.71	14.61
2008	98.29	102.21	52.00	16.17
2009	98.29	103.12	58.30	17.57
2010	99.71	105.36	65.00	20.02
2011	99.61	105.24	70.00	23.00
2012	99.57	106.04	72.20	24.30
2013	99.50	106.56	72.10	25.80

資料來源：雲南省統計年鑑

　　不過就國族建構而言，要找到可比較資料來說明橫跨邊區地帶的「國族性」差異則棘手得多。可行的代用資料是國家教育的普及範圍，教育普及與否本身和國家能力高度相關。過往的國族建構文獻指出，特定的國族主義意識形態可以透過國家教育體系向人民傳播。[5] 雖然缺乏可以衡量這類國族主義教育成效的實證資料，但中、緬、泰三鄰國邊區的學校註冊率差異，可以視為國族主義教育普及範圍的粗略代用衡量值。

　　大致掌握國族建構落差的另一個方法，是檢視橫跨邊區的現有民族主義 (ethnonationalist) 運動。這類運動只在緬甸才有活躍組織，緬甸邊區地帶仍有不少少數民族反叛組織，各自懷抱強弱不一的民族主義主張。許多組織建立特區，和緬甸政府達成模糊的停火協議。[6] 舉例而言，幾支少數民族武裝在沿著中國、緬甸、泰國之間的邊區地帶建立自己的特區，對特區各自擁有或強或弱的自治控制權。

　　果敢在2009年8月被緬甸政府軍接管，這裏過去是撣邦第一特區，由彭家聲領導的果敢同盟軍治理，背後是中國的強力影響。規模更勝果敢的是佤邦，也就是所謂的第二特區，佤邦聯合軍自稱是該區最大的非政府武力，治理兩塊分開的領土，一塊靠近中國邊境，另一塊毗鄰泰國邊境。[7] 此外，還有其他撣族民族主義武裝組織，像是北撣邦軍和南撣邦軍等，他們時而和政府軍合作，時而與之衝突。另外還有克欽獨立軍，他們持有對抗緬甸中央政府的強烈克欽民族主義主張。[8]

除此之外，邊區地帶還有其他四處游移的小型少數民族武裝組織。雖然難以衡量這些武裝組織懷抱的民族主義主張有多強烈，但可以合理推測，邊區地帶有許多少數民族一致反對緬甸的國族主義意識形態。[9]

雖然中國境內也有少數民族要求更多自治權或追求獨立，像是藏族和維吾爾族，不過中、緬邊界一帶的少數民族在政治上不活躍，同時與漢族主導的主流已經高度同化。在中共上台初期，賦予地方民族自治權的政策，鼓勵部分少數民族精英加入中國政府。在文化大革命等政治動盪時期，許多邊區地帶的少數民族選擇跨越邊界到緬甸尋求庇護，而非拿起武器對抗中國政府。中國較有能力鎮壓這類抵抗活動，因此大幅限制了少數民族民族主義能夠動員的程度。最終而言，中國國家在雲南南部推行的國族建構政策較為成功。

至於泰國，一再挑戰泰國政府版本的國族建構努力的主要民族主義組織，只有北大年府、陶公府、惹拉府等泰南三府的分裂運動。[10] 泰國政府稱為「高山民族」或「高地人民」的北部少數民族，過去數十年來被相對成功地納入泰國的國族國家。1960年代中期的共產黨武裝反抗時期，曾有部分少數民族（像是苗族）加入武裝抵抗，除去這點，泰國政府和皇室資助的高地發展計畫發揮強大影響，透過大力推行泰語教育，將邊陲的少數民族納入泰國的國族國家。[11] 現今，泰國北部已不見動員抵抗國家的活躍民族主義組織。

由此可見，過去幾十年來，中、泰兩國在自身邊區地帶推行的國族建構計畫，皆比緬甸成功。綜合前文討論的國家建構落差，我們該如何解釋國族建構上的落差呢？

國家建構與國族建構的理論

討論國家建構的既有文獻來自多種脈絡，其中最主流的是提利（Charles Tilly）等人率先提出的「好戰理論」（Bellicist Theory），「好戰理論」將國家建構視為和戰爭共生出現的歷史進程，一貫強調戰爭在歐洲國家體系發展中發揮的關鍵作用。[12]

提利主張：「一旦成功征服了主張領土之外或之內的敵人，手握強制力的征服者便發現，自己不得不管理新取得的土地、貨和人民；他們參與資源榨取，分配貨物、服務、收入，也裁決糾紛。」[13] 因此，為了有效率地提高製造戰爭大業的資本，歐洲統治者提高了徵稅效率，改善了民政管理以換取民間合作，也建立國族主義象徵以統一底下治理的人口。現代官僚國家的基礎就在這樣的過程中，奠定下來。正如這句名言：「國家製造戰爭，戰爭造就國家。」[14]

歐洲國家體系的成功發展被一再拿來和世界各地比較，各地學者試圖解釋國家形成上的落差。例如，學者指出拉丁美洲歷史上缺乏大規模的國際大戰，因而阻礙了官僚國家的成長。[15] 局部戰爭缺乏像全面大戰總動員的需求，「鮮少留下正面的制度遺產，往往是帶來長期代價，」諸如財政或債務危機、職業軍人而非大眾參與、對愛國象徵的疏離感，以及低迷的經濟發展。[16]

因此，和歐洲經驗對比之下，拉丁美洲因為缺少總動員需求，並未形成強大國家；國際融資可以輕鬆到手，也讓國家統治者更傾向貸款投入製造戰爭所需的資金，而非向國內人口徵稅。於是許多拉丁美洲政府負債累累，但並未深入滲透國內社會。

獨立後的非洲和拉丁美洲的狀況類似，整體而言，他們也不曾經歷像歐洲那樣的全面大戰。[17] 非洲國家從歐洲殖民時代繼承了擁有固定疆界的國家體系，這表示他們幾乎不曾面臨生存壓力。[18] 赫布斯特（Jeffrey Herbst）指出，「保留非洲大陸國界的體系並未經歷重大考驗，因為多數領導人都認為，相較於投身可能喪失主權或失去大片領土的混亂戰局，把握繼承而來的國界顯然比較有利。」[19]

相反地，非洲的戰事大都偏向內部、不同民族之間的戰爭，非洲國家在建構統一國族認同上面臨更多難題。[20] 此外，弱小的官僚體系代表向人民賦稅的能力不足，許多政府轉而仰賴對進出口課稅，因而進一步削弱建立起連結人民與國家的強大制度的前景。[21]

相對於拉丁美洲和非洲的經驗，包括東北亞和東南亞在內的東亞地區，遭到國際戰爭與內戰的長年摧殘。[22] 東亞在現代時期屢遭戰爭蹂躪，從二戰期間的日本侵略、中國國共內戰、韓戰、中南半島的戰爭，以至冷戰期間與冷戰後，東南亞各地發生的因民族主義和意識形態而起的內部武裝反抗。不論就戰爭準備還是實際爆發的戰爭而言，東亞地區烽煙遍地，也難怪這裏誕生了不少強大國家，像是好幾個東亞國度都相當強大。

斯塔布斯 (Richard Stubbs) 論東亞戰爭準備和經濟發展關係的研究指出，「忽視[任何地區]戰爭及戰爭準備的經濟影響，皆有損我們對事件全貌的理解，損害最巨者，莫過於忽視東亞和東南亞地區。」[23] 與此同調，多納 (Richard F. Doner)、里奇 (Bryan K. Ritchie)、斯雷特 (Dan Slater) 比較了數個東北亞和東南亞國家，指出能力出眾的開發有成之國，像是南韓、台灣、新加坡，「在地緣政治極不安穩的狀況下，通過向不安的社會階層支付額外報償，從挑戰中脫胎而生。」[24]

除了從「好戰理論」理解世界各地國家建構的系統性順利發展或低度發展，也有相當多學術研究探討可能促進或妨礙國家能力建構的國內因素。地理和政權類型等因素皆被理論化，以解釋個中差異。就非洲而言，這裏歷史上人口密度相當低，表示非洲撒哈拉以南大半地區依循的戰力投射政治邏輯，和歐洲或亞洲截然不同。儘管許多非洲國家自獨立以來已有長足進展，但這片地廣人稀的開闊空間，依舊阻礙了有效的實質控制。[25]

內戰研究也相當側重政治地理的作用。[26] 內戰是國家建構的對立面，內戰研究一向關注可能促使內戰爆發或妨礙中央國家有效整合努力的因素。舉例而言，學者強調崎嶇多山的地形，可能高度妨礙國家投射中央武裝的能力，因而創造有利內戰發生的條件。[27] 除此之外，也有研究將政權類型和國內衝突連結。相較於民主政體，威權體制整體而言，更容易遭遇國內衝突。[28]

和國家建構密不可分的國族建構也被以類似方法解釋。舉例而言，戰爭和灌輸國族主義具有共生關係。國際戰爭往往強烈影響國內群眾，於是常常創造出將大家團結在同一旗幟下的「聚旗」效應。[29] 戰時動員通常包括強力灌輸國族主義。對抗外部他者的戰爭能大幅提升內部團結，故有助於國內的國族建構。[30] 緣此之故，愛國主義教育往往特意渲染抵抗外國侵略的戰爭。

至於國內因素，研究點出，民族多元性和人口結構是影響國族建構成功與否的關鍵因素。民族多元的國家，根本上比較不容易創造出統攝性的國族主義意識形態——既能納入各民族，又不讓某一民族凌駕於其他民族之上。因此，民族破碎化以至兩極分化被指為國族建構努力的阻礙，妨礙建立起統一的全體國民。[31]

民族人口分布形態（例如，民族集中聚居度）同樣是可能阻礙國族整併的關鍵因素。[32] 不同民族之間的經濟橫向不平等，也被指為利於產生民族衝突，導致貧窮民族反抗國家。[33] 將少數民族排除在政治進程之外，往往被指為對國族建構有害。[34]

國家建構與國族建構的鄰域效應

不過，上述解釋皆傾向將國家建構視為純然侷限於國家領土疆界之內。一國在國家建構上之所以比他國成功的原因，似乎全盤歸因於其製造戰爭能力、地理特徵，或特定的民族人口分布形態。以上因素當然關係重大，我們從支持這些論點的廣大研究已可明白這點。不過，這些方法普遍忽視了國家進行國家建構計畫時，還有一個重要層面，即鄰國的影響。世上顯然少有國家是孤立的島國，多數國家都和他國共享邊界。不難想像一國之內的國家建構，可能和鄰國發生的類似進程高度互動。

過去十年來形成的一股強勁潮流，是研究國內衝突中的國際關係：學者跨出限於各國國內的因素，審視跨越國家疆界的因素，如何影響國內衝突。懷納 (Myron Weiner) 運用「惡鄰和不良鄰域」等詞，指出研究難民潮時，可以看到地理群聚效應：「某些地區會有多個國家經歷暴力酷行的肆虐，驅使大量人民跨越國界，尋求安全之地。」[35]

確實有更多研究凸顯內戰的蔓延效應，指出一國的衝突相當容易外溢至鄰國。[36] 難民湧入會加重鄰邦地主國的負擔。雪上加霜的是，武裝分子也能輕易跨越邊界進入鄰國，造成鄰國劇烈動盪，這點可以從盧旺達種族屠殺的後續影響中觀察到，當時胡圖族武裝分子也跨境進入剛果民主共和國。[37]

一國的叛軍往往利用鄰國當作藏身之處，「境外基地對叛軍來說具有戰術優勢，因為一個國家在境外鎮壓叛亂的能力遜於境內。」[38] 因此，叛軍若能找到跨境藏身處，便能逃過國家的全力鎮壓，有助他們生存。另一方面，如果兩個鄰國相互敵對，一方為了打擊對手，或許會蓄意包庇鄰國的叛軍。例如，泰國曾在1970年代晚期庇護紅色高棉，以削弱越南支持的柬埔寨政府。[39]

　　除了庇護叛軍，相互敵對的國家也可能會干涉對方的內政。干預方往往運用軍事、經濟能力影響鄰國的衝突機制，以造就該國認為有利的結果。[40] 干涉鄰國內政因此兼具內政外交政策上的多重用途，諸如「意識形態競爭、政權更替、保護同族人、爭奪爭議領土、和對手競爭區域地位及影響力等」。[41] 國家除了提供直接的軍事、經濟支持，也能運用種種顛覆手段打擊鄰國。李（Melissa Lee）的研究確實提出了世界各地的一致證據，證明敵對鄰國會以顛覆性干涉行為削弱對方。

　　承上，如果我們同意國內衝突和國家建構恰為正反兩面，那麼理論上也應該注意一國的國家建構可能如何影響鄰國的相同進程。我們應該將國家建構視為互動進程，涉及一國的國內政治以及牽涉鄰國的國際因素。話雖如此，我們也必須承認，並非每個國家都有相同能力影響鄰國的國家建構，因此鄰域效應也會根據鄰國間關係的種種形態，呈現不同樣貌。本人在此提出可以從兩方面檢視鄰國的國際關係，據此來理論化國家建構的鄰域效應會在何種條件下呈現不同形態。

　　第一個層面是鄰國之間的國力對等性，我們可以將國家概括二元分類為彼此國力能力不對等或彼此國力能力相當。[42] 第二個層面是兩個鄰國之間的整體關係，可以粗略定義為彼此敵對或彼此友好。將這兩方面並列，就可以得到不同條件的概略預測，推估國家建構的鄰域效應會依何種條件呈現不同形態（見下頁【表2.3】）。[43]

　　在兩鄰國間國力不對等的背景下，國力較強的一方，本質上較有能力影響對方的國家建構進程。如果這兩個國家相互敵對，不論敵意源自歷史恩怨、領土爭議或意識形態差異，那麼國力較強者會希望依自身利益影響對方。因此我們在這裏較有可能觀察到的狀況，是國力較強者頻頻干涉鄰國在邊區地帶的國家建構進程。這類

表2.3 以二元畫分國家建構動態之鄰域效應理論

	不對等 (甲國強於乙國)	力量相當 (甲國與乙國之國力能力相近)
敵對	甲國：政治／軍事干涉 乙國：邊區之國家控制破碎化	甲國及乙國：共同邊區呈現對抗與軍事化
友好	甲國：經濟支配 乙國：邊區之經濟主權弱化	甲國及乙國：邊區僅有低度鄰域效應

事例史上屢見不鮮，二戰期間，德國出兵侵略捷克斯洛伐克境內的蘇台德區就是很好的例子。[44]

反之，如果這兩個國家彼此友好，那麼強國會較無誘因去依自身喜好改變對方。不過，由於兩國之間國力不對等，強國仍然會對鄰國的國家建構進程構成影響，只是程度較輕微，方式往往也比第一種情境更懷善意。

將政治干涉排除在外，這個情境最可能出現的動態，是強國對弱國造成廣泛經濟影響，弱國因此失去對邊區地帶的大半或部分經濟控制權。例如，美國和墨西哥、加拿大兩國間的關係動態，便相當符合這個情境，美國在邊區經濟中高踞主導地位。[45]

如果兩個鄰國的國力能力相對平衡，兩國間的動態也會隨之改變。若兩國相互敵對，則我們很有可能觀察到兩國之間劍拔弩張。不過，因為雙方相對勢均力敵，故皆無法在邊區地帶壓倒另一方。因此，最可能出現的結果，是邊界一帶軍事化，伴隨高度軍事威脅和破壞。例如，1980年代的兩伊戰爭中，伊朗支持伊拉克伊斯蘭革命最高委員會（Supreme Council for the Islamic Revolution in Iraq），伊拉克則支持伊朗人民聖戰者組織（Mujahedin-e-Khalq），雙方志在擾亂對方的國內政治、掌握邊區領土的控制權。[46]

　　反之，如果兩國彼此友好，那麼我們會看到相對和平共存的情形，鄰域效應只對邊區造成低度影響，這是諸多歐洲國家在《申根協議》(*Schengen Agreement*) 下呈現的狀況。[47]

　　就國族建構而言，鄰域效應和剛剛說明的國家建構動態密不可分，但進一步取決於特定民族分布形態，以及與外部同族人的關係。特別是對跨境民族而言，他們能否抵抗各自居住國的國族建構計畫，取決於他們是否擁有較強大的外部同族國家。如果沒有強大的外部同族國，則取決於他們在鄰國是否有比自己更受善待的外部同族人（見下頁【表2.4】）。

　　第一種情境涉及擁有外部同族國關係的少數民族，這類民族分布橫跨國界，不過和外部同族國擁有連結。外部同族國如果比這些民族的居住國強大，則較可能支持這些民族，他們從而會擁有更多資源和文化資源庫，可以對抗居住國多數民族加諸其身的國族建構計畫。這個論點援引布魯貝克的理論，即外部民族連結及其為民族提供的支持，可以根本改變一國之內的國族政治動態。[48]

　　布魯貝克的《重構國族主義》(*Nationalism Reframed*) 提出將國族主義概念化成三元關係，涉及推行國族化的國家；國家內有一定人口規模、有自覺、有組織、政治上疏離的少數民族；以及這類少數民族的外部同族國。根據布魯貝克的概念化，一個角色是依多數民族形象推行國族化的國家，國家運用國家權力提升民族文化方面的特定利益，例如為多數民族的語言、文化或宗教賦予國家級官方地位。

　　另一個角色是少數民族，他們試著捍衛文化自主權，抵抗多數民族的國族化和同化努力。此外，少數民族的外部同族國也有意「為『該國的』境外族人監控狀況、促進福祉、支持其活動與制度、主張權利、保護其利益。」[49] 故擁有外部同族強國的少數民族，較有

表2.4　影響跨境少數民族之國族建構鄰域效應

	不對等	力量相當
有外部同族國之少數民族	較多外部支持	較少外部支持
無外部同族國之少數民族	較多跨境比較	較少跨境比較

餘裕抵抗推行國族化的國家加諸在他們身上的國族建構計畫。反之，如果外部同族國與居住國力量相當或甚至略遜一籌，其支持和監控少數民族境況的能力將大打折扣，因此對於決定少數民族的政治動員能力而言，相關度較低。

　　另一種情境涉及跨境分布，但在兩個鄰國皆屬於少數的民族，意即他們沒有外部同族國。這類民族會比較他們在兩個鄰國的國族建構計畫下，經歷的不同國族主義意識形態與實踐，進而影響對自身生活條件的評價，決定自己偏愛本國或是鄰國的情形。因此，如果他們認為外部同族人在鄰國獲得較佳待遇，則較有可能對自身居住國心生不滿。在這個情況下，有外部同族人住在開發程度較高的較強國家時，這類民族較可能對自身國家產生負面觀感，抱怨自己的處境，繼而要求更多政治代表性。[50] 除此之外，他們的外部同族人儘管沒有國家撐腰，還是可能擁有更多資源幫助這些比較苦命的弟兄同胞，動員支持他們。

小結

　　本章提出一些參考性統計資料，討論橫跨中、緬、泰三國邊區地帶的國家、國族建構比較分析；接著提出新穎的理論框架，分析國家與國族建構的鄰域效應，以及鄰國之間的國力平衡和敵友關係

如何深刻影響其結果。後續的實證研究章節，將討論這樣的鄰域效
應如何在中國和東南亞邊區地帶發揮影響，在這之前，下一章先從
歷史觀點探討中、緬、泰三鄰國關於邊區的國家與國族形成過程。

註釋

1　　John L. Campbell, "The State and Fiscal Sociology," *Annual Review of Sociology* 19 (1993): 163–185; Miguel A. Centeno, *Blood and Debt: War and the Nation-State in Latin America* (University Park, PA: Pennsylvania State University Press, 2002); Christine Fauvelle-Aymar, "The Political and Tax Capacity of Government in Developing Countries," *Kyklos* 52, no. 3 (1999): 391–413; Cameron G. Thies, "National Design and State Building in Sub-Saharan Africa," *World Politics* 61, no. 4 (2009): 623–669.

2　　世界銀行發展指標。資料可至以下網址檢索：http://datatopics.worldbank. org/world-development-indicators/

3　　聯合國兒童基金會的2009年至2010年緬甸多指標類集調查。資料可至以下網址檢索：http://mics.unicef.org/surveys

4　　聯合國兒童基金會的2012年泰國多指標類集調查。資料可至以下網址檢索：http://mics.unicef.org/surveys

5　　Keith Darden and Anna Grzymala-Busse, "The Great Divide: Literacy, Nationalism, and the Communist Collapse," *World Politics* 59, no. 1 (October 2006): 83–115.

6　　不過，這類停火協議可能輕易破裂，一個例子是緬甸中央政府在2009年對果敢叛軍控制區發動軍事攻擊。

7　　Mary P. Callahan, *Political Authority in Burma's Ethnic Minority States: Devolution, Occupation, and Coexistence* (Singapore; Washington, DC: East-West Center Washington, 2007).

8　　Mandy Sadan, *Being and Becoming Kachin: Histories Beyond the State in the Borderworlds of Burma* (Oxford: British Academy, 2013).

9　　Walton, "Ethnicity, Conflict, and History in Burma"; Matthew J. Walton, "The 'Wages of Burman-Ness': Ethnicity and Burman Privilege in Contemporary Myanmar," *Journal of Contemporary Asia* 43, no. 1 (February 1, 2013): 1–27.

10　　Duncan McCargo, *Tearing Apart the Land: Islam and Legitimacy in Southern Thailand* (Ithaca, NY: Cornell University Press, 2008).

11　Hyun, "Indigenizing the Cold War."

12　Brian Downing, *The Military Revolution and Political Change: Origins of Democracy and Autocracy in Early Modern Europe* (Princeton, NJ: Princeton University Press, 1992); Thomas Ertman, *Birth of the Leviathan: Building States and Regimes in Medieval and Early Modern Europe* (Cambridge, UK; New York: Cambridge University Press, 1997); Edgar Kiser and April Linton, "Determinants of the Growth of the State: War and Taxation in Early Modern France and England," *Social Forces* 80, no. 2 (2001): 411–448; Edgar Kiser and April Linton, "The Hinges of History: State-Making and Revolt in Early Modern France," *American Sociological Review* 67, no. 6 (2002): 889–910; Tilly, *The Formation of National States in Western Europe*; Charles Tilly, "War Making and State Making as Organized Crime," in *Bringing the State Back In*, ed. Dietrich Reuschmeyer, Theda Skocpol, and Peter Evans (Cambridge: Cambridge University Press, 1985): 169–191.

13　Charles Tilly, *Coercion, Capital and European States: AD 990–1992*, rev. ed. (Cambridge, MA: Wiley-Blackwell, 1992), 20.

14　Tilly, *The Formation of National States in Western Europe*, 42.

15　Miguel Angel Centeno and Fernando López-Alves, eds., *The Other Mirror* (Princeton, NJ: Princeton University Press, 2001); Miguel A. Centeno and Agustin E. Ferraro, eds., *State and Nation Making in Latin America and Spain: Republics of the Possible*, reprint ed. (Cambridge, UK: Cambridge University Press, 2014).

16　Centeno, *Blood and Debt*, 23.

17　有大量文獻在解釋國家建構時，著重於對抗和戰爭準備，而非實際的製造戰爭。參見：Paul Diehl and Gary Goertz, *War and Peace in International Rivalry* (Ann Arbor, MI: University of Michigan Press, 2001); William R. Thompson, "Identifying Rivals and Rivalries in World Politics," *International Studies Quarterly* 45, no. 4 (December 1, 2001): 557–586; Cameron G. Thies, "State Building, Interstate and Intrastate Rivalry: A Study of Post-Colonial Developing Country Extractive Efforts, 1975–2000," *International Studies Quarterly* 48, no. 1 (March 1, 2004): 53–72; Cameron G. Thies, "War, Rivalry, and State Building in Latin America," *American Journal of Political Science* 49, no. 3 (July 1, 2005): 451–465; Cameron G. Thies, "The Political Economy of State Building in Sub-Saharan Africa," *Journal of Politics* 69, no. 3 (2007): 716–731.

18　Jeffrey Herbst, *States and Power in Africa: Comparative Lessons in Authority and Control*, 1st ed. (Princeton, NJ: Princeton University Press, 2000).

19　Jeffrey Herbst, "War and the State in Africa," *International Security* 14, no. 4 (1990): 134.

20　Donald L. Horowitz, *Ethnic Groups in Conflict*, 1st ed. (Berkeley: University of California Press, 1985), 563–680.

21　當然，也有研究將非洲國家的發展，視為政治中心的統治者如何和各個地方精英及制度交涉的結果。參見：Catherine Boone, *Political Topographies of the African State: Territorial Authority and Institutional Choice* (Cambridge, UK; New York: Cambridge University Press, 2003); Catherine Boone, *Property and Political Order in Africa: Land Rights and the Structure of Politics* (New York: Cambridge University Press, 2014).

22　有些歷史研究著眼於在中國戰爭對國家發展的影響，參見：Edgar Kiser and Yong Cai, "War and Bureaucratization in Qin China: Exploring an Anomalous Case," *American Sociological Review* 68, no. 4 (2003): 511–539; Victoria Tin-bor Hui, *War and State Formation in Ancient China and Early Modern Europe* (New York: Cambridge University Press, 2005).

23　Richard Stubbs, "War and Economic Development: Export-Oriented Industrialization in East and Southeast Asia," *Comparative Politics* 31, no. 3 (1999): 377.

24　Richard F. Doner, Bryan K. Ritchie, and Dan Slater, "Systemic Vulnerability and the Origins of Developmental States: Northeast and Southeast Asia in Comparative Perspective," *International Organization* 59, no. 2 (April 2005): 327.

25　Herbst, *States and Power in Africa*, 18.

26　例如：Andreas Forø Tollefsen and Halvard Buhaug, "Insurgency and Inaccessibility," *International Studies Review* 17, no. 1 (March 1, 2015): 6–25; Halvard Buhaug and Jan Ketil Rød, "Local Determinants of African Civil Wars, 1970–2001," *Political Geography* 25, no. 3 (March 2006): 315–335.

27　James D. Fearon and David D. Laitin, "Ethnicity, Insurgency, and Civil War," *American Political Science Review* 97, no. 1 (February 2003): 75–90.

28　James Raymond Vreeland, "The Effect of Political Regime on Civil War: Unpacking Anocracy," *Journal of Conflict Resolution* 52, no. 3 (2008): 401–425; Bethany Lacina, "Explaining the Severity of Civil Wars," *Journal of Conflict Resolution* 50, no. 2 (2006): 276–289.

29　John E. Mueller, "Presidential Popularity from Truman to Johnson," *The American Political Science Review* 64, no. 1 (1970): 18–34.

30　Anthony W. Marx, *Faith in Nation: Exclusionary Origins of Nationalism* (Oxford; New York: Oxford University Press, 2003).

31　Alberto Alesina et al., "Fractionalization," *Journal of Economic Growth* 8, no. 2 (2003): 155–194; Alberto Alesina and Eliana La Ferrara, "Participation in Heterogeneous Communities," *The Quarterly Journal of Economics* 115, no. 3 (August 1, 2000): 847–904; James D. Fearon, "Ethnic and Cultural Diversity by Country," *Journal of*

Economic Growth 8, no. 2 (June 2003): 195–222; Jose G. Montalvo and Marta Reynal-Querol, "Ethnic Diversity and Economic Development," *Journal of Development Economics* 76, no. 2 (April 2005): 293–323.

32   Monica Duffy Toft, *The Geography of Ethnic Violence: Identity, Interests, and the Indivisibility of Territory* (Princeton, NJ: Princeton University Press, 2005).

33   Frances Stewart, ed., *Horizontal Inequalities and Conflict: Understanding Group Violence in Multiethnic Societies* (Basingstoke, UK; New York: Palgrave Macmillan, 2008); Gudrun Østby, "Polarization, Horizontal Inequalities and Violent Civil Conflict," *Journal of Peace Research* 45, no. 2 (2008): 143–162; Lars-Erik Cederman, Nils B. Weidmann, and Kristian Skrede Gleditsch, "Horizontal Inequalities and Ethnonationalist Civil War: A Global Comparison," *American Political Science Review* 105, no. 3 (August 2011): 478–495.

34   Andreas Wimmer, Lars-Erik Cederman, and Brian Min, "Ethnic Politics and Armed Conflict: A Configurational Analysis of a New Global Data Set," *American Sociological Review* 74, no. 2 (2009): 316–337; Manuel Vogt et al., "Integrating Data on Ethnicity, Geography, and Conflict: The Ethnic Power Relations Data Set Family," *Journal of Conflict Resolution* 59, no. 7 (October 1, 2015): 1327–1342.

35   Myron Weiner, "Bad Neighbors, Bad Neighborhoods," *International Security* 21, no. 1 (July 1, 1996): 26.

36   Kristian Skrede Gleditsch, *All International Politics Is Local: The Diffusion of Conflict, Integration, and Democratization* (Ann Arbor: University of Michigan Press, 2002); Idean Salehyan and Kristian Skrede Gleditsch, "Refugees and the Spread of Civil War," *International Organization* 60, no. 2 (April 2006): 335–366; Kristian Skrede Gleditsch, "Transnational Dimensions of Civil War," *Journal of Peace Research* 44, no. 3 (2007): 293–309; Nicholas Sambanis, "Do Ethnic and Nonethnic Civil Wars Have the Same Causes?" *Journal of Conflict Resolution* 45, no. 3 (June 2001): 259–282.

37   Suda Perera, "Alternative Agency: Rwandan Refugee Warriors in Exclusionary States," *Conflict, Security & Development* 13, no. 5 (December 1, 2013): 569–588; Séverine Autesserre, *The Trouble with the Congo: Local Violence and the Failure of International Peacebuilding* (Cambridge, UK; New York: Cambridge University Press, 2010).

38   Idean Salehyan, "Transnational Rebels: Neighboring States as Sanctuary for Rebel Groups," *World Politics* 59, no. 2 (2007): 223.

39   Daniel Unger, "Ain't Enough Blanket: International Humanitarian Assistance and Cambodian Political Resistance," in *Refugee Manipulation: War, Politics, and the Abuse of Human Suffering*, ed. Stephen Stedman and Fred Tanner (Washington,

DC: Brookings Institution Press, 2003): 17–56; Melissa Lee, "The International Politics of Incomplete Sovereignty: How Hostile Neighbors Weaken the State," *International Organization* 72, no. 2 (2018): 283–315.

40　Jacob D. Kathman, "Civil War Contagion and Neighboring Interventions," *International Studies Quarterly* 54, no. 4 (2010): 989.

41　Lee, "The International Politics of Incomplete Sovereignty," 7.

42　這裏談到的國力能力涵蓋廣泛面向，包括軍事、經濟、地理、人口因素。

43　必須聲明的是，這裏討論的種種情境絕非完全決定性的。事實上，這類互動動態可以在不同鄰國創造出各類回應，可能涉及國內與國外的其他因素。

44　Gerhard L. Weinberg, *Hitler's Foreign Policy 1933–1939: The Road to World War II* (New York: Enigma Books, 2005); Zara Steiner, *The Triumph of the Dark: European International History 1933–1939*, rep. ed. (Oxford; New York: Oxford University Press, 2013).

45　M. Coleman, "U.S. Statecraft and the U.S.–Mexico Border as Security/Economy Nexus," *Political Geography* 24, no. 2 (February 2005): 185–209; Peter Andreas, *Border Games: Policing the U.S.-Mexico Divide*, 2nd ed. (Ithaca, NY: Cornell University Press, 2009); Pablo Vila, *Crossing Borders, Reinforcing Borders: Social Categories, Metaphors and Narrative Identities on the U.S.-Mexico Frontier* (Austin: University of Texas Press, 2000).

46　Salehyan, "Transnational Rebels," 225; Dilip Hiro, *The Longest War: The Iran-Iraq Military Conflict* (London: Routledge, 1990).

47　Ruben Zaiotti, *Cultures of Border Control: Schengen and the Evolution of European Frontiers* (Chicago: University of Chicago Press, 2011).

48　Brubaker, *Nationalism Reframed*.

49　Ibid, 6.

50　Han, *Contestation and Adaptation*.

東南亞高地上國家形成的歷史模式

　　景棟市中心矗立著一間大型複合式酒店：驚艷景棟度假村（Amazing Kengtung Resort），這裏不久前還叫做新景棟飯店（New Kyiangtong Hotel）。[1] 這棟樓高數層的複合式酒店以緬式屋頂為特色，還有游泳池和廣闊的花園。酒店建在景棟末代土司（sawbwa）宮殿的舊址上，宮殿建於1905年，採英屬印度帝國風格，1991年被緬甸軍隊拆毀。[2]

　　景棟有一座供國內班機起降的機場，不過我是坐大巴士從美塞到大其力，跨越泰、緬陸路邊界來到景棟。巴士車程既漫長又顛簸，行駛在最初1942年由入侵泰軍開闢的山路上。儘管擁有和蘭納（位於今日泰國北部）、景洪（今日雲南南部西雙版納[3]州的景洪）鼎足而立的顯赫過往，今日的景棟卻是平淡無奇的窮鄉僻壤，建築單調乏味、經濟蕭條，和清邁、景洪一比更形沒落。

　　景棟的末代土司是塞隆（Sailong），他在英國、澳洲留學多年，於1947年加冕。[4] 但是1947年《彬龍協議》（*Panglong Agreement*）簽署之後，撣邦諸邦和緬甸本土共同從英國獨立為聯邦共和國，這表示1948年起景棟土司的權力大幅削弱。1959年奈溫第一次政變之後，所有撣邦土司皆失去過往權威和特權，軍人託管政府更是強迫將權力從世襲土司手中,移交給緬甸聯邦政府。[5]最後,在1962年的政變之後,奈溫全面廢止撣邦諸邦的土司體系,景棟末代土司塞隆繫獄六年。

塞隆獲釋至1997年過世前,都住在仰光。景棟土司的家族成員現今大多流亡北美或泰國,和故土幾無聯繫。至於今日的景棟,市貌已然經過高度緬化。有相當規模的緬甸軍隊駐紮此地,因此乍看下幾乎觀察不到當地傣良文化的展現,只有城市範圍外的鄉村地區才看得到。

緬甸土司體系的結束,正式代表東南亞大陸高地上無數傣族王國終歸滅亡。[6]這些傣族王國被稱為勐(muang),歷史上有許多傣族王國星羅棋布於低地山谷,從中國西南延伸至東南亞大陸,更一路延伸至印度阿薩姆。[7]同時這片山區也住著為數眾多的其他民族,他們時而與這些傣族王國交戰,時而遠遠避開一切國家權力。

除此之外,傣族王國個個和周遭規模更大、力量更強的政治實體——也就是中國歷代王朝、緬甸王國,以及暹羅王國——擁有不同關係。本章主題即是這種近代以前的跨國關係如何運作,及其在20世紀中葉以前如何轉變。

本章討論東南亞高地上景棟、景洪、蘭納這三大傣族王國之間的歷史連結:景棟是現代緬甸撣邦諸邦的代表,景洪是當代雲南南部傣族諸王國的代表,以清邁為中心的蘭納則作為今日泰國北部傣族諸王國的代表。

本章也檢視三個王國和緬甸、中國、暹羅／泰國之間的關係,藉此推想東南亞大陸高地上近代以前跨國關係的運作方式。有一小節討論高山民族的政治處境,同時也論及他們和低地政體的關係。

本章繼而檢視東南亞的歐洲殖民主義為東南亞高地邊區帶來何種國家建構的新動態。結尾探討20世紀初期以來,中、緬、泰三國各自的國家整併進程，這為日後的發展打下基礎，迎來二戰後緬甸、中國廢除土司體系，以及暹羅官僚國家在北部的整合。

傣族王國

　　遍布東南亞高地的傣族政治體系被描述為一群鬆散的政體（勐），彼此之間關聯錯綜複雜，也和周遭更大的政治實體維持模糊的關係。這個體系宛如曼陀羅，由無數政治權力同心圓組成，代表一種「十分特殊且往往不穩定的情況，位於一片依稀可辨，但缺乏固定界限的地理區域裏，這裏較小的中心多半必須顧及四面八方，以策安全。」[8]

　　勐制裏的大王國和小王國具有上下關係，關係經由某種臣服儀式牢牢固定，不過小王國的地方統治者（傣王）握有高度自治權，可以保有「自己的宮廷、行政財務體系、徵稅權、軍隊、司法體系。」[9] 較大的傣族王國擁有臣屬國，但他們自己也和周遭更強大的政體維持朝貢關係。這些傣族王國往往不只向一個外部宗主國朝貢，史上確實可以看到幾大傣族王國必須同時周旋在緬甸、中國、暹羅之間，偶爾還要挑起鷸蚌之爭，從中得利。

　　景洪位於今日雲南南部的西雙版納地區，那裏流傳一句意味深長的俗語，描述景洪和中國、緬甸的關係：「*Ho bien po, man bien mae*」，字面上的意思就是中國是父、緬甸是母。[10] 這句俗語說的是19世紀晚期以前的情況：景洪因為地理位置夾在向外擴張的清帝國和軍事強權貢榜王朝之間，所以同時向中國及緬甸朝貢。

　　元朝蒙古帝國將領土範圍擴及東南亞高地，此後中國一直是透過間接的土司體系統治西南邊區。[11] 明清時期，中國政府在民政治理尚不穩固的地區將地方頭人冊封為土司。尤其雲南南部的熱帶低地谷地瘧疾肆虐，中國軍隊試圖實際征服占領此地時，遇到重重困難。[12] 因此，即使清政府18世紀初在中國南方部分地區進行「改土歸流」的一系列行政改革、將當地土司改為派任流官之際，政府對雲南南部邊區地帶的掌握依然非常有限。[13]

就景洪而言，明朝在1384年首度將車里宣慰司的地位賜予當地的傣泐統治者（召片領）。[14] 景洪定期派出進獻貢品的使節團前往北京，中國皇帝也將官印賜給景洪召片領，作為政治承認的證明；來自景棟、蘭納等其他傣族王國的貢品繼續送往昆明之前，都必須先蓋上景洪的官印。[15] 不過明朝宮廷和後繼的清朝宮廷不會過分干涉景洪的內部治理，事實上，更容忍景洪自16世紀中葉以來，和強大的緬甸王國同時維持朝貢關係。[16]

緬甸自16世紀中葉日漸崛起，改變了東南亞高地的權力平衡。莽應龍（Bayinnaung）國王統一緬甸中部，也收服薩爾溫江以西的撣邦諸邦。[17] 他的軍隊攻下了清邁和清盛，而後蘭納王國在1560年前後承認緬甸為宗主國。緬甸王國稱霸東南亞高地的時期，恰好和明朝衰弱的時期重疊。景洪自17世紀初以來，漸漸受到定都阿瓦（Ava）的緬甸王國的直接影響。此時，地方傣泐統治者被中國冊封為土司（宣慰使司）時，也必須請求緬甸宮廷同意，才能接受這個頭銜。[18]

於是，景洪和中國及緬甸形成雙重朝貢關係。清廷自18世紀中葉起，較直接干預景洪內政，例如短暫在此駐紮軍營，甚至在1773年至1777年間，罷黜了傣泐召片領。[19] 乾隆皇帝在邊區地帶發動對抗緬甸的戰事，干預景洪內政是整體軍事行動的一環。[20] 清廷對景洪的軍事占領，因熱帶疾病鎩羽而歸，清廷也體認到，必須保留地方土司以安撫當地人民。[21]

　　緬甸貢榜王朝的擴張，也直接威脅清朝在撣邦北部諸邦幾個傣族王國的霸主地位，導致清朝和緬甸發生正面軍事衝突。不過，清軍進軍撣邦諸邦的陌生熱帶地形時，陷入慘境，緬軍在幾場邊界戰爭連連得勝。清朝也在18世紀末、19世紀初，面臨國內日益不穩的局勢，經歷包括白蓮教之亂在內的數起大型叛亂，須撥出大半兵力應付，這說明北京為何對之前在其控制下的傣族王國採取較放任的方針。因此，清朝必須容忍緬甸對景洪當地事務越來越高的支配權，包括緬甸出手左右王位繼承政治的權力鬥爭。[22]

　　緬甸軍征服東南亞高地時，確實所向披靡，打敗包括景棟、蘭納在內的主要傣族王國。景棟位於湄公河和薩爾溫江之間的崎嶇山區，是規模數一數二的傣族王國，自古以來就是傣艮族居住的戰略要地。[23]景棟在明朝時期雖然也向中國皇帝朝貢，但景棟的使節遠不如景洪那麼頻繁上京。[24]莽應龍征服撣邦諸邦以後，景棟日漸落入緬甸的控制，1564年起成為緬甸的藩屬國，也成為幫緬甸征服撣邦其他地區和東南亞高地的關鍵武力。[25]

　　不過，身為緬甸的藩屬國不等於直接受到緬甸統治，景棟土司保有高度的內部自治權。就整片撣邦地區而言，緬甸國王不干涉當地土司和臣民之間的封建關係，允許土司保有自己的王室禮制、進行傳統撣族宗教儀式。[26]但既然身為緬甸的朝貢國，就必須提供兵丁，並向緬甸宮廷進獻金銀寶樹、祭儀器皿、絲綢等珍稀財寶。緬甸皇室也積極鼓勵撣族與之通婚，撣族公主往往嫁給緬甸國王成為妃子。此外，緬甸也堅持要撣族土司送幾個兒子和兄弟進入緬甸宮廷，若有需要就可當成人質。[27]

　　故景棟歸順緬甸的200年來，整體上對緬甸忠心不二，景棟編年史並未記載和緬甸之間發生過任何重大衝突。[28]除了和其他撣族/傣族小王國交兵，歷代景棟土司的統治相當風平浪靜，統治者的繼位井然有序、代代相傳，許多土司的在位時間相當長。[29] 不過18世紀中葉以降，景棟捲入蹂躪該地的一連串戰事，和其他傣族王國打仗，也和緬甸、中國、暹羅交戰。

景棟編年史記錄1730年至1740年間，爭奪景棟土司王位的對立王子之間爆發內戰。王位爭奪者其中一方先向清邁尋求援兵，再逃往景洪，最終還是被緬甸囚禁在阿瓦。[30] 之後，景棟直接捲入緬甸和中國之間的戰爭。貢榜王朝建立後，緬甸向東南亞高地發動一系列軍事征伐，先在1763年占領清邁和南奔、1765年攻下瑯勃拉邦（Luang Prabang），最後1767年圍城攻陷暹羅首都大城府（Ayutthaya），大肆劫掠。[31] 景棟在緬、中邊境戰爭中，被當作攻打景洪的通道。緬甸和中國戰況拉鋸不下，雙方來來回回重新奪下景棟。[32] 數十年戰爭直接導致景棟在18世紀下半葉走向沒落。

景棟之後還有更多戰爭即將來臨。暹羅自上次敗在緬甸手下以來，已經重整旗鼓，在曼谷重建王國，他們旋即向北方展開一系列遠征，1770年代末開始在蘭納占得上風。[33] 暹羅鞏固在清邁的優勢地位以後，1803年首次出兵協助地方的蘭納軍攻擊清盛，圍城三月之久，次年終於成功擊敗駐守清盛的緬軍，將緬甸逐出清盛——清盛之前是緬甸在蘭納王國的權力中心。[34] 於是，緬甸對蘭納的霸權告終，曼谷建立起本國和此地傣族王國之間的朝貢關係。

不過，暹羅和蘭納維持朝貢關係的作風和緬甸大相逕庭。曼谷並未設置總督，維繫關係的主要方式反而是透過密切的家族連結、賞賜忠心者、暗示威脅不聽控制的藩屬會受到懲罰。[35] 暹羅提供的安全保障為蘭納帶來一段穩定時期，此地的傣族王國發展出強盛軍力，足以自發行動，不需要曼谷的直接支援。[36]

故自19世紀初期以來，東南亞高地上的主要競爭發生在緬甸、暹羅及兩者的附庸傣族王國之間，清中國則漸漸抽回對邊區事務的直接參與。中國之所以不予干預，一方面是因為內部動亂，但也是因為中國認為緬甸和暹羅可以牽制彼此的擴張。[37] 暹羅鞏固了在蘭納的霸權，對緬甸構成更大的威脅，景棟地區日漸成為雙方正面較勁的衝突點。

隨後來了英國人。緬甸和英屬印度在曼尼普爾（Manipur）及阿薩姆的糾紛，導致第一次英緬戰爭，戰火從1824年延燒至1826年，以緬甸戰敗做結。[38] 緬甸戰敗不只讓英國得以鞏固對印度東北部的控制，也迫使緬甸割讓若開（Arakan）和丹那沙林（Tenasserim）的領土。

英國控制丹那沙林山脈以後，便和暹羅及蘭納諸王國直接接觸。就傣族王國而言，英國在東南亞大陸的勢力帶來一套截然不同的政治邏輯。英國身為後威斯特伐利亞時代的歐洲強權，認為必須擁有獨占的領土控制，英國在東南亞大陸的擴張，標誌著一段漫長的進程，日後英國將為其殖民屬地畫清邊界，先是和暹羅，而後是中國。

不過，第一次英緬戰爭的一個立即影響，是戰爭有效削弱了盛極一時的緬甸王國。緬甸勢力的衰退，使過去歸順緬甸的眾多傣族王國萌生機會感，也鼓勵暹羅更積極涉入東南亞高地的政治。1830年代起，景洪統治家族內部發生一連串繼承危機，導致對立派系分別向緬甸和暹羅尋求外援，引發19世紀中葉緬甸、暹羅雙方在景棟展開軍事對峙。[39]

緬甸雖然在1852年第二次英緬戰爭中，再度敗給英國，將下緬甸海岸地區悉數割讓給英屬印度，但緬甸仍然奮戰維護其在景棟的地位。一方面為了顧全自尊，一方面也為了防止再失去更多領土，緬甸卯足資源，1855年打敗了景棟的暹羅軍。[40] 暹羅在景棟的戰敗，也終結了二戰以前，曼谷在撣邦諸邦的軍事冒險主義，直至

二戰才在日軍支援下東山再起。1885年第三次英緬戰爭終於完成
了緬甸全境的殖民，包括撣邦諸邦在內，英國於是就此主宰傣族王
國的內政外交。

西方殖民主義與在地回應

　　大英殖民帝國在東南亞的擴張加深了英國在暹羅的利益，在英
國殖民下緬甸之後更是如此。1855年曼谷和倫敦簽訂《鮑林條約》
（*Bowring Treaty*），促使兩國之間的貿易進一步開放，也將治外法權
授予在暹英國臣民。於是英國臣民（包括來自英國亞洲殖民地的所
有公民）皆能豁免於暹羅法律，同時，英國領事館在協調英國臣民
在暹羅的商業利益和法律保護方面，開始占據要角。[41]但是《鮑林
條約》並未提及暹羅宗主權治下的北方傣族王國據於何種地位，維
持傣族王國和西方強權之間的自治關係，故英國臣民在暹羅享有的
治外法權是否也能適用於蘭納，這點並不明確。[42]

　　英國商業利益接著熱切鎖定蘭納豐沛的柚木資源，數間伐木公
司從丹那沙林山脈擴張至該地。同時，英國也深深寄望有機會開啟
連結中國西南和下緬甸的新貿易路線，實現其心願：將工業產品從
港口城市毛淡棉（Moulmein）往上送進蘭納，進而運往雲南。因此，
在蘭納的英國臣民人數自19世紀中葉起大量增加，英國臣民涉入的
糾紛也隨之俱增。[43]這在暹羅和蘭納既有的朝貢關係中造成衝突，
前者面臨英國的壓力，企圖將後者納入更加中央集權的控制下。[44]

　　如前所述，蘭納的傣族諸王國在既有的朝貢關係框架下，享有
暹羅賦予的高度自治權，地方統治者維持自己的外交關係、施行自

己的法律，鮮少受到曼谷干預。然而英國希望其臣民在暹羅享有的治外法權，也能適用於蘭納，促使曼谷展開一系列行政改革，漸漸削減蘭納諸王國的自治權。

首先，在1874年暹羅和大英帝國簽訂的《清邁條約》影響下，曼谷在北部建立二元政府，在該地設置委員。[45] 暹羅政府又沿薩爾溫江部署一小支警力，監管英屬緬甸和蘭納之間的柚木貿易，根據條約，柚木貿易也開始歸暹羅委員管轄。[46] 除此之外，蘭納新實施的包稅制導致清邁和曼谷分享稅收所得。[47] 經過將近十年之後，1883年的《第二次清邁條約》進一步加強暹羅對蘭納的控制，剝奪更多地方統治者的談判權。[48]

兩次條約簽訂後，曼谷開始逐步將蘭納諸王國全面併入中央集權的暹羅。1884年起，蘭納的行政架構改組：曼谷增設六個部會，指派官員作為地方統治者的顧問。[49] 最後，〈1900年西北府行政法規〉頒布，正式將蘭納諸王國整併為中央集權行政體系下的各府。[50] 蘭納傣族諸王國的自治地位以及其和曼谷的朝貢關係，就此結束。

1885年英國征服緬甸其他地區之後，英國的殖民界限也隨之延伸，將撣邦諸邦全境納入其中。英國和暹羅經過多輪談判，在1894年和平畫定明確邊界。[51] 另一方面，暹羅和擴張的法軍1893年在中南半島爆發軍事衝突，導致湄公河以東的領土割讓給法國。[52] 於是現代暹羅的疆域輪廓大致底定。

相較於暹羅和英國維持相對友好的關係，清中國在應付歐洲殖民強權侵擾這方面的經驗迥然不同。中國在第一次鴉片戰爭慘敗給英國，不得不簽訂1842年《南京條約》，割讓領土、開放沿海城市作為通商口岸。[53] 這導致清朝又在歐洲強權手下接二連三吃敗仗，被迫繼續讓步。清帝國統治不只面臨這些直接外患，內部控制也大受考驗。

先是太平天國之亂，戰事在1850年至1864年間蹂躪了中國南方大半山河。[54] 接下來，是1856年至1873年的雲南回變（杜文秀起義），雲南回變和滇、緬關係以及中、緬關係格外密切相關，期間以杜文秀為首的叛軍在大理建立了回教國。[55] 回民叛軍對抗清朝的干戈擾攘使雲南陷入動盪，多民族邊區地帶的局勢更是不穩。這段期間，清朝不只在雲南的軍事能力被大幅縮減，清朝過去與毗鄰緬甸的地方土司之間的關係，也被回民叛軍切斷。[56]

與此同時，法國在中南半島的擴張，以及英國在緬甸的擴張，使得這兩塊歐洲殖民屬地與清朝的雲南邊疆直接接壤。法國和越南簽訂1862年及1874年兩次《西貢條約》之後，將屬地從越南南部向北擴張。中國拒絕接受法國對越南的安排，1884年和法國開戰。雖然清軍在陸戰擊敗法軍，但中國最終仍接受越南正式成為法國的保護國，放棄過去對越南的宗主權。[57] 隔年，清朝和法國簽訂邊界條約，畫定雲南和法屬越南的邊界。[58]

就對英關係而言，雲南邊區也面臨前所未有的壓力。1875年的馬嘉理事件中，英國外交官在滇緬邊區遇害，後續影響是英國迫使清朝簽訂《煙台條款》，允許英國人在雲南探索商業機會。[59] 英國殖民緬甸全境以後，隔年1886年清政府和英國簽訂了《中英緬甸條款》，承認英國殖民緬甸，放棄傳統宗主權。[60] 此外，中、英兩國共同設立邊界勘定委員會，1899年完成雙邊邊界畫定，只除了南北仍有兩小區段尚未確定。[61] 兩國也同意若有糾紛涉及橫跨新畫定邊界的民族時，由裁判體系處理跨境糾紛，這點漸漸開始為當地人群創造出國族歸屬感。[62]

　　整體而言，儘管內憂外患不斷，清政府仍然察覺如今法、英兩國既已逼近雲南邊界，舊有的鬆散朝貢制確實無法再因襲下去。北京因而嘗試小心重組邊區地帶的行政體系，加強中央集權控制，在孟連（位於邊界上中國境內的傣族小王國）等地成功設立鎮邊廳，監督地方傣族土司的活動。[63] 1911年以後的民國時期，政府也嘗試施加更多加強中央集權控制的措施，在邊區設置一系列縣分。但中國政府面對法國、英國在邊區地帶施加的壓力屈居劣勢，表示其反應舉措往往軟弱無力。蒙自、思茅、騰越等三個邊境城市被開放跟這兩個歐洲強權貿易，英、法產品開始攻占雲南市場。[64]

　　不像維持獨立的暹羅和中國，緬甸至1885年已成為英屬印度的一部分，末代國王錫袍王被迫流亡印度。緬甸本土由英屬印度政府直接統治，但撣邦諸邦和緬甸本土不同，是宛如附屬地般被一步步合併，當地土司大多不用遭遇像被廢黜的緬甸國王那樣的命運。[65]對英國（以及英國之前的緬甸王國）而言，在撣邦諸邦的首要之務是固守該地，以保障緬甸本土的安全，尤其鑑於這裏和中國、暹羅、法屬印度支那之間擁有漫長邊界。[66]

　　英國堅稱他們無意干涉撣邦諸邦的內部政治，樂見諸位撣邦土司繼續統治此地，只要求土司承認英國的霸權地位，向英屬印度政府繳納年貢。[67]英國承認撣邦諸邦的方式，實際上相當於英國承認印度土邦的方式，土司「受到身為（印度）總督代理人的（緬甸）行政長官個人監督」。[68]因此，在撣邦統治精英眼中，他們至少一開始認為自己只是把宗主從緬甸國王換成英國皇室君主。

　　然而，英國統治期間的確為撣邦諸邦帶來幾項重大改變。首先，英國釐清了撣邦諸邦的組成。英國不只和中國、暹羅畫定邊界，還確定撣邦一共包括48邦，不過後來有幾個小邦被併入大邦

之中。[69] 英國 1890 年向撣邦土司發布一系列通知，訂下土司的統治
規範。土司必須向英屬印度政府繳納定額的現金貢賦；對森林、礦
藏及其他自然資源的傳統權利悉數移交給英國政府；地方法律須和
印度刑法一致；禁止土司接觸英屬印度以外的外國勢力。[70] 故整體
而言，英國首長控制撣邦諸邦的程度高於緬甸過去的控制。[71]

　　在英屬印度大環境政治變遷的刺激下，英國政府在 1922 年正
式建立撣聯邦（Federated Shan States），將擁有有限自治權的雙頭體
制，從印度延伸至緬甸。[72] 隨著緬甸的國族主義日益升高，英國希
望藉由創建撣聯邦掌握對撣邦諸邦的更多控制權，也可形成和緬甸
本土分隔的制度障礙。[73] 土司可以透過酋長會議（Council of Chiefs）
表達意見，但實權握在撣聯邦長官手中。於是，撣聯邦成為擁有獨
立行政體系的英屬緬甸下級單位。[74] 鑑於英國允許他們擁有相對自
治權，大部分土司皆大力支持英國統治。[75] 撣邦諸邦大致和平度過
英國殖民時期，社會經濟條件緩緩改善。

　　另一方面，儘管英國承認撣邦土司作為地方統治者的權利，卻
也明白撣邦諸邦的民族人口組成其實更為複雜，許多土司管轄的所
謂臣民並不同為撣族／傣族。[76] 英國認為不同民族彼此隔閡、難以
同化，故試圖分辨及具體化撣族、緬族、克欽族及其他眾多高山民
族之間的民族界限。[77] 英國統治因而助長緬甸民族區分的強化。

　　撣邦土司在 1930 年代、1940 年代嘗試向英國政府請願，希望撣
邦諸邦可以另立為英國皇室轄下的一個自治實體，而非囊括於緬甸
聯邦中。英國政府雖然同情他們的訴求，但受到緬族國族主義者掣
肘——後者堅持撣邦諸邦應該是緬甸的一部分。[78] 就在這樣的局勢
下，1942 年英國統治因日軍入侵而驟然終止，撣邦諸邦未來的地
位，將在二戰的動盪及戰後緬甸獨立運動的浪潮中，繼續爭論不休。

高山民族

目前為止，我們討論東南亞高地近代以前的政治動態時，大都將焦點放在傣族諸王國以及他們彼此的關係，還有涉及該區較大政治勢力的政治競爭。然而，東南亞高地的地形也代表除了上述低地民族及其政體，還有許多自古以來住在群山萬嶺的人群，他們和谷地國家的關係錯綜複雜。

諸如苗族／赫蒙族、克欽族／景頗族、阿卡族（Akha）、拉祜族（Lahu）、德昂族（Palaung）、佤族、瑤族／優勉族等數支民族，皆住在山區海拔高度不同的地帶。海拔高度的差異，素來被負面連結到民族的「文明」程度，住在山巔的民族往往被視為最落後者。[79] 這是過去千年來低地谷地國家的主流論述。

關於這些民族的起源也有種種不同解釋。例如，李區（Edmund Leach）的經典研究主張，高山人群和谷地人群的交流比一般認為的更頻繁，人群的民族身分事實上也比一般認為的更有彈性、更可轉換，也更隨機決定。[80]

斯科特承繼李區的詮釋，進一步強力主張高山人民主要來自逃離低地谷地國家政治支配的難民，認為他們是「從谷地國家剝離的碎片：不願入伍的逃兵、叛亂分子、戰敗的軍隊、無以為繼的貧農、躲避瘟疫和饑荒的村民、逃跑的農奴和奴隸、偽王及其擁戴者、宗教異議分子。」[81]

斯科特的詮釋確實有幾分道理。在雲南地區，18世紀初漢人移入邊區，加上實施更中央集權的官僚制，使得倮黑族／拉祜族的生存空間進一步壓縮，導致滇緬邊界一帶多年叛亂不休。[82] 之後中國接連發生重大內亂，例如19世紀中葉的太平天國之亂和雲南回變，大肆摧殘中國南方，將許多這些住在山區的人群推往東南亞。[83]
谷地傣族王國之間的長年戰爭同樣也有類似影響，將人群推向山
區，因此清邁、景棟、景洪等幾個大王國都曾一度因為戰火蹂躪而
幾無人居。另一方面，這些高山人群不時攻擊低地谷地政體，構成
人群貨物途經該地時的嚴重安全威脅。克欽族的狀況正是如此，他
們掌控沿著滇緬邊區地帶的伊洛瓦底江上游。

1885年英國殖民上緬甸以後，政府借用英屬印度的治理概念，
像是區分「落後地帶（Backward Tract）、特別區（Excluded Area）、
部分特別區（Partially Excluded Area）、管制區（Scheduled Area）」等，
在克欽山區畫出邊疆地區，設立行政機構。[84]

1922年英國新設邊疆行政區（Frontier Areas Administration），涵
蓋克欽山區在內。克欽山區在1930年代晚期成為「特別管制區，政
府視其擁有獨立於緬甸行政區的社會、政治發展軌跡。」[85] 於是，
就像前文討論的撣聯邦，英國創造分開的行政架構以統治克欽族等
高山民族，這在日後成為克欽民族主義的制度界限，也成為緬甸國
族主義者國族統一目標的障礙。

二戰前後的國家整合

及至20世紀伊始，中國、暹羅、緬甸三國在處置邊區時，早
已面臨來自歐洲殖民者的重重壓力。中國試圖抵抗雲南面臨的歐洲
壓力，但19、20世紀內憂外患交逼，表示晚清和民國政府根本毫
無餘力進行多少國家整合。暹羅王國比較擅於應付歐洲強權，加上
英法有意讓暹羅成為兩國之間的緩衝，代表曼谷可以不受干涉，自

行推展北方邊疆整併計畫，只不過先前早已將大片邊陲領土奉送英、法兩國。最後是緬甸的情況，緬甸喪失主權、成為英國殖民地，代表管理邊區地帶的行政體系是由英國規畫，因此緬甸國族主義者日後努力推行國族自決時，也必須處理英國留下的遺產。

　　1911年清朝垮台之後，距離首都迢迢萬里的雲南省落入一個又一個軍閥的實質控制，一同被囊括在中華民國這個整體政治框架底下。在民國時期，雲南政府管理邊區的方針，主要是維持邊界安定，再漸漸以中央派任的官員取代土司體系。因此，儘管最初的目標是動用武力奪走土司的權力，但雲南政府到頭來沒有能力執行計畫。[86] 政府轉而認為上上策是在邊區地帶另設民政行政部門，和原有的土司政府並行。直到1920年代晚期，民國政府終於結束多年軍閥割據、統一全國之後，雲南政府才決定再次設法解決土司問題。[87]

　　省政府1930年實施人口普查，調查省內現存土司人數，發現仍有106人在位。[88] 鑑於這些土司已掌權好幾世紀，和當地人群關係密切，故政府決定，改變現況之前，必須先進行教育改革。政府自1935年開辦獎學金計畫，招徠土司的子孫到昆明讀書，增加他們跟漢族的文化親近性，產生對中國的國族認同感。[89] 政府也規畫一系列野心勃勃的計畫，要在邊區地帶建立現代學校體系。[90] 但由於1937年日軍入侵中國、1942年至1945年間占領滇緬邊區，這些計畫戛然而止，而且大多數計畫根本從未實施。[91]

　　日軍侵略期間，民國政府撤退至西南方的重慶市，日本占領了中國主要沿海城市，藉此迅速封鎖中國的聯外補給線。1940年，越南控制權被法國維琪政府割讓給日本，有效切斷中國通往雲南的鐵路聯絡。[92] 此時僅剩的路線是滇緬公路，一般又稱緬甸公路（Burma Road），這條公路是中國政府在英屬緬甸政府協助下，於

1937年至1938年間建成。[93]滇緬公路以昆明為起點，從德宏穿過山區，再進入緬甸的撣邦諸邦。因此物資運輸可以從港口城市仰光送進雲南，支持中國抵抗日本。

1941年12月日軍攻擊珍珠港之後，民國政府加入盟軍，1942年初派遣三個師團進入緬甸，展開緬甸遠征戰。[94]這支遠征軍和英軍並肩作戰數月，但不敵日軍攻勢。由於傷亡慘重，遠征軍取道克欽山區撤退回中國，而追擊的日軍則深入雲南，占領怒江以西的德宏和保山。日本長年占領邊區，代表局勢又更動盪、政治又更混亂。雖然有部分地方土司和日本合作，但大部分土司皆投入積極抵抗占領軍的行動。[95]

1945年日本戰敗後，共產黨和國民黨之間內戰再起，因此中國本土持續動亂不安。雲南雖然牢牢掌握在國民黨手中，但國民黨基本上缺乏政治意願或軍事能力，無法約束邊區地帶維持自治的土司，這項任務要等到1950年代才由勝利的共產黨政府克竟其功。

轉向南方，暹羅順利在19、20世紀之交，將北部大小朝貢邦整合至府的行政體制，但這項整合是放慢步調地溫和進行，刻意預防北部發生劇烈政治變動。因此，北方諸邦整合為各府的過程，並未導致傳統統治者就此失去權力，相反地，新的行政體系留住了大半的舊有統治者，創造出一種延續感，只不過他們現在成了曼谷雇用的職員。隨著時間推移，這些地方統治者漸漸被皇室官員和其他曼谷任命的官員取代。[96]

曼谷也將柚木林的控制權收歸中央，剝奪北方統治者的一項傳統收入來源。[97]此外，政府還進行了更多改革：各府設置法庭，法官由曼谷任命；實施中央集權的執法體系；直接徵稅制度化，取代舊有的包稅制。最後一點，傳統的強迫勞役制也被廢除。[98]故曼谷到1908年已順利全面控制北部。[99]

自1908年至1932年專制君主制廢除的這段時間，曼谷政府將北部諸邦重組為帕耶（Phayap）和瑪哈叻（Maharat）等兩大區域單位，目的是進一步強化中央集權控制。[100] 政府也開始實施一系列經濟、社會改革，以圖現代化北部地區。

例如，政府在原本不使用姓氏的地區引進家族姓氏制。[101] 北部佛教習俗被整合進暹羅國家僧伽（Siam National Sangha）中，以灌輸全王國的共同標準。[102] 政府也透過加強行政體系官僚化，來推行教育和公共衛生領域的現代化計畫，北部和暹羅中部之間的文化差異縮小了。中部泰語開始主導北部的政治和教育體系。[103] 暹羅正是在這段期間變得比過去更加中央集權，「國族統一為優先，犧牲了地方制度。」[104]

暹羅1932年廢除專制君主制，導致民政政治人物和軍方相互爭權，形成泰國政治往後數十年的基調。[105] 1938年，陸軍元帥鑾披汶・頌勘（Phibun Songkram）成為暹羅首相，推動強烈的國族主義政治路線。舉例而言，鑾披汶政府將國名從暹羅變更為泰國，意指泰族人民之國。鑾披汶政府還大力要求歐洲殖民強權歸還「失地」，對東南亞大陸的傣族領土提出領土收復主張。[106] 其領土收復主張最終導致泰國在二戰期間入侵撣邦東部的景棟。

1941年12月8日，日本在征服法屬印度支那以後，入侵泰國。儘管泰軍最初起而抵抗，但鑾披汶政府迅速決定和日本同盟，同意讓日本利用泰國領土攻擊英屬緬甸和英屬馬來亞。為了回報泰國的盟誼，日本允許泰軍以武力接管薩爾溫江以東的緬甸領土——大致包括景棟到雲南邊界的地區。[107]

不像上次近一世紀以前，暹羅試圖征服景棟卻無功而返，這次泰軍只遭遇緬甸中國遠征軍的微弱抵抗，後者的兵力因為在曼德勒承受日軍凌厲攻勢而大幅折損。[108] 泰國政府征服景棟以後，1943年將其改名為源泰邦（Saharat Thai Doem），併入泰國版圖。[109] 然而，這場併吞只持續兩年，1945年日本戰敗後，泰國便不得不將景棟歸還給英屬緬甸。

不過，日本在東亞和東南亞的侵略擴張，為緬甸國族主義者及其獨立運動帶來希望。一如前文所述，英國殖民行政體系創造出層層行政單位，例如包括撣聯邦、克欽山區等地在內的特別區，將緬甸本土和邊疆地區分開。除此之外，克倫族和克欽族等少數民族被大批招募進英國殖民軍隊，身為多數的緬族卻被拒於門外。不同民族受到的差別待遇，造就他們對英國的好惡差異，也使他們對於以自治之名推翻英國一事抱持不同態度。[110]

因此，二戰期間日軍到來，加上日本驅逐歐洲殖民主義、把亞洲還給亞洲人的說辭，讓緬甸國族主義者對這層外援燃起希望。為了幫助緬甸推翻英國，好切斷支援中國的滇緬公路，日本招募了30名緬甸國族主義青年，即所謂的三十志士或德欽黨人（Thakins），前往日本和中國海南島接受軍事訓練。[111] 之後這群志士前往泰國，為緬甸獨立軍招兵買馬，接著在1942年和入侵日軍一同進攻緬甸。[112]

1945年日本戰敗後英國迅速重返，此時緬甸國族主義者對獨立的渴望早已熱血沸騰。他們要求即刻獨立，拒絕成為大英國協的一分子，也要求獨立的緬甸應該包括歷史上和緬甸國王素有朝貢關係的所有邊疆地區。但是英國反過來要求特別區各民族和緬甸國族主義者必須先達成協議，才能同意緬甸獨立。[113]

因此，緬甸國族主義的領導者——例如昂山及其領導的反法西斯人民自由同盟（Anti-Fascist People's Freedom League）——必須和各民族代表交涉，找出解決之道。1946年3月，第一次彬龍會議在撣邦舉行，討論共組政治聯盟的前景，也聽取撣族、克欽族、克倫族、欽族 (Chin) 等主要民族的顧慮。[114] 然而，時移事遷，如今英國希望盡快撤出緬甸，倫敦於是轉而支持特別區和緬甸本土統一的想法，1947 年 1 月簽訂的《昂山—艾德禮協定》(*Aung San-Clement Attlee Agreement*) 確定了英方立場。[115]

這為同年 2 月的第二次彬龍會議開闢坦途，昂山告訴與會的各民族代表：「他和同僚也已取得英國的同意和許可，讓邊疆地區的人民立即加入行政委員會和制憲大會的工作職責，只要他們願意加入，也遵守日後和緬甸取得共識的條件。」[116]

《彬龍協議》在 1947 年 2 月 12 日正式簽訂，撣邦諸邦、克欽山區、欽山區的代表皆簽字同意。根據協議，行政委員會將納入各民族代表，少數民族地區獲得行政自治權，《彬龍協議》承諾少數民族擁有平等權利與特權，也保證特別區可以維持現有的財政狀況。[117] 這是劃時代的協議，奠定緬族和其他民族彼此平等的基礎，也無疑展現對聯邦制緬甸前景的滿腔熱忱，不過協議排除了一個主要異議民族：克倫族。

獨立的緬甸聯邦終於在 9 月 24 日實行新憲法，《彬龍協議》是新憲法的指導原則。憲法寫出緬甸本土的領土組成，也列出各個民族邦：撣邦、克欽邦、克倫邦、克倫尼 (Karenni) 邦，以及欽族特別區。憲法也賦予民族邦十年後可以分離的權利，這項權利後來在 1950 年代晚期為撣邦帶來無窮後患。1947 年 7 月昂山遇刺身亡，昂山之死可以說奪走了國家一位受人尊敬、高明幹練的政治人物，原是弭平緬族和少數民族差異所不可或缺者。無論如何，1948 年 1 月緬甸獨立之初，民主的聯邦國家架構就此建立，前途一片光明。

小結

　　就緬甸、中國、泰國之間的東南亞高地區域而言，低地谷地傣族王國和住在周邊的高山民族，歷史上向來處於同一個有機的區域政治體系。親密的民族連結和家族紐帶讓不同傣族王國相互團結，儘管他們各自受到緬甸、中國、暹羅等較大政治強權的政治霸權影響。撇開這層歷史勢力畫分不談，是因為歐洲殖民強權大力介入東南亞，最終才使此地在後威斯特伐利亞國際法原則下，畫定了清楚的邊界疆域。英國尤其是影響最巨者，英國征服緬甸，激發了中國和暹羅在邊區地帶反制英國的國家建構努力，緬甸則無疑是英國殖民遺產最深厚的地方。二戰期間的政治紛擾使得邊區地帶更加動盪。雖然殖民強權最終離去，但冷戰的重重諜影，以及各國更激烈的內部紛爭，不久即將席捲此地。

註釋

1　　景棟的舊英語拼法是「Kengtung」，現在的拼法「Kyiangtong」比較接近緬語和傣艮語的發音，Kyiang 相當於 Chiang，後者是泰語使用的音譯拼寫。這片邊區地帶地名使用的種種拼法複雜無比，故本章一律使用景棟。西雙版納的景洪也一樣，Jinghong 是該市市名的現代英文拼法，歷史上的拼法也有「Chiang Rung」。（景棟的明、清舊稱是「孟艮」，以下一律譯為「景棟」；景洪的明、清舊稱是「車里」，以下一律譯為「景洪」。——譯註）

2　　傣族土司在緬甸稱為蘇巴，sawbwa 是緬甸撣邦諸邦傳統統治者頭銜的英語拼法，根據緬語發音拼寫。傣語或泰語的發音是召法（chao fa），字面意義是上天之主。後文皆依中文慣用語譯為「土司」或「傣王」。）

3　　西雙版納現代拼音為 Xishuangbanna，英文中也有拼為 Sipsongpanna。

4　　Ritpen Supin, *The Princesses of Mangrai-Kengtung (Chao Nang)* (Chiang Mai: Tai Ethnic Art and Culture Center, Thakradat Temple, 2013), 38.

5　　Taylor, *The State in Myanmar*, 272; Chao Tzang Yawnghwe, *The Shan of Burma: Memoirs of a Shan Exile* (Singapore: ISEAS Publishing, 2010), 120.

6　　「傣族」是指一大群同系民族，其語言屬於壯侗（Tai-Kadai）語系，分布範圍
　　遍及整片東南亞高地。景棟當地的傣族人常被稱為傣艮（Tai Khun），景洪
　　的傣族人被稱為傣泐（Tai Lue），清邁的傣族人則被稱為傣阮（Tai Yuan）。
　　不過，傣族在緬語中稱為撣族。參見：Walker, *Tai Lands and Thailand*.

7　　Susan Conway, "Shan Tribute Relations in the Nineteenth Century," *Contemporary Buddhism* 10, no. 1 (May 1, 2009): 31.

8　　O. W. Wolters, *Culture, History and Region in South East Asian Perspectives* (Singapore: Institute of Southeast Asian Studies, 1982), 16.

9　　Thongchai Winichakul, *Siam Mapped: A History of the Geo-Body of a Nation* (Honolulu: University of Hawai'i Press, 1994), 82.

10　Foon Ming Liew-Herres, Volker Grabowsky, and Renoo Wichasin, *Chronicle of Sipsong Panna: History and Society of a Tai Lu Kingdom* (Chiang Mai: Silkworm Books, 2012), 49.

11　Herman, "Collaboration and Resistance on the Southwest Frontier;" Herman, *Amid the Clouds and Mist.*

12　Bello, "To Go Where No Han Could Go for Long."

13　C. Patterson Giersch, "The Sipsong Panna Tai and the Limits of Qing Conquest in Yunnan," *Chinese Historians* 10, no. 1–2 (October 1, 2000): 71–92.

14　Liew-Herres, Grabowsky, and Wichasin, *Chronicle of Sipsong Panna*, 39.

15　Ibid, 43.

16　Shi-Chung Hsieh, "Ethnic-Political Adaptation and Ethnic Change of the Sipsong Panna Dai: An Ethnohistorical Analysis" (PhD diss., University of Washington, 1989), 90.

17　D. G. E. Hall, *History of South East Asia* (London: Macmillan, 1981), 289.

18　Liew-Herres, Grabowsky, and Wichasin, *Chronicle of Sipsong Panna*, 46.

19　Giersch, "The Sipsong Panna Tai and the Limits of Qing Conquest in Yunnan."

20　Giersch, *Asian Borderlands*, 101.

21　Ibid, 110.

22　John Sterling Forssen Smith, *The Chiang Tung Wars: War and Politics in Mid-19th Century Siam and Burma* (Bangkok: Institute of Asian Studies, Chulalongkorn University, 2013), 65–67.

23　Ibid, 13.

24　Liew-Herres, Grabowsky, and Wichasin, *Chronicle of Sipsong Panna*, 41.

25　Rattanaporn Setakun, "History of Chiang Tung," in *Things about Chiang Tung*, ed. Arunrat Vichiankiew and Narumon Ruangrangsi (Chiang Mai: Suriwongs Book Center, 1994), 35.

26　Susan Conway, *The Shan: Culture, Arts and Crafts* (Bangkok: River Books, 2006), 36.

27   Ibid, 36–37.

28   Smith, *The Chiang Tung Wars*, 28.

29   Saimong Mangrai, *The Padaeng Chronicle and the Jengtung State Chronicle Translated* (Ann Arbor: University of Michigan, Center for South and Southeast Asian Studies, 1981), 250–252.

30   Mangrai, *The Padaeng Chronicle and the Jengtung State Chronicle Translated*, 254.

31   David K. Wyatt, *Thailand: A Short History*, 2nd rev. ed. (New Haven, CT: Yale University Press, 2003), 117.

32   Smith, *The Chiang Tung Wars*, 29.

33   Saenluang Ratchasomphan, *The Nan Chronicle*, trans. David K. Wyatt (Ithaca, NY: Southeast Asia Program, Cornell University, 1994), 85.

34   David K. Wyatt and Aroonrut Wichienkeeo, trans., *The Chiang Mai Chronicle* (Chiang Mai: Silkworm Books, 1995), 170.

35   Smith, *The Chiang Tung War*, 51.

36   Ibid, 61.

37   Ibid, 68.

38   Michael Aung-Thwin and Maitrii Aung-Thwin, *A History of Myanmar Since Ancient Times: Traditions and Transformations* (London: Reaktion Books, 2013).

39   Smith, *The Chiang Tung Wars*.

40   Ibid, 158.

41   Sethakul Ratanaporn, "Political, Social and Economic Changes in the Northern States of Thailand from the Chiang Mai Treaties of 1874 and 1883" (PhD diss., Northern Illinois University, 1989), 121.

42   Ibid, 123.

43   Suthep Soonthornpasuch, "Socio-Cultural and Political Change in Northern Siam: The Impact of Western Colonial Expansion (1850–1932)," in *Changes in Northern Thailand and the Shan States 1886–1940*, ed. Prakai Nontawasee (Singapore: Institute of Southeast Asian Studies, 1988), 162–165.

44   當然也有學者將曼谷對蘭納的中央集權控制詮釋為源自兩者的合作，以符合英國林業的利益。參見：Chaiyan Rajchagool, *The Rise and Fall of the Thai Absolute Monarchy* (Bangkok: White Lotus Press, 1994).

45   Ratanaporn, "Political, Social and Economic Changes in the Northern States of Thailand," 171.

46   Ibid, 200.

47   Ibid, 195.

48   Ibid, 236.

49   Ibid, 244.

50   Ibid, 255.

51　Winichakul, *Siam Mapped*, 108.

52　Ibid, 109.

53　Julia Lovell, *The Opium War: Drugs, Dreams and the Making of China* (London: Picador, 2012).

54　Stephen R. Platt, *Autumn in the Heavenly Kingdom: China, the West and the Epic Story of the Taiping Civil War* (New York: Vintage Books, 2012).

55　David Atwill, *The Chinese Sultanate: Islam, Ethnicity and the Panthay Rebellion in Southwest China, 1856–1873* (Stanford, CA: Stanford University Press, 2005).

56　王樹槐，《咸同雲南回民事變》（台北：中央研究院近代史研究所，1980）；黃嘉謨，《滇西回民政權的聯英外交 (1869–1874)》（台北：中央研究院近代史研究所，2015）。

57　Lewis Milton Chere, *Diplomacy of the Sino-French War 1883–85: Global Complications of an Undeclared War* (Notre Dame, IN: Cross Cultural Publications, 1989).

58　張寧，〈清末鎮邊廳的設置與西南邊疆〉（復旦大學碩士論文，2013），頁36。

59　姚勇，〈邊境與邊民的國家化──近代中英會審滇緬邊案制度〉，《歷史人類學學刊》卷13，第1期 (2015)，頁91。

60　關於條約內容，參見：http://www.chinaforeignrelations.net node/148

61　姚勇，〈邊境與邊民的國家化〉，頁91。

62　同前註，114。

63　張寧，〈清末鎮邊廳的設置與西南邊疆〉。

64　楊維真，〈商埠、鐵路、文化交流──以近代雲南為中心的探討〉，《輔仁歷史學報》，第24期 (2009年12月)，頁93–115。

65　Tun, *History of the Shan State*, 151.

66　Robert H. Taylor, "British Policy and the Shan States, 1886–1942," in *Changes in Northern Thailand and the Shan States 1886–1940*, ed. Prakai Nontawasee (Singapore: Institute of Southeast Asian Studies, 1988): 13–62.

67　Ibid, 18.

68　Ibid, 20.

69　Tun, *History of the Shan State*, 167.

70　Ibid, 166–167.

71　Taylor, "British Policy and the Shan States," 20.

72　Ibid, 26.

73　Ibid, 27.

74　Tun, *History of the Shan State*, 177.

75　Ronald D. Renard, "Social Change in the Shan States under the British, 1886–1942," in *Changes in Northern Thailand and the Shan States 1886–1940*, ed. Prakai Nontawasee (Singapore: Institute of Southeast Asian Studies, 1988), 120.

76 Ibid, 115.

77 Ibid.

78 Taylor, "British Policy and the Shan States," 45.

79 Scott, *The Art of Not Being Governed*, 100.

80 Edmund R. Leach, *Political Systems of Highland Burma: A Study of Kachin Social Structure* (London: Bell & Sons, 1964).

81 Scott, *The Art of Not Being Governed*, 144.

82 Jianxiong Ma, "Salt and Revenue in Frontier Formation: State Mobilized Ethnic Politics in the Yunnan-Burma Borderland since the 1720s," *Modern Asian Studies* 48, no. 6 (November 2014): 1637–1669；馬劍雄，〈從「保匪」到「拉祜族」——邊疆化過程中的族群認同〉，《歷史人類學學刊》卷2，第1期（2004），頁1–32。

83 Sadan, *Being and Becoming Kachin*, 144.

84 Ibid, 168.

85 Ibid, 203.

86 劉亞朝，〈民國在滇西邊區的改土歸流〉，《雲南民族學院學報》，第1期（1999），頁64。

87 朱強，〈民國時期的德宏土司與邊疆治理研究〉（雲南大學碩士論文，2015），頁30。

88 同前註，28。

89 同前註，36。

90 馬廷中，〈淺析雲南民國時期民族教育政策〉，《黑龍江民族叢刊》，第105期（2008），頁178–182。

91 朱強，〈民國時期的德宏土司與邊疆治理研究〉，頁69。

92 林國榮，〈出國遠征——滇緬路會戰的進行與影響〉，《中正歷史學刊》，第19期（2016年12月），頁203。

93 李君山，〈抗戰時期西南運輸的發展與困境——以滇緬公路為中心的探討（1938–1942）〉，《國史館館刊》，第33期（2012年9月），頁65。

94 Frank McLynn, *The Burma Campaign: Disaster into Triumph 1942–45* (London: Vintage, 2011); Donovan Webster, *The Burma Road* (London: Macmillan, 2004).

95 劉亞朝，〈民國在滇西邊區的改土歸流〉，頁65。

96 Soonthornpasuch, "Socio-Cultural and Politcal Change in Northern Siam," 167.

97 M. R. Rujaya Abhakorn, "Changes in the Administrative Systems of Northern Siam, 1884–1933," in *Changes in Northern Thailand and the Shan States 1886–1940*, ed. Prakai Nontawasee (Singapore: Institute of Southeast Asian Studies, 1988), 85.

98 Ibid, 86.

99　1902年至1904年間的一場大規模撣族叛變，讓北方多府陷入動盪，但曼谷繼續大力推動行政中央集權。關於撣族叛變的詳情，參見：Andrew Walker, "Seditious State-Making in the Mekong Borderlands: The Shan Rebellion of 1902–1904," *Sojourn* 29, no. 3 (November 1, 2014): 554–590.

100　Abhakorn, "Changes in the Administrative Systems of Northern Siam, 1884–1933," 89.

101　Ibid, 91.

102　Charles F. Keyes, "Buddhism and National Integration in Thailand," *Journal of Asian Studies* 30, no. 3 (1971): 551–567.

103　Thanet Charoenmuang, "When the Young Cannot Speak Their Own Mother Tongue: Explaining a Legacy of Cultural Domination in Lan Na," in *Regions and National Integration in Thailand 1892–1992*, ed. Volker Grabowsky (Wiesbaden: Harrassowitz Verlag, 1995), 86.

104　Abhakorn, "Changes in the Administrative Systems of Northern Siam, 1884–1933," 98.

105　Wyatt, *Thailand*, 120.

106　Wyatt, 131; Shane Strate, *The Lost Territories: Thailand's History of National Humiliation* (Honolulu: University of Hawai'i Press, 2015).

107　Eiji Murashima, "The Commemorative Character of Thai Historiography: The 1942–43 Thai Military Campaign in the Shan States Depicted as a Story of National Salvation and the Restoration of Thai Independence," *Modern Asian Studies* 40, no. 4 (2006): 1081.

108　Ibid, 1085.

109　Thak Chaloemtiarana, *Thailand: The Politics of Despotic Paternalism*, 1st ed. (Ithaca, NY: Cornell Southeast Asia Program Publications, 2007), 26.

110　J. Silverstein, *Burmese Politics: The Dilemma of National Unity* (New Brunswick, NJ: Rutgers University Press, 1980), 35.

111　Won Zoon Yoon, "Japan's Occupation of Burma, 1941–1945" (PhD diss., New York University, 1971), chap. 3.

112　Silverstein, *Burmese Politics*, 52.

113　Taylor, *The State in Myanmar*, 228.

114　Silverstein, *Burmese Politics*, 84.

115　Ibid, 102.

116　"Burma Frontier Conference: New Agreement Put to the Tribes," *Times*, February 9, 1947.

117　"Frontier Areas in Burma: Panglong Agreement," *Times*, February 12, 1947.

國共內戰外溢與邊區軍事化

小鎮美斯樂 (Mae Salong) 位於泰國最北端、毗鄰緬甸的清萊府大山裏，鎮裏矗立著一塊紀念碑，碑上以中文刻寫：「一九四九年十二月九日，雲南昆明事變後，神州全面易色，不容於馬列主義生活下之中華兒女，紛自投奔異域，流徙於滇緬邊境，為了崇高理念，為了生存，奮戰於窮山惡水之間，食不果腹，衣不蔽體，凡十有餘年。」

美斯樂雖位於泰國境內，卻是個華人風格鮮明的小鎮。儘管泰國國旗處處飛揚，大部分路牌卻寫著中文，當地人 (尤其是老一輩) 說的不是泰語，而是雲南口音的西南官話。清邁、清萊、湄宏順等泰北諸府遍布許多這類華人村莊，是國民黨軍隊殘部和後代的棲身之處，國民黨軍隊逃離雲南後，占領緬甸撣邦近十年之久，後來在1960年代初撤離緬甸，被重新安置在泰國。[1]

2016年夏天，我在清邁認識阿忠，他帶我簡單參觀幾個泰北義民村。阿忠向我說明從中國遷徙緬甸、再到泰國的複雜歷史，接著告訴我他們家族的故事，道出這一帶的戰爭創傷，以及軍人和軍眷流離失所的傷痕。

　　阿忠 1960 年代初在撣邦出生，排行老么，上有三個兄姐。父母原本住在靠近中、緬邊界的雲南小鎮，後來和國民黨軍隊一起逃難。但因為離開得太匆忙，沒辦法帶大女兒一起走，其便留在雲南。阿忠的另外兩個哥哥、姐姐都在緬甸出生。阿忠很小時，由於泰國政府和台灣的中華民國政府兩邊達成安置協議，阿忠一家也在此影響下落腳清邁府。

　　阿忠的二姐在泰國長大，於當地的華文學校念書，後來前往台灣留學，兩岸關係改善之後，搬到上海工作，已在中國大陸住了十多年。阿忠的哥哥也到台灣留學，之後就一直留在台灣。阿忠的二姐和哥哥都歸化取得中華民國籍。不過阿忠沒去台灣念書，他留在泰國，成為了泰國公民。

　　距離 1949 年國共內戰結束以來，已經超過一甲子歲月。對阿忠一家而言，那段過去早已湮沒記憶深處，他們已經向前邁進，展開跨越多重國界的生活。話雖如此，國民黨軍隊撤離雲南後，先後來到緬甸撣邦和泰國、繼續維持軍事勢力，這點確實大大影響了中、緬、泰三國邊界一帶的國家建構進程。本章將先討論國民黨軍隊在這片邊區地帶的軍事面向，接下來三節討論其對中國、緬甸、泰國國家建構分別留下的遺產和影響。

國共內戰的外溢

　　1949 年 10 月 1 日毛澤東宣布中華人民共和國建國之際，雲南仍處於國民黨政府的控制下，國民黨軍隊駐守雲南省各地嚴陣以待，準備對抗步步進逼的解放軍。12 月 9 日，雲南省長盧漢倒戈投向共產黨陣營。奪回昆明的作戰失敗之後，部分國民黨軍隊往南撤退，解放軍緊追其後。1950年2月，殘餘的第八軍和第二十六軍兩支部隊約2,000名軍人跨越邊界進入緬甸撣邦，占領了景棟和大其力周邊的部分三角地帶，東至湄公河，南以泰國、老撾為界。[2]部隊由李彌率領，他們將在撣邦東部[3]滯留近十年光陰。[4]

國民黨軍隊現身緬甸，讓中國和緬甸政府都相當惱怒。仰光肯定不樂見自己的國土上有支外國軍隊，何況仰光正準備和北京建交，同時也忙於應付大小民族叛亂造成的新興內戰。

6月8日北京和仰光互設使館，緬甸成為第一個承認中國共產政府的非社會主義國家。北京隨即通知仰光政府，如果仰光無力驅逐國民黨軍隊，解放軍願意代勞。[5]緬甸政府擔心中國共產黨可能來到本國領土進行軍事干預，怕解放軍一旦入境就不願離開，因此便提振自己的軍力攻勢，和國民黨軍隊一戰。緬甸政府6月中發動多次空襲和一次地面進攻，無奈緬軍不是國民黨軍的對手，在大其力敗下陣來。

緬甸政府非常明白，只有美國能左右台北的中華民國政府，因此透過外交手段要求美國政府向蔣介石施壓撤軍，否則緬甸將向聯合國申訴。[6]緬甸政府正當化其要求的理由是，因為國民黨軍隊置身緬甸領土會分散緬甸的軍事資源，這樣會妨礙其全力鎮壓國內的共產黨和民族叛亂。這一說法起初獲得美國同情，因為美國不希望看到緬甸內部風雨飄搖，變成下一個倒下的多米諾骨牌。

然而，1950年韓戰爆發後，10月份中國出兵支援朝鮮，徹底改變了美國對東亞的戰略展望。擔心東亞地區的共產主義擴張會發生「骨牌效應」，加上視中國共產政府為頭號大敵，美國政府一改先前對緬甸國民黨軍隊的謹慎作風。[7]中情局在國務院不知情的狀況下，秘密展開「白紙方案」（Operation Paper），提供武器、裝備及其他後勤支援，讓李彌部隊進攻雲南，希望他們能在西南牽制中國軍隊，減輕美國在朝鮮戰場上的壓力。[8]

為了讓白紙方案順利進行，美國需要泰國政府助一臂之力。鑾披汶政府此時也正積極尋求國際支持，企圖強化泰國陸軍的地位，以對抗其他與之競爭的權力基礎，例如，支持鑾披汶對手比里·帕儂榮（Pridi Banomyong）的海軍。鑾披汶公開宣稱自己是堅定的反共強人，將泰國塑造為美國東南亞反共行動的理想基地，成功贏得美國支持。[9]朝鮮戰爭開打時，鑾披汶政府立刻宣示支持美國，先是宣布捐送大米，隨後又派遣軍隊到韓國。[10]至於白紙方案，泰國迅速同意作為美國抗中秘密行動的基地，讓軍事後勤支援得以經由泰國領土運至緬甸撣邦，泰國於是成為國民黨和中情局之間的關鍵樞紐。[11]

於是，在美國支持下，李彌積極在邊區地帶招兵買馬，不少軍人是昔日民兵、馬幫盜匪、地方土司戰士出身。1950年底，李彌聲稱已召集約12,500名軍人，是當初跨境部隊人數的數倍以上。[12]李彌部隊在1951年5月對雲南發動第一次大規模進攻，一開始成功奪下邊界多縣，但戰局迅速被解放軍壓制，7月時，李彌部隊再次撤回緬甸。雖然沒有拿下對解放軍的軍事勝利，不過李彌在緬甸的軍事基地壯大起來，控制了撣邦東部。1951年10月，雲南反共抗俄大學成立，同年12月開始招生。[13]猛撒也興建新機場，可以接收來自台灣的軍事裝備。

國民黨軍隊在撣邦的擴張，徹底改變了緬甸境內的軍力平衡。1953年3月為止，估計有80%緬甸政府軍力投入和國民黨的戰事，而非專心攻打緬甸共產黨和其他叛亂分子。[14]美國艾森豪政府論斷，就美國在東南亞的安全利益而言，支持在緬甸的國民黨誠然害多於利，因為國民黨不只消耗緬甸戰力，也讓解放軍可能有藉口進行軍事干預。這刺激美國政府向中華民國政府施壓，要求後者將國民黨軍隊撤出緬甸。

1953年3月，緬甸政府向聯合國提出抗議，次月聯合國大會做出決議，要求國民黨「解除武裝，必須同意接受拘留或就此離開緬甸聯邦」。[15] 約莫與此同時，緬甸也同意和台灣、泰國、美國共組委員會，監督國民黨撤離撣邦的行動。然而，台北儘管同意這項行動，卻不是真心願意撤離部隊，至少一開始並不甘願。1953年11月的第一輪撤兵行動中，撤離者不是軍人，而是老弱婦孺，國民黨軍隊交出的武器樣樣處於報廢狀態。[16]

美國最後終於成功強迫中華民國真正更實質地撤兵。到1954年10月，已有將近7,000名國民黨人員離開緬甸，不過仍有幾千人留下來，[17] 一方面是因為蔣介石無法強迫人人都離開，此外，也因為許多國民黨人此時已投身獲利豐厚的鴉片貿易，沒有理由搬到台灣。

1960年，北京和仰光達成畫定邊界的雙邊協議，簽署《中緬友好和互不侵犯條約》。[18] 之後，仰光同意北京的提議，聯合解放軍攻打國民黨軍隊，終於在1961年成功擊敗國民黨軍隊，將之逐出緬甸。[19] 國民黨軍隊殘部（又稱「反共游擊隊」）之後遷往泰國，往後的歲月依靠泰國、緬甸、老撾之間的鴉片貿易維持生計，持續遊蕩在管理鬆散的群山邊區地帶，不受拘束。

中國西南邊疆的鞏固

新上台的共產黨政府1950年已穩穩控制住中國大陸大半江山，但在部分地區面臨頑強抵抗，尤其是南方和西南，共產黨在這些地區缺乏廣泛的群眾基礎，大都是憑武力加以「解放」。在中國西南的崎嶇多山地形之間，馬幫土匪、蔣匪殘餘、少數民族叛軍等勢力，仍然鍥而不捨地發動零星武力抵抗。以貴州為例，1951年8月，土匪仍握有部分控制，掌握全省近半的縣。[20]

就像其他革命運動，中國共產黨同樣運用國家暴力手段來剿撫反抗新秩序的叛逆分子。為了遂行統治，政府在1950年至1953年間全面展開鎮壓反革命運動，大肆掃蕩新政權為數眾多的真正敵人和其認定的敵人，至少70萬人遭到處決，120萬人下獄，還有120萬人遭到國家監控。[21]

就在朝鮮戰爭爆發、中國人民志願軍參戰「抗美援朝」之後，毛澤東立刻簽署一道鎮壓反革命的新命令。中共投入朝鮮戰爭激發國內強烈的愛國支持，共產黨於是把握機會消滅一票內部敵人。[22]1951年4月，公安部長羅瑞卿發表談話，表達堅決鎮壓反革命的必要，[23]指出這是支持中國在朝作戰及實施國內土地改革的必要條件。羅瑞卿也強調，必須進行鎮反運動擊垮蔣介石匪幫，緣由是蔣匪妄圖在美帝國主義幫助下，反攻中國大陸。

中共政府無疑高度重視綏靖中國西南，特別是滇緬之間的邊區地帶。1951年1月，賀龍和鄧小平呈給毛澤東的報告，總結了西南地區平定匪徒的軍事成就，但也點出邊界一帶仍面臨重大挑戰。[24]

根據1952年西南公安部提供的報告，估計李彌部隊有1.3萬人常駐緬甸，他們夜間發動突襲，宣傳抹黑中共鎮反運動的標語，殺害軍人、民兵、幹部、地方活躍黨員。[25]這份報告還提到國民黨及其「帝國主義支持者」已沿邊界設立21個崗哨，包括間諜站、聯絡處、訓練中心。據推測，間諜站涉及跨境從中國境內收集情報、組織反叛行動、破壞民族團結。例如，在保山專區的龍陵縣，土匪跨過邊界殺害了超過80名幹部和地方活躍黨員。[26]

　　根據1954年新華社釋出的另一份黨內文件，1953年11月至1954年3月間，共有2,200起破壞案件，造成102死94傷，財務損失高達14億元。[27]文件指出，反革命分子散布種種反共標語，諸如「社會主義是受罪主義」、「過渡時期是餓肚時期」等。墨江縣和魯甸縣的黨委書記都曾遇刺未遂。還有大批群眾抗議中國政府的糧食計畫收購，背後理所當然也是由反革命分子策動。[28]

　　面對種種挑戰，中國政府以多樣方式回應，第一種方法是暴力鎮壓。1951年10月為止，中國西南約有2.3萬人遭處決、6.2萬人被捕入獄、1.5萬人遭監控。1950年至1953年間，總計處決了19萬至20萬人，占該區人口0.21%。[29]

　　針對整場鎮壓反革命運動，毛澤東確實曾經指示處決應該按一定比例執行，設定為人口的0.1%。[30]這樣看來，西南地區的處決率似乎是全國平均的兩倍，或許表示新共產黨政府在西南面臨的抵抗特別頑強，不過，也可能只是政府運用國家暴力時，特別心狠手辣，不分青紅皂白，刀下當然有數不盡的冤魂。[31]

　　邊區狀況又比內陸地區更複雜，這點中共也有所體會。漫長鬆散的邊界讓人民可以選擇逃離，因此一味動用暴力便有趕跑邊區人民的危險，驅使他們跨越邊界進入緬甸。人口的多民族組成也構成一項複雜因素。的確有許多地方民族土司和社群領袖，因為憂心中共統治下不確定的未來，選擇遠走他鄉。

　　西雙版納統治者傣王的父親刀棟庭因為預料解放軍即將到來，1949年逃往緬甸撣邦。[32]保山專區的景頗族基督教牧師司拉山因為中國政府展開鎮壓反革命運動，加上景頗族信仰基督教帶來的相關負面連結，在1952年8月出奔緬甸。[33]中共政府不只希望防止少數民族頭人像這樣大量出逃，也想避免製造恐遭外敵利用的民族問題。政府體認到在邊區地帶，政策的擬訂落實與防止外部干涉破壞的需求密不可分，[34] 因此在鞏固邊區地帶的統治時，手段必須也要有溫和的一面。[35]

1952年6月，劉少奇下達關於雲南土地改革的指示，強調除了鏟除土匪和反革命分子，也必須維持社會秩序、增進民族團結、贏得少數民族土司支持。[36] 因此根據指示，土地改革一開始並未在邊界上的26縣實施。在靠近邊界但不是直接位於邊界線上的各縣，土地改革應該溫和推行，而且只適合在民族關係良好、鎮壓反革命任務已經完成的低山平原地區實施。[37] 之所以強調溫和行事，是因為中共體認到邊區地帶的複雜，以及倉促推動社會政治轉型的危險。

土地改革直到1955年至1957年間才漸漸在這些地區落實。[38] 邊區的「和平協商土地改革」相對風平浪靜，亦即不曾經歷許多其他省份上演的濫用暴力、濫殺地主。[39] 中共基於同樣原因，決定不對現有的新教和天主教教會進行宗教改革，和中國其他地區不同調，這也是為了慢慢贏得景頗族、傈僳族等邊區少數民族的信任，因為這些少數民族在西方傳教士的努力下，大多已改信基督教。[40]

中共既已認識到要鞏固這些地區的控制，必須和既有社會階層合作，於是便大力拉攏少數民族土司，以避免民族問題。[41] 中共中央西南局發布的工作方針指示，以低度的黨組織維持和少數民族土司的長期團結，理由是共產黨只有透過這種合作關係，才能在地方上推行工作，因為這些少數民族土司也是共產黨和邊界另一側的國民黨「匪徒」、「帝國主義者」競爭影響力的對象。[42]

因此，1953年西雙版納傣族自治區[43]建立後，西雙版納的傣族貴族便被延攬進新政府，「許多過去存在的文化、政治結構原封不動地沿用，甚至被納入政府結構之中。」[44] 德宏的傣族景頗族自治區1953年建立，傣族土司刀京版擔任區長，幾位傣族和景頗族土司擔任副區長，包括司拉山在內，這位逃到緬甸的景頗族基督教牧師後來被中共說服回到中國。[45] 共產黨也在邊區地帶積極招募少數民族入黨。1958年底，德宏的少數民族黨員在共產黨地方幹部中占25%。[46] 1955年西雙版納約有30%幹部是少數民族。[47]

新上台的共產黨政府正是藉此複合手段管理邊區，才得以確立並鞏固在雲南的統治。到1950年代中期，新政府的反對者多半已透過鎮壓反革命運動剷除。新政府在土地改革及民族、宗教事務上採取溫和方針，也贏得一般百姓對政府的支持。政治方面，中共在邊界上設立了一系列民族自治政府。除了西雙版納和德宏，孟連、耿馬等地也設立了縣級自治區，以人民政府的形式引進現代官僚體系。共產黨也積極在地方上招募黨員，尤其重視鄉村地區。[48] 德宏的許多鄉鎮在1955年中期已廣泛設立黨小組，藉此和平完成土地改革。

經濟方面，新政府致力提升新貨幣人民幣在邊區市場的優勢地位，逐步減少緬甸緬幣和印度盧比的流通。以德宏為例，1954年中起，禁止使用緬幣，人民幣的市場占有率至1955年中已高至70%。[49] 新政府也禁止種植罌粟，推廣種茶取而代之，不過罌粟栽植直到1960年代初期才終於禁絕。[50] 政府著手建立衛生設施，1960年代初雲南各區都至少有一間衛生所，瘧疾等熱帶疾病逐漸獲得控制。[51] 邊界一帶設立了新的學校體系，兒童的小學註冊率在1960年代初達到57%。[52]

由此可見，中共政府在整個1950年代漸漸在邊區地帶建立、鞏固了國家制度。雖然大躍進造成的政治激進化，將讓邊區地帶再次陷入動盪——例如，1958年邊區人民因糧食短缺導致饑荒，而大批湧向緬甸[53]——但中共對中國邊界境內的國家控制已根深柢固，無可撼動。

邊區軍事化與緬甸國家破碎化

1948年，緬甸從英國獨立，但並未實現1947年《彬龍協議》的承諾，獨立並未帶來眾所矚望的多元民族團結一致、同舟共濟。昂山1947年7月遇刺身亡，使獨立的緬甸失去一位能團結眾人的人物。不過追根究柢，緬甸聯邦面臨的諸多問題源自殖民分裂統治的沉痾，絕非輕易就能克服。

克倫族和克欽族等少數民族過去為殖民軍隊效力，如今面臨的政治現實，是獨立後緬族聲稱國家屬緬族獨有。針對克倫族的族群暴力急速加劇，克倫民族防衛組織（Karen National Defense Organization）於是在1949年1月起而反抗仰光政府。克欽族第一步槍隊（First Kachin Rifles）隨後叛離緬甸軍隊。自1948年上半年起，蘊釀多時的共產黨武裝反抗風雨欲來，數邦發生少數民族叛亂，緬甸獨立還不到一年就已陷入激烈內戰，戰火籠罩大半國土。[54]

1949年雨季結束時，總理吳努領導的政府所能控制的範圍，確實差不多僅限於首都仰光。吳努尋求國民支持，呼籲國家團結在他的口號之下：「一年內重返和平。」[55]經過一年半的酣戰，局勢漸漸對大小武裝反抗不利。耗費40%國家預算擴編緬甸政府軍隊以後，緬軍陸續戰勝各方叛軍，表示國內整體情況漸漸好轉。[56] 1950年5月21日，吳努接受英國《觀察家報》（Observer）訪問時，聲明他有信心緬甸內戰即將畫下句點。[57]

這種自我吹捧的報導，顯然帶有宣傳目的。確實有點語帶誇張地說「一年內重返和平」近在眼前，但我們也不能否認1950年緬甸中央政府已經一改先前疲軟之姿，好好重振旗鼓。1950年全年間，緬軍對克倫民族防衛組織的戰事節節勝利。

例如，政府刊物《緬甸》一篇題為〈邁向和平〉的報導寫道：「3月19日清晨，政府軍從澤亞瓦底（Zeyawaddy）和娘其督（Nyaungchidauk）發動突襲，當晚突破東吁（Taungoo），占領前『高都麗國（Kawthulay）首都』，如入無人之境。」[58] 這份報導聲稱，及至11月，「各地實際上已看不到任何足以構成威脅的叛亂行動。」[59]

然而，國民黨軍隊入侵占領撣邦東部，大大擾亂了緬甸境內正在建立的軍事平衡。最重要的是，在冷戰期間超級強權競爭的背景下，國民黨軍隊構成的安全威脅，代表緬甸政府必須分散精神和資源，無法全力對付緬共、克倫民族防衛組織及其他少數民族叛亂。因此，國民黨軍隊的入侵為這些內部武裝反抗提供喘息空間，他們得以遁入鄉村叢林重整力量。

在美國駐仰光大使館呈給美國國務院的一份報告中，一等秘書富蘭克林（Albert Franklin）點出國民黨軍隊置身緬甸帶來的負面影響，富蘭克林寫道：國民黨軍隊「加劇了共產黨威脅的效力，不只是因為其分散緬甸部分軍力、以負面教材之姿親身示範何謂『攪亂局勢、煽動戰端的西方伎倆』，也因為其引人懷疑緬甸政府是否真心要做抵擋西方剝削的堡壘。」[60]

雪上加霜的是，國民黨也開始和克倫民族防衛組織及其他少數民族反叛組織互相聯絡。緬甸長期觀察家林納（Bertil Linter）指出，1952年1月國民黨軍隊協同「克倫及克倫尼叛軍重新占領克倫尼山區的礦鎮茂奇（Mawchi），該地在1950年曾短暫成為克倫叛軍司令部。」[61] 美國駐仰光大使館也知道國民黨出手協助克倫民族防衛組織，美國似乎擔心提供給台灣的軍事援助最後會落到克倫叛軍手中。[62] 除了克倫民族防衛組織，國民黨的援助也流向孟族叛軍，冀望能從孟邦通往丹那沙林海岸，以從台灣獲取更多援助。[63]

除了和少數民族叛軍合作，國民黨軍隊也積極從撣邦的土著少數民族招募士兵。由於當初逃出中國的軍人人數有限，他們必須在當地招募新兵才能擴大軍事勢力。林特指出：「撣邦山區的國民黨將領自1951年初開始在邊區地帶的村落募集更多軍人：拉祜人、撣人、佤人、德昂人、華撣混血兒。這些新兵在國民黨的新基地猛撒受訓，身上裝備著從台灣起飛的夜間班機運來的武器。」[64]

與此同時，國民黨也被指控對地方社群殘忍不已。緬甸軍事史家貌茂（Maung Maung）談到國民黨軍隊犯下的暴行：「力量使國民黨目中無人。定期到景棟搜索食物的幾票國民黨軍人張牙舞爪起來，從偷竊搶劫迅速變本加厲為搜括劫掠，偶爾甚至姦淫殺人、擄人勒贖。」[65] 撣邦大部分地區皆以和國民黨交戰為由實施戒嚴和軍事管理，因此緬甸軍隊也對地方上的撣邦人民蠻橫霸道，越來越不受歡迎，引起民憤。[66]

美國駐仰光大使館二等秘書漢米頓（William Hamilton）在一份報告中提及他訪問永貴（Yawnghwe）土司王妃的經過，王妃譴責緬軍對撣邦人民的惡行惡狀，控訴緬甸政府「轟炸的不是國民黨人，而是撣人。」[67] 林納也針對國民黨軍隊入侵一事評論道：「撣邦政局因國民黨入侵加上政府軍隨之大量湧入而變得更緊張。」[68] 因此，國民黨軍隊置身撣邦既間接也直接地促成撣族人的民族主義回應與動員。

撣族民族主義運動顯然和緬甸國內政局變化息息相關。緬甸憲法一開始保障撣邦在緬甸聯邦獨立十年後，可以選擇從緬甸分離的權利；但為了防止撣邦脫離，緬甸政府直到1958年始終努力透過修憲消滅撣邦土司。1959年4月，在奈溫的軍人託管政府掌權之時，34位土司全數在東枝舉行的公開典禮正式交出世襲權利和權力。[69] 雖然部分撣族人基於反封建立場，大力支持罷黜土司，但不滿於隸屬緬甸聯邦的情緒也開始蔓延，要求分離的聲浪高漲。

土司卸下權力的一年之前，撣族武裝組織「青年義勇軍」（Noom Suk Harn）在泰、緬邊界一帶的叢林中成軍。隔年，撣邦獨立軍（Shan State Independence Army）建立，1959年12月開始向緬軍發動攻勢。撣邦獨立軍發送的傳單宣稱其戰鬥將成為「在緬甸境內點燃星火峰煙的開端，因為獨立對撣族人而言，不是空口白話，而是自古以來的理想，獨立是被稱為撣族或傣族的人們向來奉行的原則，為此拋頭顱、灑熱血，在所不惜。」[70]

1962年，幾支現有的撣族叛軍合併為撣邦軍，往後數十年間，都在邊界一帶持續武裝對抗緬甸政府。[71] 雖然，撣族民族主義者的武裝反抗相當破碎化、頻頻重組，但他們沿著泰、緬邊界對緬甸政府的武裝反抗一直持續至今日。

撣邦叛軍出現在邊界一帶，為國民黨殘部獲得「可以躲在其後方的前線，轉移國際社會批評」[72] 的機會，雙方碰面謀求共存之道。此時，金三角的國民黨殘部泰半皆已投入緬、泰之間的鴉片走私，走私生意的暴利是這數千人拒絕被遣返台灣的主因之一。林納就國民黨入侵和緬甸鴉片生產的關係評論道：

> 1948年，緬甸獨立時，全國鴉片產量總計只有30噸，又或僅僅足以供應罌粟主要種植地撣邦當地的癮君子。國民黨軍隊入侵使情形一夕改變。國民黨接管的領土——果敢、佤邦山區、景棟以北山區——是緬甸傳統上的最佳鴉片種植地。李彌將軍說服農民多種鴉片，再課徵大筆鴉片稅，逼得農民必須再種更多鴉片，才能換得溫飽。[73]

是故，國民黨鴉片走私的戰爭經濟，是金三角成為世界毒品販運主要源頭之一的最大推手。

最後一點，我們也可以說國民黨軍隊置身緬甸，是促成緬甸軍方編制職權擴張的因素之一。[74] 從緬甸獨立到1955年以來，軍隊從寥寥數千人成長至破4萬人。[75] 一大部分的國家預算被分配給軍方，奈溫將軍的權力於是壓過緬甸政府的民政領袖。

隨著軍隊和民政部門兩大陣營之間對立升高，1958年發生政變（第一次政變），因而上台的軍人託管政府在1958年至1960年間掌權。1960年選舉過後，政府暫時恢復為民政府，但1962年奈溫再次策動政變，試圖先一步阻止撣邦等地的分離運動。緬甸漫長的軍事統治就此開啟，一直持續到21世紀，是現代史上數一數二長壽的軍事獨裁政權。

泰北邊區地帶的游擊隊

共產黨在中國的勝利，也向泰王國上上下下投下震撼彈，尤其1950年中國以武力進入西康，又參加抗美援朝。充滿軍事侵略性的北京共產黨政權可能有意進犯泰國，這個想法使曼谷驚懼不已，[76] 而陸軍元帥鑾披汶·頌勘的死對頭比里·帕儂榮對鑾披汶政變不果後，據傳前往中國尋求庇護，這則消息又更加深曼谷的不安。

三年以前，也就是1947年，鑾披汶在「政變集團」的幫助下，重返泰國政治圈——後者將比里及其支持者趕出泰國政府。[77] 因此，鑾披汶擔心中國會利用享有泰國公眾支持的比里，推翻自己的政府。新中國政府的確在《人民日報》刊登一系列社論，嚴詞抨擊鑾披汶政府。例如，1950年1月27日，報上有一篇報導譴責「鑾披汶法西斯集團野蠻迫害中國僑民」。[78] 同月稍早，《人民日報》另一篇報導指控鑾披汶政府擁抱美國帝國主義者。[79]

　　雖然，中國軍事侵略的威脅或許遭到泰國媒體放大，以達反共宣傳目的，不過北京確實強力批評泰國政府採取的親美外交政策，也批評泰國在美國援助國民黨一事中，扮演關鍵角色。

　　泰國將自己定位成連結緬甸國民黨部隊、中情局、中華民國政府三者的關鍵樞紐。李彌、中華民國代表和美國之間的聯絡會議，有多場皆在曼谷和清邁舉行。供給國民黨軍隊的後勤支援也經由泰國轉運。杜魯門總統批准白紙方案、同意支持國民黨在緬甸的軍事行動之後，中情局暗中取得泰國政府支持，利用泰國供應武器物資給李彌部隊。

　　更重要的是，泰國也為這些秘密行動提供必要的外交掩護，如此一來，萬一出了什麼差池，美國也不至於被國民黨軍隊入侵緬甸的事情拖累。[80]《人民日報》報導，根據曼谷消息，1961年6月美國將武器和泰國大米送往泰、緬邊界支援國民黨部隊。國民黨據稱也在曼谷設立招兵站，以助在緬甸作戰。該篇報導也聲稱，美國要求泰國政府在泰國楠府劃出區域，收容國民黨部隊。[81]

　　泰國支持國民黨軍隊一事應該放在更廣的脈絡下理解，即泰國尋求和美國東南亞反共行動建立軍事合作，這是泰國對美國區域安全利益更大承諾的一環。如前所述，鑾披汶積極遊說美國提供軍援，為支持自己的陸軍強化實力。他公開宣稱自己是堅定的反共強人，自薦泰國為美國東南亞反共行動的理想盟友，成功贏得美國支持。[82]泰國因此獲得巨額美援。

　　舉例而言，鑾披汶政府在美國政府要求下，承認南越的保大政權，鑾披汶視其為戰略之舉，有助泰國「獲得美方青睞，才有資格獲取軍武裝備上的物資援助，以及經濟領域的支援。」[83]泰國政府確實得到了1,000萬美元的美國軍援，以及1,140萬美元的經濟及科技援助。[84] 朝鮮戰爭開打時，鑾披汶政府再次即刻宣示支持美國，先是宣布送米，接著又派遣軍隊到韓國。[85] 投桃報李，世界銀行1950年8月在美國授意下，批准提供泰國2,500萬美元的開發援助，這是世銀第一筆授與亞洲國家的資金。[86]

國內方面，鑾披汶政府也通過嚴竣的反共方案，揭開序幕的是1950年的《外國人登記法》，用意顯然在於將左傾華僑遣返中國。[87] 1952年通過的《反共法》賦予政府定義和懲處共產黨相關活動的絕對權力。[88] 綜上，鑾披汶政府不論在國內或國外，皆戮力投入美國的東南亞反共大戰略，泰國於是在1954年順利加入東南亞公約組織（Southeast Asian Treaty Organization）。[89]

泰國邊境巡邏警察（Border Patrol Police）也是在同樣的反共大環境底下發想而生。美國起初設想的是在泰國建立國防網絡，防止中國共產主義入侵。[90] 1953年新上任的艾森豪政府鑑於中南半島共產黨武裝反抗日益加劇，批准在泰國展開心理戰。[91] 中情局於是透過乃炮（Phao Sriyanond）在1953年5月開始培訓一隊精英警察，一開始稱為東北區邊境防衛警察總部，1955年1月正式更名為邊境巡邏警察。[92]

邊境巡警的建立代表中情局和泰國有關當局的密切合作關係，雙方共同投入泰國這場非傳統戰爭。[93] 邊境巡警不是如名稱所示的單純執法單位，他們其實肩負全面的國家建構和國族建構工作，包括鋪設公路、興辦學校、在控制的學校體系教泰語、扶植高地經濟發展、在皇室一同大力參與下提升高地少數民族的「泰國性」等，諸如此類、不及備載。[94]

除此之外，協助美國抗中的秘密行動也讓泰國軍方和警方的關鍵人物得以中飽私囊，利益來源包括美國軍援以及國民黨從事的高利潤鴉片貿易。隨著罌粟園數量在撣邦的戰爭經濟中爆炸性成長，國民黨憑藉軍力優勢以及和泰國警方、軍方的密切關係，鞏固其在緬、泰鴉片走私中近乎獨占的控制。泰國警察總監乃炮在中情局支持下，大幅擴張警力規模和職權。有賴在國民黨的廣大人脈，他也得以實際壟斷泰國的緬甸鴉片貿易。[95]

麥考伊 (Alfred W. McCoy) 指出，乃炮「支持國民黨在泰國的政治目標及其在緬甸的游擊隊⋯⋯[他]保護國民黨的供貨運輸、行銷他們的鴉片，為[國民黨]提供⋯⋯種種服務。」[96]之後，陸軍元帥沙立 (Sarit) 1957年發動政變，將乃炮和鑾披汶都趕下台，沙立掌權後，也繼續仰賴鴉片貿易的龐大利益，為快速膨脹的陸軍支付開銷。[97]鴉片由國民黨軍隊走私運到泰國，泰國在1960年代初期，已成為緬甸撣邦鴉片在全世界的最大經銷國。

國民黨部隊1961年遭到中緬聯軍全面擊敗，因此孤軍殘部悉數遷至泰國的主要基地，同時繼續在邊區地帶遊蕩，利用馬幫商隊走私鴉片到泰國——多虧他們的軍事組織以及和泰國軍方、政府的深厚關係。部隊最主要的勢力是李文煥領導的第三軍及段希文領導的第五軍，第三軍駐紮於清邁府唐窩村，第五軍駐紮於清萊府美斯樂村。

泰國政府願意收容國民黨的原因眾多，其中一點顯然是因為鴉片貿易利潤豐厚，邊界警方和軍方有許多要人從中獲利。事實上，據說李文煥曾經威脅，一旦他的部隊被下令撤離，就要抖出牽扯這椿生意的泰國軍政重要人物。[98]

國民黨勢力為泰國政府創造出其他機會。國民黨部隊掌握廣大馬幫商隊網絡，又和山區諸多民族密切合作，因此容易得悉中國及緬甸紛擾撣邦的政局情勢，成為完美情報來源。[99]泰國政府之所以忍受國民黨存在，更重要的原因是希望熟悉這片崎嶇山區、又在此擁有勢力的國民黨軍隊可以成為屏障兼緩衝，抵禦中國伺機而動的共產主義滲透。

台灣《英文中國日報》（*China News*）1968年11月9日的一篇文章特別報導：「雖然曼谷官方未置一詞，但大家心照不宣的是，泰國軍隊已歡迎所謂游擊隊加入反共防衛前鋒。近來變本加厲的共產黨滲透，讓這項部署的重要性更勝以往。」[100] 泰國北部的泰共武裝反抗開始之後，美國和泰國政府做出的結論的確認為「國民黨軍隊可以被有效用來對付北部的高山民族異議分子，這點完全蓋過稍早想徹底擺脫國民黨的打算。」[101] 1960年代晚期，國民黨軍隊似乎願意協助泰國鎮壓叛亂，只要能提供他們充裕的資金裝備即可。[102]

第5章將繼續深入探討國民黨部隊如何為泰國皇家陸軍效力，挺身應戰、鎮壓泰共武裝反抗，也論及一眾軍人、軍眷如何在泰國的回報下獲得泰國公民身分。

小結

中國國共內戰的終結在東南亞掀起洶湧波瀾，共產黨勝利不只大大鼓舞其他東南亞共產運動，也引發美國及其盟友的堅定反共回應。具體而言，國民黨殘部在中、緬、泰邊區地帶的勢力，為三國各帶來不同後果。三者之中，緬甸顯然受到最不利的影響。緬甸撣邦首當其衝地承受國民黨軍隊入侵占領造成的大肆破壞，自此走上破碎化的不歸路。

中國共產黨新政府一樣注意到跨境的國民黨勢力，展現鐵腕作風之餘也不失敏銳，軍事征勦和拉攏地方少數民族精英剛柔並濟，因而成功鞏固邊區地帶的控制。

泰國政府最能投機取巧，利用美國的東南亞安全利益左右逢源，一方面收取美國慷慨援助，同時也受惠於身處泰北邊界的國民黨勢力。然而，國民黨導致金三角鴉片貿易走私氾濫成長，使毒品大量流向東南亞和全世界。國共內戰的結束於是推動邊區地帶的一系列發展，定義了該地的二戰後歷史。

　　對於本章開頭提到的阿忠而言，阿忠一家的命運身不由己地和緬甸、泰國交織在一起。許多國民黨後代偏好浪漫化他們為「崇高」反共使命做出的犧牲，往往強調在這片艱困山區摸索生存之道時，宛如烈士般的經歷，儘管如此，他們留給邊區地帶的整體遺產實是弊多於利。

註釋

1　Chang, *Beyond Borders*.

2　Chronology [of KMT Aggression in Burma], Myanmar National Archives Department, Series 12–9, Access no. 25.

3　如第3章所述，歷史上的撣邦諸邦在緬甸獨立後，成為單一的撣邦。

4　Taylor, *Foreign and Domestic Consequences of the KMT Intervention in Burma*.

5　覃怡輝，《金三角國軍血淚史》（台北：中央研究院、聯經出版，2009），頁59。

6　KMT Aggression, Translation of the Hon'ble Prime Minister's Speech in the Chamber of Deputies, on Monday, March 2, 1953, Myanmar National Archives Department, Series 12–13, Access no. 172.

7　John Bresnan, *From Dominoes to Dynamos: The Transformation of Southeast Asia* (New York: Council on Foreign Relations, 1994); Cheng Guan Ang, "The Domino Theory Revisited: The Southeast Asia Perspective," *War & Society* 19, no. 1 (May 1, 2001): 109–130; James Stuart Olson and Randy W. Roberts, *Where the Domino Fell: America and Vietnam 1945–2010*, 6th ed. (Chichester, UK: Wiley-Blackwell, 2013).

8　覃怡輝，《金三角國軍血淚史》，頁72。

9　Daniel Fineman, *A Special Relationship: The United States and Military Government in Thailand, 1947–1958*, 1st ed. (Honolulu: University of Hawai'i Press, 1997), 69–88; Chaloemtiarana, *Thailand*.

10　Palapan Kampan, "Standing Up to Giants: Thailand's Exit from 20th Century War Partnerships," *Asian Social Science* 10, no. 15 (August 2014): 155.

11　Gibson and Chen, *The Secret Army*; Taylor, *Foreign and Domestic Consequences of the KMT Intervention in Burma*.

12　Ibid, 40.

13　覃怡輝，《金三角國軍血淚史》，頁89。

14　Kenton Clymer, *A Delicate Relationship: The United States and Burma/Myanmar since 1945*, 1st ed. (Ithaca: Cornell University Press, 2015), 119.

15　Ibid, 126.

16　覃怡輝，《金三角國軍血淚史》，頁153。

17　Clymer, *A Delicate Relationship*, 136.

18　Gibson and Chen, *The Secret Army*, 189.

19　覃怡輝，《金三角國軍血淚史》，頁257。

20　Strauss, "Paternalist Terror," 83.

21　Kuisong Yang, "Reconsidering the Campaign to Suppress Counterrevolutionaries," *The China Quarterly*, no. 193 (2008): 120; Strauss, "Paternalist Terror," 87.

22　Yang, "Reconsidering the Campaign to Suppress Counterrevolutionaries," 105.

23　羅瑞卿，〈堅決鎮壓反革命：羅瑞卿在中央人民政府所屬部門機關大會上的報告〉，1951年4月4日。

24　賀龍、鄧小平，〈賀鄧張李關於50年剿匪情況向毛主席及軍委的綜合報告〉，香港中文大學編纂之「中國當代政治運動史」數據庫（1951年1月6日）。

25　西南公安部，〈西南公安部關於第四次全國公安會議後八個月來西南鎮反基本情況及今後意見的報告〉，1952年7月21日。

26　同前註。

27　〈雲南省農村發生反革命分子破壞案件多起〉，《新華社內部參考》，1954年5月17日。

28　《新華社內部參考》。

29　西南公安部，〈西南公安部關於第四次全國公安會議後八個月來西南鎮反基本情況及今後意見的報告〉。

30　Yang, "Reconsidering the Campaign to Suppress Counterrevolutionaries," 108.

31　Ibid, 121.

32　西雙版納傣族自治州地方志編輯委員會，《西雙版納傣族自治州志》冊1（北京：新華出版社，2002），頁437。

33　中共中央，〈中央關於邊疆宗教工作給西南局和雲南省委的指示〉，1952年11月。

34　雲南省委,〈雲南省委關於目前邊疆情況和邊疆改革問題向中央的報
　　告〉,1954年11月16日。

35　Han, *Contestation and Adaptation*, 111.

36　劉少奇,〈中央關於雲南土改問題的指示〉,1952年6月16日。

37　同前註。

38　Xiaolin Guo, *State and Ethnicity in China's Southwest* (Leiden; Boston: Brill,
　　2008), 43.

39　Elizabeth J. Perry, "Rural Violence in Socialist China," *The China Quarterly*, no.
　　103 (1985): 414–440.

40　中共中央,〈中央對西南局關於雲南省委所報邊疆民族工作方針與步驟的
　　意見的批示〉,1952年12月6日。

41　同前註。

42　德宏州史志編委辦公室,《中共德宏州黨史資料選編》冊4(芒市:德宏民
　　族出版社,1989),頁269。

43　後來,西雙版納和德宏都從自治「區」改名為自治「州」。

44　Susan McCarthy, *Communist Multiculturalism: Ethnic Revival in Southwest China*
　　(Seattle: University of Washington Press, 2009), 53.

45　德宏州史志編委辦公室,《中共德宏州黨史資料選編》冊1,頁33。

46　德宏州史志編委辦公室,《中共德宏州黨史資料選編》冊2,頁20。

47　西雙版納傣族自治州地方志編輯委員會,《西雙版納傣族自治州志》冊1,
　　頁433。

48　德宏州史志編委辦公室,《中共德宏州黨史資料選編》冊1,頁44。

49　同前註,頁43–50。

50　德宏州史志編委辦公室,《中共德宏州黨史資料選編》冊2,頁40。

51　閻紅彥,〈在雲南省邊疆工作會議上的講話:雲南省委第一書記閻紅
　　彥〉,1965年12月21日。

52　同前註。

53　德宏州史志編委辦公室,《中共德宏州黨史資料選編》冊2,頁293。

54　Lintner, *Burma in Revolt*, 12.

55　Ibid, 20–22.

56　US Rangoon Embassy to Department of State, no. 220, April 26, 1950, "Status of
　　Various Burmese Insurrections," 790B.00/4-2650, RG 59, CDF 1950-1954, Box
　　4135, US NAII.

57　US London Embassy to Department of State, no. 2489, May 22, 1950, "End of
　　Burma War Near," 790B.00/5-2250, RG 59, CDF 1950-1954, Box 4135, US
　　NAII.

58 "Drive towards Peace," *Burma*, November 1950, 74.

59 Ibid, 78.

60 US Rangoon Embassy to Department of State, no. 298, February 18, 1954, "Political Pressures in Burma, 1948–1954," 790B.00/2-1854, RG 59, CDF 1950-1954, Box 4138, US NAII.

61 Lintner, *Burma in Revolt*, 133.

62 US Rangoon Embassy to Department of State, telegram 694, January 15, 1954, 790B.00/1-1554, RG 59, CDF 1950-1954, Box 4138, US NAII.

63 Lintner, *Burma in Revolt*, 134–136; Gibson and Chen, *The Secret Army*, 121–129.

64 Ibid, 119.

65 Maung Maung, *Grim War Aganist KMT*, 2nd ed. (Yangon, Myanmar: Seikku Cho Cho Publishing House, 2013), 29.

66 Callahan, *Making Enemies*, 158.

67 US Rangoon Embassy to Department of State, no. 668, June 23, 1959, "Political Conditions and Prospects in the Shan State," 790B.00/6-2359, RG 59, CDF 1955-1959, Box 3852, US NAII.

68 Lintner, *Burma in Revolt*, 183.

69 US Rangoon Embassy to Department of State, no. 552, 29 April 1959, "Ceremonial Renunciation of Powers by Shan Sawbwas," 790B.00/4-2959, RG 59, CDF 1955-1959, Box 3852, US NAII.

70 US Consulate Chiengmai to Department of State, no. 10, December 4, 1959, "Another 'Shan State Independence Army' News Report," 790B.00/12-1559, RG 59, CDF 1955-1959, Box 3852, US NAII.

71 維吉拉貢（Amporn Vijirakorn），《國族國家以外的歷史：撣邦抵抗運動55年》（清邁：清邁大學社會科學與永續發展區域研究中心，2015）。

72 Lintner, *Burma in Revolt*, 190.

73 Ibid, 143.

74 Callahan, *Making Enemies*.

75 Lintner, *Burma in Revolt*, 153.

76 Desmond Ball, *Tor Chor Dor: Thailand's Border Patrol Police: History, Organisation, Equipment and Personnel*, vol. 1 (Bangkok: White Lotus Press, 2013), 59.

77 Chaloemtiarana, *Thailand*.

78 〈泰國鑾披汶政府的排華罪行〉，《人民日報》，1950年1月27日。

79 〈鑾披汶日益投靠美帝 政府內充斥美國顧問〉，《人民日報》，1950年1月12日。

80 覃怡輝，《金三角國軍血淚史》，頁73。

81 〈美帝國主義勾結鑾披汶反動政府 進行整編逃緬殘匪陰謀計畫〉，《人民日報》，1951年6月22日。

82 Fineman, *A Special Relationship*, 69–88; Chaloemtiarana, *Thailand*.

83 Correspondence from Bangkok to Foreign Office, FO 371/84363, BNA.

84 Fineman, *A Special Relationship*, 114–115.

85 Kampan, "Standing Up to Giants," 155.

86 Fineman, *A Special Relationship*, 118.

87 British Embassy Bangkok correspondence, 26 May 1952, FO 371/101192.

88 Kasian Tejapira, *Commodifying Marxism: The Formation of Modern Thai Radical Culture, 1927–1958* (Kyoto: Trans Pacific Press, 2001), 129.

89 Chatri Ritharom, "The Making of the Thai—US Military Alliance and the SEATO Treaty of 1954: A Study in Thai Decision-Making" (PhD diss., Claremont Graduate School, 1976).

90 Ball, *Tor Chor Dor*, 64.

91 Hyun, "Indigenizing the Cold War," 79.

92 Ball, *Tor Chor Dor*, 73–74.

93 Hyun, "Indigenizing the Cold War," 79.

94 Ibid, 87.

95 McCoy, *The Politics of Heroin*, 138.

96 Ibid, 139.

97 Ibid, 143.

98 Correspondence from D. C. Rivett-Carnac to D. J. Gibson, British Consulate, Chiang Mai, August 30, 1968. FCO 15/338, BNA.

99 Gibson and Chen, *The Secret Army*, 243.

100 "Freedom Forces in Thailand," *China News*, January 9, 1968.

101 Correspondence from R. S. Scrivener, British Embassy, Bangkok, June 19, 1968. FCO 15/338, BNA.

102 Ibid.

邊區的共產革命

曼谷一個又濕又熱的下午，我和東芳在一家咖啡廳裏碰面。東芳三十多歲，身形瘦削，講普通話帶一口濃厚的南方口音。東芳是中國公民，不過家庭背景非常獨特，源自泰國共產起義史：父親曾是在泰國的中共成員，母親則是來自泰北楠府的苗族泰共軍人。我們一面喝咖啡，東芳一面向我講述他的人生故事，多少撥開了圍繞東南亞冷戰高峰下，共產諜報時代的謎團。

東芳的父母都參與了1960年代中期蔓延泰北的泰共武裝反抗。東芳的父親是泰國華僑社群的一分子，被中共招募為成員，支持泰共的行動。待在楠府的期間，他遇見東芳的母親，她是苗族人，身為革命同志的兩人在泰國老撾邊界的群山中結為夫妻。1970年代晚期，隨著中共撤回對泰共的援助，夫妻兩人回到中國，在雲南省安家落戶。

東芳在昆明一處社區出生長大，他記得小時候同社區的玩伴都是前東南亞共產黨黨員的孩子，來自緬甸、泰國、馬來西亞。現在有許多兒時玩伴仍然留在中國，不過也有不少人前往東南亞國家工作、生活，他們很多身為混血兒，曾以泰語、緬語、馬來語等東南亞語言受教育，因此會說當地的語言，他們的父母曾在當地為共產主義使命奮戰。

東芳也是其中一員：他現在是一間中國投資公司在泰國分公司的負責人。他打趣地說，過去泰共武裝反抗年間，中國人百般阻撓泰國經濟，如今卻成為泰王國名列前茅的重大投資人。東芳最近和父母一起回楠府山區探望外婆，父母仍然清清楚楚記得他們當年和泰國政府軍交鋒的戰場舊址。

時至今日，東南亞的共產諜報時代似乎早已遠去，中國已將自身從激進的共產革命國家，改造為經濟發展掛帥的國度。北京或許仍懷有稱霸區域的野心，但不再認為稱霸手段是從事破壞活動、支持共產起義，而是經濟擴張。儘管如此，中國過去輸出革命的行動，在影響所及的國家造成重大後果。緬、泰兩地的共產黨武裝反抗都直接受到中國支持，在共同的山地邊區地帶持續十年以上，為三個國家留下影響深遠但狀況殊異的遺產。

本章追溯1960年代中期以來的上述武裝反抗史，源頭來自中國國內的政治激進化，當時毛澤東採取的外交政策，是開始支持第三世界的人民革命，同時在國內發起文化大革命。本章仔細檢視其對中、緬、泰三國國家建構的影響，討論共產革命如何影響邊區地帶的政治、社會變遷。

本章首先概要回顧中國文化大革命及毛澤東開啟的國內政治激進化，其次關注雲南省，此地比起中國多數省份更加飽經動盪，一部分也是因為雲南鄰近邊界。[1] 接下來，焦點放在數萬青年從中國大城市上山下鄉的經歷，以及他們進入多民族邊區地帶的影響。

第二節討論緬甸，先談緬甸獨立以來前十年的緬甸共產黨史，其次關注1967年至1989年間，中、緬邊界一帶的緬共武裝反抗，接下來檢視緬共留下的少數民族反叛遺緒，源自緬共和緬甸中央政府之間的停火協議進程。

　　本章最後從泰國的脈絡，檢視1960年代中期以來的泰共武裝反抗，以及中國和中南半島之間的國際政治情勢，如何深深影響泰共的政治命運。

文化大革命在雲南

　　文化大革命標誌了中國現代史上最暴力、最狂亂的十年。[2] 1966年5月，毛澤東全面發動文化大革命，一方面是為了重掀革命，將中國社會改造為他心目中的烏托邦，同時也是為了鞏固獨裁統治、消滅其在中共內部的潛在挑戰者。毛澤東篤信走資派修正主義已經滲透中國共產黨，號召人民揭竿而起、推翻當權者。

　　為了推動文化大革命，毛澤東另行成立革命委員會，這是外於黨的權力基礎，他呼籲大眾反抗權威，尤其大力煽動學生——所謂的紅衛兵。中國社會經歷無所不在的暴力，1966年至1968年間達到高峰，不同派系在街頭開戰，全國實際上陷入內戰狀態。從中國政府到共產黨上上下下，之前掌權的人幾乎個個都被批鬥（遭到公開羞辱，有時甚至受到酷刑虐待）、被降職或逮捕，許多人被捕後身亡。

　　經濟因政治混亂而崩潰，中國的工業產出倒退成負數。國家教育體系也隨之停擺，全體學生中有許多人高度政治化、激進化。離開學校卻沒有工作的中學生和高中生確實超過城市工作缺額，在毛澤東完成黨內清洗的初步目標以後，供過於求的情況更形嚴重。在這樣的背景下，1968年12月毛澤東在《人民日報》刊登指示，號召受過教育的青年前往鄉下，接受農民的再教育。「上山下鄉」運動就此展開，這波運動將城市學生和前紅衛兵送到鄉下和中國邊陲的邊區地帶。[3] 許多人去了雲南。

在各省當中，雲南或可說是受文革之害最深的其中一省。造成此果的因素眾多，許多因素都和前一章討論的主題有關。第一個因素是國民黨。解放軍1949年末、1950年初接收雲南時，由於國民黨省長盧漢倒戈，政權移交至共產黨的過程相對和平。[4] 除了逃往緬甸的部分軍隊，大批國民黨部隊悉數向自己遠遠不敵的解放軍投降。[5] 其中一些人被貼上反革命標籤，後來遭到迫害，但大部分前國民黨員起初皆能安寧度日，甚至在共產黨政權仍需鞏固權力時，成為拉攏合作的對象。因此，1950年代初期，緬甸國民黨部隊侵擾中國邊區之際，共產黨政府試著在當地慢慢展開社會改革計畫。

雲南省的多元民族組成也讓共產黨步步為營，避免政策太激進。如第4章所述，為了維持邊區民族穩定，土地改革並未立即實施，許多少數民族精英被延攬入黨。

然而，1950年代初期的溫和作風回過頭來在文革期間反噬雲南。激進主義隨文革展開而占據上風，在為黨和社會鏟除「走資派修正主義者」的大旗下，先前被豁免追究者，如今淪為攻擊目標。

首先，溫和派領導人被拔離省黨部和省政府。過去提倡調整共產黨邊疆政策以適應地方特殊情況的雲南省委第一書記閻紅彥，成為第一個被拉下台的人物。1966年11月以來，昆明舉辦一系列批鬥大會，紅衛兵抨擊閻紅彥在雲南省推動的政策「服膺資本主義、反革命」。閻紅彥面臨的壓力節節升高，最後在1967年1月8日走上絕路。[6]

　　解放軍在雲南省局面失控前，透過昆明軍區接管該地。[7] 1968年8月雲南省革命委員會成立，此時雲南省已經籠罩在軍事衝突下兩年，超過5,000人因此喪命。[8]

　　但省內的激進化並未就此打住。為了「打倒敵人、保衛邊疆、推行有關少數民族事務的工作、建設邊區」，雲南革委會聯合昆明軍區在1969年4月展開政治邊防運動，[9]包括五大措施。

　　第一，他們在全省透過準宗教式宣傳，推動毛澤東的極端個人崇拜。任何人只要對毛澤東稍有微詞或對他的肖像不敬，就會直接被打成反革命分子。

　　第二，要求雲南進行階級清洗。如第4章所述，由於1950年代的溫和政策，雲南邊區地帶並未經過嚴格的階級分類，土地改革的實施方式也和中國其他地方不同。隨著政治邊防的開展，往日政策遭到翻轉，邊區地帶許多少數民族獲得官方階級分類，很多地方的分類標準十分獨斷。[10]

　　第三，政治邊防要求在邊區建立「人民公社」，使「落後」的少數民族社會邁入發達的社會主義階段。[11]

　　第四，動員群眾推翻少數民族統治精英。許多少數民族土司之前是共產黨拉攏的對象，大都逃過了1950年代的政治鎮壓。這次所有少數民族前土司人人舉家被送回故鄉鬥爭，不少鬥爭上演全武行。[12]在德宏有許多前土司遭到無情痛毆。例如，前隴川景頗土司暨前德宏州副州長多永安在一次批鬥大會上被毆打至死。另一位前遮放土司多英培也因遭到毒打，翌日傷重身亡。[13]根據昆明軍區和雲南革委會1970年3月呈給中共中央委員會的一份報告，前一年共有8,115名「反革命」前土司或首長被政治鬥爭。

　　多地的批鬥大會概由漢族推行，大大加劇民族間的緊張關係。[14]批鬥大會代表文化大革命的基調，文革認為民族身分與政治無關，

卻忽略了邊區地帶各民族之間關係錯綜複雜。因此，邊區的跨民族
關係在文革年間嚴重惡化。最激烈的民族衝突發生在沙甸，回族穆
斯林不滿長年以來針對伊斯蘭教的鎮壓，1974年11月發動武裝叛
變。沙甸叛亂最終面臨解放軍軍事鎮壓，死亡人數破千。[15]

　　最後，政治邊防要求消滅邊區的「黑九類」，包括「特務、叛
徒、死不悔改的走資本主義道路的當權派、舊社會的國民黨殘餘，
以及未經改革的地主、富農、反革命分子、壞分子、右派分子。」[16]
許多前國民黨員及其家人、有親人在台灣的人，甚至部分中共領
導，都被指控是國民黨特務遭到逮捕。

　　例如，在掃蕩特務的「國民黨雲南特務組」計畫中，光是保山、
德宏地區就有超過50萬人受到牽連。[17]政治邊防釋放的暴力達到雲
南史上空前規模，死亡人數估計在1.7萬人至3.7萬人之間。[18]政治混
亂也讓中國邊境內尋常人家的生活苦不堪言。單就德宏而言，實施
政治邊防讓邊區地帶陷入劇烈動盪，超過1.7萬名居民逃到緬甸。[19]

　　中共在邊區雷厲風行推動政治改革之際，對過去在紅衛兵簇擁
下經歷了兩年暴力街頭戰鬥的城市青年而言，雲南省也因地處邊
陲，成為他們解甲休兵後的首選目的地之一。兩年來的政治動亂和
派系鬥爭，已經使全中國經濟徹底停擺，造成的問題是：如今學校
和大學一一關閉，城市就業機會又不足，這些年輕人應該何去何從。

　　毛澤東提倡將青年送到鄉下接受農民的「再教育」，許多人來到
雲南。從1968年至政策撤回的1980年，超過30萬名知青在雲南邊
區的鄉間勞動，其中超過十萬人來自北京、上海、四川。多數人被
迫下鄉，考驗他們對毛主席和文革的忠誠，這是他們初次來到雲南
這個偏遠邊陲的邊疆。

　　為了在邊區地帶容納大批知青，中國國務院和中央軍事委員會
批准成立解放軍雲南生產建設兵團，由雲南革委會和昆明軍區領

導。[20] 雲南生產建設兵團包括西雙版納（思茅）、臨滄、保山、紅河
等四大地區的100座國營農場。除了紅河和越南接壤，其他三地皆
和緬甸共享漫長邊界。雲南生產建設兵團1970年初正式成立時，
雇用超過十萬人，實行軍事化管理。[21] 兵團1974年改制為農墾局，
同時撤除國營農場的軍事編制。

　　知青被命令在國營農場進行重體力勞動，改造邊區地理地貌。[22]
他們砍伐森林，將林地拓墾為農田。1972年底，兵團第一師共有
52,941名知青移居西雙版納——占全體職工50%以上，其中30,245
人來自上海、15,548人來自重慶、4,097人來自昆明、3,051人來自
北京。[23]

　　由於中國在國際上遭到孤立，加上美國對北京政府實施關鍵工
業原料禁運，西雙版納自中華人民共和國建國初年以來，便負起發
展橡膠園的任務，為中國工業化計畫供應關鍵物資。橡膠園成立之
際帶有強烈民族偏見，完全只雇用漢族工人，顯然是出於意識形態
定見，認為這項關鍵物資的產業發展必須由比較進步的漢人勞工推
動，不能由原始的當地少數民族勞工插手。[24] 因此，這些大城市知
青下鄉來到西雙版納，不少人最後落腳國營農場，栽植橡膠，進一
步強化了漢人對邊區人文地理的控制。[25]

　　於是，文化大革命相當於漢人移民及定居邊區地帶膨脹最驚人
的時期，西雙版納等地的漢人人口在1960年代大幅增長。根據人
口普查資料，1953年西雙版納只有14.7萬名漢人，1964年增長為
83.1萬人。1982年的人口普查顯示，漢人人口已經再次增加一倍以
上，達186萬人。[26]

　　1982年的資料並未計入絕大多數在1979年後離開西雙版納的
下鄉漢族青年，這表示文革期間邊區地帶的實際漢人人數遠多於此
數。可見文革期間地方少數民族與漢族之間的互動相當廣泛，這同

時也是許多城市漢族青年第一次直接接觸到非漢民族的時期。雙方的相遇一方面讓漢人有機會重新評價自己受到的教條式社會主義道德規範，將之與地方少數民族的「自由天性」比較。[27] 但另一方面漢族青年也化身「文明化代理人」，將漢人的文化、語言帶到邊區地帶，增加當地人口的同化壓力。

文革也是地方民族文化遭受直接攻擊最激烈的時期。在西雙版納等地，攻擊方式是摧毀當地民族文化文物，像是佛像、寺廟、傳統傣泐文字的書籍。學校體系禁止傣語教學，寺院教育體系被全面廢除。[28] 沙彌和僧侶一律除去僧籍，被迫還俗，確實有不少人選擇逃向緬甸。

中文教學更密集，因為隨著邊區人口組成轉變，現在地方學校裏老師多半是漢人。[29] 許多漢人誠然將文革視為可悲可嘆的時期，充斥對邊區地帶少數民族的暴力壓迫，但他們也看到文革增加了漢人語言、文化的影響，加速當地人群民族傳統的衰微。[30] 雖然，雲南邊區地帶及中國各地的民族文化在後文革時代獲得復興，[31] 但漢族的文化、語言已成功建立霸權。

最後一點，來到雲南邊區的數萬漢族青年當中，包括很多前紅衛兵，有不少人受到使命感啟發，跨過邊界去支持緬共的軍事武裝反抗。在毛澤東「解放全人類，支持世界革命」口號的激勵下，同時也受到1968年過世的哲・古華拉 (Che Guevara) 精神感召，或許也為了逃避國營農場枯燥繁重的勞動，數千名中國革命青年投身緬共的軍事戰鬥。他們跨境抵達緬共軍營，接受軍事訓練、裝備武器，打起游擊戰。許多人陣亡在緬甸戰場上，許多人幾年後歸國還鄉，也有不少人迄今仍留在緬甸。緬共武裝反抗的故事以及中國在其中的角色，將在下節詳加討論。

緬共在邊區地帶的武裝反抗

緬甸共產黨成立於1939年8月，是緬甸社會在英國殖民統治下大規模政治覺醒的一環。事實上，緬共初期的創黨黨員有不少在多重政治組織皆有黨籍，包括「我緬人黨」(Dobama Asiayone)，[32] 就連後來成為緬甸獨立運動領導人的昂山，當時也是緬甸共產黨黨員。[33] 那段時期，共產主義等左派思潮啟發無數緬甸青年和貧苦工人，他們同時也渴望國族自決，以及脫離壓迫的英國統治而獨立。因此，緬共成立初年的活動方向較傾向國族主義，而非共產主義意識形態。[34]

然而，1941年日本入侵緬甸後，緬共聯合英軍對抗日軍。緬共的兩大領導人——德欽[35]丹東 (Thakin Than Tun) 和德欽梭 (Thakin Soe)——發表〈永盛宣言〉(Insein Manifesto)，呼籲人民和英軍合力對抗日軍。緬共的抗日立場確實贏得高度群眾支持，緬共也拜此之賜壯大力量，得以掌握三萬上下的游擊兵力。[36]

1945年7月的第二次黨代表大會，標誌緬甸共產黨首度以公開合法政黨之姿登上緬甸政治殿堂。[37] 120名代表在大會上，代表全國上下超過6,000名黨員投下選票，選出德欽丹東擔任政治局局長、德欽登佩 (Thakin Thein Pe) 擔任總書記。[38] 然而，黨內因奉行不同意識形態路線而產生分歧，開始威脅緬共的團結。德欽梭指控黨的領導階層向帝國主義者妥協，呼籲改變路線，打一場強硬的人民戰爭。路線之爭導致緬共在1946年7月分裂，德欽梭成立自己的共產黨——一般稱為「紅旗黨」——帶領黨員打游擊戰。[39]

緬共本身也日益激進化，開始從合法反對黨轉為地下武裝反抗組織。[40] 緬共格外不滿反法西斯人民自由同盟領導的政府，他們反對政府的農業政策，痛批政府和英國達成的獨立後協議，有部分內容獨厚反法西斯人民自由同盟，讓其保有部分特權。[41] 1948年3月底，政府下令逮捕緬共幹部；之後從1948年4月起——或許是遵照毛澤東鄉村游擊戰的教導——緬共撤退到鄉村地區，拿起武器對抗獨立不久的聯邦政府。[42] 緬共的長年武裝反抗就此展開。

1948年至1955年這幾年，見證了緬共密集武裝反抗緬甸政府的時期，此時緬共部隊占領中緬甸的大片鄉村地區。由於政府軍展開反擊，緬共人民軍無法攻下城市中心，轉而將精力集中在建立鄉村游擊區。[43] 緬共當時在鄉村地區的農業政策（例如，沒收大地主的土地，重新分配給貧窮農民）確實相當受歡迎。《泰晤士報》(Times) 的一篇報導指出：「儘管村民對共產主義一無所知，卻常常加入甲共產黨或乙共產黨，只因為受到共產主義宣傳的灌輸，隱隱約約相信，一旦共產黨掌權，村民人人都能免費拿到土地，不必繳地租或地稅。」[44]

然而，1950年國民黨軍隊入侵緬甸撣邦，導致緬共領導階層重新思考和仰光政府的關係。緬共天真認為，有必要和政府共組統一陣線對抗外來入侵者，於是撤回之前的農業政策，將土地歸還地主。這項決定造成基層黨員憤憤不平，近半數軍隊叛變離去，同時仰光政府卻從未接納緬共的和解姿態。[45] 這次失策重創了緬共武裝反抗，緬甸總理吳努在1952年11月的一場記者會上表示，他十分滿意共產黨叛亂正在快速平定當中。[46] 緬共1950年代中期至1960年代初期屢受重挫，一方面是因為自己的失算，另一方面是因為政府展開軍事攻擊。

直到1962年緬甸發生軍事政變後，緬共才終於起死回生，年輕知識分子有志加入反抗軍事政權的武裝抵抗，來到緬共位於勃固山脈的總部。[47] 新上台的緬甸軍政府希望追求「緬甸的社會主義道路」，採取嚴格中立的外交政策，然而依然惹惱北京政府。[48]北京視奈溫軍政府為破壞區域權力平衡的眼中釘，認為奈溫是野心勃勃、居心叵測的領導人。[49]奈溫的緬甸經濟國有化政策，也傷害中國在緬甸的經濟利益，切斷中國對緬甸華僑社群的關係及影響力。[50]

1961年的中蘇決裂，點燃兩大共產巨頭之間的激烈競爭，雙方爭相影響第三世界，對於應該如何組織全球共產主義運動各執己見。中共1963年6月發表〈關於國際共產主義運動總路線的建議〉，抨擊蘇聯共產黨的和平共存原則只是合理化暗中勾結美國的藉口。[51]中共的建議特別呼籲世界各地的共產主義運動，用武裝抵抗打敗反革命勢力。[52]中共確實在這個時間點前後開始準備好支持境外共產主義運動，尤其關注東南亞。

1963年底，已經身在中國的緬甸共產黨黨員接獲任務，負責調查從雲南滲透進緬甸東北的可行路線。中國政府也修築連接邊區地帶到緬甸的新路網。[53]儘管中國已做好種種準備，但直到1967年中、緬雙邊關係徹底破裂以後，緬共才直接得到中國援助。

中、緬雙邊關係瓦解的引爆點，是緬甸各大城市發生排華暴動。暴動起因眾說紛紜，不過多數人同意直接原因之一，是文革輸出至緬甸華僑社群。[54]1966年中國開始文化大革命以後，中國外交部隨之激進化。中國駐外大使館的一項主要任務是宣傳毛澤東思想、分發《毛主席語錄》（西方一般稱為「小紅書」）。[55]

外交代表團也積極投入向華僑社群招募紅衛兵。[56]緬甸部分華僑社群開始戴起毛澤東徽章，許多人仗著仰光大使館官員撐腰，無視政府對徽章的禁令。[57]華僑社群激進化的時間，正好發生在緬甸面臨嚴重經濟問題之際，稻米歉收、種種經濟必需品的流通失序。[58]排華暴動於是接連爆發，縱火打劫華人企業和協會，殺害大批華人。[59]

暴動徹底粉碎兩國的雙邊關係；北京震怒於華人受此對待，超過20萬人在北京集會遊行，抗議緬甸的暴行。[60]雲南多地也組織抗議活動，痛斥奈溫是緬甸的蔣介石，要求將緬甸闢為對抗美國帝國主義和蘇聯修正主義戰爭的新戰場。[61]為了對緬甸還以顏色，中共跨境援助緬共，支持緬共在緬甸東北設基地的計畫。

1968年元旦當天，由多名緬共幹部組成的一小支軍隊──包括幾十年前撤退到中國的諾盛（Naw Seng）所領導的一票克欽軍人──跨境進入撣邦木姐鎮區的小型邊境城鎮猛哥（Mong Ko），將猛哥劃為303基地。[62]彭家聲領導的果敢華人也對薩爾溫江以東發動另一波攻勢，緬共將該地劃為404基地。[63]

緊跟在緬共軍隊之後的，是聲勢更加浩大的中國紅衛兵，他們以「國際支左」的名義支援緬共。中共後來又再派兩支解放軍特種部隊前往緬甸，為不擅作戰的緬共增強實力。中國軍人全是從雲南少數民族募來，比緬甸政府軍更驍勇善戰。解放軍來援幫助緬共軍隊守住戰果，緬共的緬甸東北基地區域開始擴張。[64]

1969年3月《人民日報》刊登一則演說，當時的緬共副黨主席德欽巴登頂（Thakin Ba Thein Tin）表示，1968年這一年見證了緬甸撣邦爆發的多場大規模戰事，緬甸人民軍屢屢擊敗緬甸政府軍，取得豐碩戰果。[65]

緬共沙場告捷也要歸功於中國跨境提供的後勤支援。中國在1968年至1973年間，供應緬共足以裝備1萬名軍人的充裕軍火武器，加上每年200萬人民幣支應一般軍事開銷，邊界一帶的中國醫院也開放給緬共使用。北京更在1971年成立「緬甸人民之聲」廣播電台，供緬共散播政治宣傳。[66]電台最初位於昆明，後來搬到中、緬邊境城市芒市，最後1979年遷至緬共總部邦康（Pangsang）。[67]

在中國的慷慨援助下，緬共先建立101、202、303、404等四大基地，部隊又以此為據點征服不少領土。短短六年內，緬共成功控制沿著中國邊界的兩萬多平方公里「解放」區，「從湄公河和老撾邊界一直綿延到邊境城鎮班塞（九穀），即滇緬公路跨境進入雲南的接點。」[68]

數千名中國紅衛兵更是大力投身於緬共的戰鬥。根據一位過去當事人的事件敘述，緬共軍隊裏有整整一師的中國下鄉知青。3301旅的軍人一半來自昆明、一半來自華僑社群，3302旅幾乎人人來自四川，另外還有一隊中國青年組成的女子特戰隊。這些前紅衛兵身手不凡，也深深服膺毛澤東的革命狂熱。

數千名中國紅衛兵為緬共而戰，許多人經過幾年回到中國，許多人客死緬甸戰場，也有不少人繼續留在緬甸，直到今日猶然。例如，好幾位緬甸少數民族武裝的現任領袖都是中國前紅衛兵，像是勐拉的撣邦東部民族民主同盟軍（簡稱勐拉軍）領袖林明賢，這支軍隊的前身是緬共815軍區。

面對緬共在東北步步進逼，緬軍一開始拙於應付這類以人海突擊的游擊戰術，因此避開在東北和緬共直接交鋒，轉而將注意力放在消滅勃固山脈的緬共老本營。緬共黨主席德欽丹東1968年被政府間諜暗殺。[69] 1975年初，緬軍已殲滅勃固山脈的緬共勢力。

另一方面，奈溫政府清楚知道東北的緬共問題主因出在中國對緬共的支持。如果仰光和北京的雙邊關係能夠有所改善，走出1967年的谷底，那麼東北的緬共勢力就可不攻自破。1975年5月，德欽巴登頂正式宣布在邦康重建緬共總部，由自己膺任黨主席。邦康是和中國孟連縣相望的邊境城鎮，位於佤邦山區，享有招募佤族軍人的地利之便，同時可遠離緬軍的壓力。

　　隨著毛澤東過世及文革結束，1976年中國國內政局開始變化。這時緬共領導階層失策地出言批評鄧小平，心想毛澤東當年稍早才罷黜過鄧小平。他們堅信，毛式革命作風會繼續引領中國。[70] 鄧小平之後在文革改組時代以最高領導人之姿登場，這時德欽巴登頂醒悟到他們選錯邊了。

　　緬共最後一次登上中國新聞是1976年11月。1978年，在中國境內的緬共黨員被要求返回緬甸。中國紅衛兵大都被召回。[71] 鄧小平也決定斷絕對緬共的金援，要他們自食其力。北京一開始還願意讓緬共獨占雙邊貿易的稅收，但鄧小平政府改採新的改革開放政策以後，1980年決定開放更多中、緬邊境貿易口岸，緬共因此失去徵收雙邊貿易稅收的獨占權。[72]

　　財務陷入困境的緬共必須找到替代收入來源養活自己，但談何容易。緬共控制的邊境山區糧食產量有限，也缺乏豐富礦藏或其他自然資源，但這一帶素以生產鴉片聞名。最後，緬共允許種鴉片，開設海洛英提煉廠，販毒維持生計，走上國民黨和其他少數民族反叛組織的老路。[73]

　　然而，販毒帶來的利潤也導致黨內腐化。許多將領大肆投入這門生意，越來越像軍閥而難以約束。雖然緬共領導階層後來試著控制毒品販運的規模，但大家對這項「矯正運動」充耳不聞，領導階層控制緬甸共產黨的能力一落千丈。[74]

　　不過，壓垮緬共的最後一根稻草，是黨內基層根深柢固的民族問題。黨內上層絕大多數是緬族知識分子，但基層士兵主要卻是沿著中、緬邊界招募而來的少數民族，其中尤以佤族士兵為緬共戰力主力，他們也首當其衝承擔戰火下的死傷。佤族認為，緬共幹部維持高度歧視的體系，阻止少數民族升遷。但最後是彭家聲領導的華人果敢軍在1989年3月12日率先發難，挑戰緬共的領導階層。

幾天之後，趙尼來領導的佤族軍人攻下邦康黨總部，迫使緬共幹部流亡中國。[75]趙尼來在邦康發表演說時，聲明發起兵變是為了掃除壓迫當地民族的緬共領導階層。[76]因此，就在全球共產主義從東歐開始瓦解的這一年，挑戰中共的學生運動正在北京展開，緬共的政黨和軍隊身分也在此時雙雙走到終點。

泰國北部和東北的泰共武裝反抗

泰國的共產運動史，尤其是在大都會曼谷的活動，和中國及東南亞（南洋）的共產運動息息相關，相較於仰光更形密切。一部分原因是泰國擁有大量華僑，華南華人移民暹羅的歷史悠久，因此，泰國的華僑社群規模在東南亞可說是數一數二龐大。[77]

除此之外，在東南亞各地遭到歐洲殖民之際，泰國維持獨立，為政治傾向各異的政治流亡分子提供避風港，東南亞華僑的共產運動者之所以往往偏好在曼谷碰面，原因正在這裏。[78]緣此之故，曼谷第一個活躍的共產黨組織是中國共產黨暹羅支部，1927年國共兩黨決裂以來，國共雙方皆積極動員泰國華僑社群，以實現在母國中國的政治目標。[79]因此，泰國政府1930年代採取的壓制措施（像是旨在防止共產主義傳播的《共產黨法案》），主要目的是約束華人社群。[80]

另一方面，泰國也另有泰國共產黨，只是泰共當時不大受矚目；泰共的第一次黨代表大會在1942年舉行，但深受當地中共支部左右。[81]泰共在泰國日占時期加入抗日行列，組織罷工和破壞行動，和比里領導的自由泰人運動（Free Thai Movement）合作。[82]直到中華人民共和國建立、中共暹羅支部停止運作，泰共才終於比較獨立行事。泰共在1952年和1961年舉行第二次、第三次黨代表大會，這十年間將大部分精力投注於城市動員，追求社會民主革命，但是成果不豐。[83]總體看來，泰共對泰國主流社會的感染力依然有限。

出了封閉的華人社群，共產主義意識形態確實不大吸引更廣大的泰國社會。[84]由於泰國避開殖民統治的命運，相較於東南亞其他曾遭殖民的國家，泰國的政治和社會結構更有延續性、更禁得起時間考驗。和緬甸的狀況簡單相比，便一目瞭然。

緬甸的外來統治提供國族主義動員的養分，在放貸寄生的印度遮地（Chettiar）階級剝削下（至少緬人眼中看來如此），緬甸農工的貧苦處境讓左派意識形態廣受歡迎。[85]因此，緬甸的共產主義和國族主義碰上經濟政治條件的絕佳配合，能夠受到本土政治精英和知識分子歡迎。

就泰國的情況而言，國族獨立和階級戰爭從來不夠資格躋身政治問題之列。此外，泰國君主制的延續性和佛教在泰國政治文化的核心地位，也讓共產主義看來魅力不足，至少住在中部平原的多數泰人如此認為。[86]

因此，共產主義意識形態在泰國能吸引的，只限於泰國社會的邊緣社群。除了華人，共產主義最有潛力成功動員的地區，是泰國接壤馬來西亞的遙遠南方，馬來亞共產黨的活動在這裏跨境蔓延，影響馬來人群。[87]

泰國鄰接緬甸、老撾的北部和東北部地區有各種少數民族，像是苗族等——泰人所謂的「高山民族」（chaokhao），他們自古以來，就在滇泰之間的群山中四處遷徙。這些從事游耕農業的民族向來不見容於泰國主流社會，1960年前後，泰國政府開始實施更嚴格的森林管理，他們因此在地權問題上和政府發生嚴重齟齬。[88]

最後，異於中部泰人的最主要社群，是東北／伊善（Isan）地區的人群，他們的語言、文化都接近老撾人，經濟也比較弱勢。1959

年老撾危機爆發後，共產主義從中南半島蔓延至泰國東北，成為泰國政府的心腹大患。[89]

不過，影響泰國共產主義運動最深的國家，仍然是新建國的中華人民共和國。北京先前已認定鑾披汶政府懷有敵意，該政府1952年通過《反共法》，將大部分左傾華僑社群遣返中國，此舉更加深北京的不滿。雖然，中國在1950年代前半為比里提供政治庇護，但中國媒體卻鮮少提到要支持泰國的共產革命。[90]北京在建國初年，似乎將外交工作的精力放在疏遠泰、美兩國，防止泰國政府和美國結成緊密同盟。

隨著中國在1955年「萬隆會議」（Bandung Conference）上揭櫫「和平共處五項原則」之後，曼谷的對中政策確實多少和緩下來。但1957年沙立‧他那叻（Sarit Thanarat）發動政變推翻鑾披汶政府，緊接著隔年沙立又被自導自演的另一場政變推翻，後續上任的軍事獨裁政權進一步深化和美國的關係。[91]沙立政府不只加緊國內對左派的打壓，也一改先前和北京關係加溫的趨勢。

此時，泰國日益密切參與美國在中南半島的軍事行動。隨著老撾、越南局勢惡化，北京對泰國的敵意也逐漸升高。[92]如前所述，中國國內激進化，加上和蘇聯競爭，驅使北京在1960年代初採取更大膽的外交政策，這當然能夠解釋中國政府為何走向擴大支持境外共產主義運動的整體路線。不過，就泰國的情況而言，中國之所以決定直接支持泰共武裝反抗，直接的肇因是美國在1964年至1966年間升高越南的戰事。[93]

由於泰國自願成為美國中南半島的作戰基地，北京越來越將泰國視為國安威脅。早在1962年泰、美簽署《他那—臘斯克公報》（*Thanat-Rusk Communiqué*）、獲得美國支持泰國國防的承諾時，《人民日報》5月19日的社論就評論道：「美國在東南亞的侵略行為，嚴重威脅中國的安全。中國人民不能置若罔聞。」[94] 因此，中共直接支持泰共武裝反抗的決定，也可以理解成是北京為了嚇阻曼谷政府擴大與美同盟的手段。[95]

1964 年 1 月 31 日，《北京周報》(*Peking Review*) 報導「泰國人民之聲」(People's Voice of Thailand) 正大聲疾呼，要泰國人民起而反抗入侵泰國的美國帝國主義。[96] 同年 12 月，《北京周報》刊出「泰國獨立運動」(Thailand Independence Movement) 的宣言，要求推翻他儂・吉滴卡宗 (Thannom Kittikachorn) 政府，讓泰國重回中立。[97]

1965 年 1 月，「泰國人民之聲」宣布成立「泰國愛國陣線」(Thai Patriotic Front)，和泰國獨立運動共同在北京設立常駐國代表處。[98] 後來，泰國獨立運動和泰國愛國陣線同意合併為「泰國聯合愛國陣線」(Thai United Patriotic Front)，效法南越的「民族解放陣線」(National Liberation Front)。[99] 因此，泰共武裝反抗自 1965 年以降，開始蔓延至東北各府的鄉村地區。

泰共武裝反抗主要在泰國南部、北部、東北的邊陲地區展開，如前面點出的，這些是共產主義意識形態較有感染力的地方。泰共武裝反抗起初在東北部成形，「泰國人民之聲」開始用老撾語廣播。武裝反抗分子的人數估計在 1,500 人上下，1967 年的前九個月間，他們在泰國二十八府發動 269 次攻擊。[100]

1968 年，北部也爆發武裝反抗，反抗者主要均是苗族等高山民族。[101] 北部的泰共武裝反抗確實染上了民族主義解放的色彩。「泰國人民之聲」開始用多種高山民族語言廣播，泰共自封為泰國所有民族的領導者。[102] 泰共 1969 年 1 月發布的〈現行政策聲明〉承諾：「各民族將在泰國大家庭中享有自治權，經濟、文化、教育、公共衛生將在所有民族地區普遍發展。」[103]

　　泰共採取滲透鄉村及山區的策略，成功在泰國北部建立多處基地，位於清萊府、帕堯府、楠府、達府 (Thak) 內，以及彭世洛府 (Phitsanulok)、碧差汶府 (Phetchabun)、黎府 (Loei) 三府交界處。[104] 除了上述基地區，泰共也設立許多游擊區，對該地鄉村人民略有影響力。泰共將當地村落根據控制程度分類，從泰共已根除泰國政府影響力的「解放村」，到共黨新近滲透的「滲透村」。[105]

　　泰共的軍力組成分成三類：黨軍、地方軍、村莊民兵。[106] 青年不分男女皆被大力招募進泰共武裝部隊。[107] 儘管泰共在泰國邊陲多府拓展了武裝反抗範圍，但泰共 1960 年代中期以來對城市的影響，依舊微乎其微。

　　1970 年代初期，泰國已籠罩在軍事統治下將近 20 年，國家面臨嚴重社會問題，諸如駐紮泰國國土的大批美軍招致廣大民怨、貪腐問題猖獗、貧富差距擴大。[108] 他儂的高壓政府成為活躍學運的攻擊目標，學運要求民主、要求社會更公平，學生經過和軍方的多番激烈衝突，終於在 1973 年 10 月將他儂政府趕下台。[109] 隨後成立的民政府軟弱不穩，給予泰共滲透學生運動的可乘之機。

　　1975 年至 1976 年，泰共已在學生組織中站穩腳步，開始左右學生政治運動的動向。[110] 泰國軍隊之後在 1976 年 10 月再次發生政變，政府一夕變色，屠殺曼谷法政大學數百名學生。[111] 導致數千名學生和知識分子成群湧向叢林，希望加入泰共的武裝行列。認清無法爭取民主參與之後，這些城市社運分子於是斷定，和泰共一同武裝抵抗軍政府是唯一的出路。[112]

　　壯大的泰共因而在 1977 年和 1978 年間加劇大規模攻勢，這兩年可以說是泰共武裝反抗的高峰。[113] 至 1978 年底，估計共有「1.4 萬名武裝反抗分子在七十二府的五十二府當中活動。」[114]

　　然而，1978年中國和中南半島的國際政局變化，給予泰共沉重的打擊。如前所述，泰共的政黨面深受中共影響。1960年代中期以來的泰共武裝反抗也受到中國大力支持，不論在財政上、武器上、宣傳上皆然。[115] 雖然中共對泰共的支持遠遠比不上對緬共的支持——也許純粹是因為運往泰國的物資必須經過老撾，而且泰國又未直接和中國接壤——但中國仍是泰共意識形態走向的根源。[116] 然而，隨著毛澤東過世、鄧小平上台，北京不再支持鄰近國家的共產主義運動，泰共也不例外。對泰共而言，禍不單行的是中國政府和泰國政府越走越近。

　　身為美國的親密盟友，泰國始終拒絕承認中華人民共和國。但是1972年尼克松（Richard Nixon）訪問北京，尤其再加上1975年兩越統一，越南於是取代中國，成為泰國眼中的頭號國安威脅。1975年泰國和中國建交，基於中、泰兩國對河內同樣反感（河內和莫斯科的緊密同盟導致中、越關係更惡化），雙方開始尋求建立合作關係的共同基礎。1978年，越南入侵柬埔寨，泰國和中國形成實質同盟，故泰國允許中國提供給紅色高棉的物資支援途經泰國領土，中國則承諾，如果泰國遭到越南攻擊將出手相助。[117] 1979年中國進軍越南，也減緩了泰國面對的越南壓力。[118]

　　上述國際情勢變化帶給泰共沉重打擊。中國對於繼續支持泰共感到越來越不自在，同時北京和曼谷的雙邊關係已經大幅改善。1978年11月鄧小平訪問泰國時，在記者會上被鉅細靡遺問起中國支持泰共一事，鄧小平試圖在會上澄清國與國關係和黨與黨關係不同。[119] 不久之後的1979年7月，原本總部設在昆明的「泰國人民之聲」被下令關閉，中共自此以後不再提供泰共任何援助。[120] 但是中國和越南的敵對關係，也代表泰共夾在中、越之間。由於泰共的親中傾向，越南在1979年斷絕和泰共的關係，阻止物資經老撾運進泰國，部分泰共營地也被要求撤離老撾。[121] 泰共就此失去外援。

　　同時，泰國政府也採取新的平叛策略。傳統上，政府往往純粹依恃武力鎮壓叛亂。但是殘酷的軍事鎮壓讓鄉村人群更覺疏遠，反而將他們推向泰共陣營。[122] 1980年上台的炳・廷素拉暖（Prem Tinsulanonda），正是説服知識分子返回城市的新政治戰略推手。根據1980年頒布的第62號、第63號總理命令，願意投降的共產黨員可獲特赦，學生得到重新註冊大學的機會。[123] 因此，泰共外援盡失，知識分子和泰共領導階層之間的內部分歧又難以弭平，加上泰國政府的新平叛策略奏效，種種因素導致泰共迅速沒落，至1980年代中期已失去大半軍力。

小結

　　勢不可當的中國共產黨勢力深深影響鄰近國家的發展。毛澤東在內政外交各方面的激進化，不只將革命的劇變送到中國邊區地帶，也溢出邊界影響東南亞大陸。如前所述，殖民創傷使緬甸比泰國更流行共產主義意識形態，這解釋了緬共為何擁有深厚國內根基，從緬共的政治參與及武裝反抗的廣大規模，皆可得見。因此，緬共武裝反抗其實在緬甸擁有堅實社會基礎，不應將之視為全然由外力鼓動。

　　中國和緬甸共享漫長邊界卻不與泰國接壤，這項事實的確也表示為緬共提供後勤補給容易得多。除此之外，泰國政府有美國一臂之助，也遠比緬甸政府有能力以軍事手段應付內部挑戰。整體而言，泰共武裝反抗不如緬共般遍地烽起，泰共勢力的地理擴張也較零碎：泰共擁有多處山區基地，但從未像緬共那樣成功建立大片的「解放區」。

緬共武裝反抗也造成中、緬邊區地帶長期軍事化，相較之下，泰共經由特赦方案重新回歸泰國社會，表示他們留下的遺產幾乎了無痕跡。之後的章節將詳細討論中、緬、泰各國如何對邊區少數民族推動國族建構計畫，這是和邊區革命交互影響的因素。

註釋

1   Dorothy J. Solinger, "Politics in Yunnan Province in the Decade of Disorder: Elite Factional Strategies and Central-Local Relations, 1967–1980," *The China Quarterly*, no. 92 (1982): 628–662.

2   Roderick Macfarquhar and Michael Schoenhals, *Mao's Last Revolution* (Cambridge, MA: Harvard University Press, 2006); Patricia M. Thornton, Peidong Sun, and Chris Berry, eds., *Red Shadows*, vol. 12, *Memories and Legacies of the Chinese Cultural Revolution* (Cambridge, UK: Cambridge University Press, 2017); Frank Dikötter, *The Cultural Revolution: A People's History, 1962–1976* (New York: Bloomsbury Press, 2017).

3   Arthur M. Bernstein, *Up to the Mountains and Down to the Villages: Transfer of Youth from Urban to Rural China* (New Haven, CT: Yale University Press, 1977).

4   Dorothy J. Solinger, *Regional Government and Political Integration in Southwest China 1949–1954: A Case Study* (Berkeley: University of California Press, 1977).

5   Solinger, "Politics in Yunnan Province in the Decade of Disorder," 633.

6   中共雲南省委黨史研究室，〈雲南「文化大革命」運動大事記實〉，2005年5月18日。

7   Michael Schoenhals, "Cultural Revolution on the Border: Yunnan's 'Political Frontier Defence,'" *The Copenhagen Journal of Asian Studies*, no. 19 (2004): 30.

8   Ibid.

9   Ibid, 32–36.

10 Ibid, 37.

11 Ibid, 38.

12 Ibid, 39.

13 德宏州史志編委辦公室，《中共德宏州黨史資料選編》冊5（芒市：德宏民族出版社，1989），頁19。

14 中共雲南省委黨史研究室，〈雲南「文化大革命」運動大事記實〉。

15 Raphael Israeli, *Islam in China: Religion, Ethnicity, Culture, and Politics* (Lanham, MD: Lexington Books, 2002).

16 Schoenhals, "Cultural Revolution on the Border," 40.

17 中共雲南省委黨史研究室，〈雲南「文化大革命」運動大事記實〉。

18 Schoenhals, "Cultural Revolution on the Border," 31.

19 德宏州史志編委辦公室，《中共德宏州黨史資料選編》冊5，頁19。

20 中共雲南省委黨史研究室，〈雲南「文化大革命」運動大事記實〉。

21 同前註。

22 Yang, "'We Want to Go Home!'"

23 西雙版納傣族自治州地方志編輯委員會，《西雙版納傣族自治州志》冊2（北京：新華出版社，2002），頁350。

24 E. C. Chapman, "The Expansion of Rubber in Southern Yunnan, China," *The Geographical Journal* 157, no. 1 (1991): 36–44.

25 Janet C. Sturgeon and Nicholas Menzies, "Ideological Landscapes: Rubber in Xishuangbanna, Yunnan, 1950 to 2007," *Asian Geographer* 25, no. 1–2 (January 1, 2006): 26.

26 Han, *Contestation and Adaptation*, 110.

27 Dru C. Gladney, "Representing Nationality in China: Refiguring Majority/Minority Identities," *Journal of Asian Studies* 53, no. 1 (1994): 105.

28 Hansen, *Lessons in Being Chinese*, 107.

29 Ibid.

30 Ibid, 108.

31 McCarthy, *Communist Multiculturalism*.

32 「我緬人黨」是第二次世界大戰以前，要求脫離英國殖民統治、追求緬甸獨立的首要政治組織。

33 Lintner, *The Rise and Fall of the Communist Party of Burma*, 3.

34 Ibid, 7.

35 德欽（Thakin）是尊稱，意指「主人」。

36 Lintner, *The Rise and Fall of the Communist Party of Burma*, 8.

37 Klaus Fleischmann, *Documents on Communism in Burma, 1945–1977* (Hamburg: Institut für Asienkunde, 1989), 1.

38　Lintner, *The Rise and Fall of the Communist Party of Burma*, 9.

39　Hugh Tinker, *The Union of Burma: A Study of The First Years of Independence* (London: Oxford University Press, 1967), 20.

40　Lintner, *The Rise and Fall of the Communist Party of Burma*, 11.

41　Taylor, *The State in Myanmar*, 24.

42　Tinker, *The Union of Burma*, 35.

43　Lintner, *The Rise and Fall of the Communist Party of Burma*, 15.

44　"Communism in Burma: Lull in a Jungle Insurrection," *Times*, June 25, 1949.

45　Lintner, *The Rise and Fall of the Communist Party of Burma*, 17.

46　"Communist Revolt in Burma Dying Down: U Nu's Satisfaction," *Times*, November 28, 1952.

47　Lintner, *The Rise and Fall of the Communist Party of Burma*, 21.

48　S. Bhattacharya, "Burma: Neutralism Introverted," *The Australian Quarterly* 37, no. 1 (1965): 50–61.

49　Lintner, *The Rise and Fall of the Communist Party of Burma*, 21.

50　Kalyani Bandyopadhyaya, *Burma and Indonesia: Comparative Political Economy and Foreign Policy* (New Delhi: South Asian Publishers, 1983), 170–171.

51　MLM Revolutionary Study Group in the US, "Chinese Foreign Policy during the Maoist Era and Its Lessons for Today," January 2007.

52　The Central Committee of the Communist Party of China, "A Proposal Concerning the General Line of the International Communist Movement. The Letter of the Central Committee of the Communist Party of China in Reply to the Central Committee of the Communist Party of the Soviet Union of March 30, 1963," Marxists.org, www.marxists.org/history/international/comintern/sino-soviet-split/cpc/proposal.htm

53　Lintner, *The Rise and Fall of the Communist Party of Burma*, 22.

54　Hongwei Fan, "The 1967 Anti-Chinese Riots in Burma and Sino-Burmese Relations," *Journal of Southeast Asian Studies* 43, no. 2 (June 2012): 234–256.

55　Ibid, 245–246.

56　Stephen Fitzgerald, *China and the Overseas Chinese: A Study of Peking's Changing Policy: 1949–1970* (Cambridge, UK: Cambridge University Press, 1972), 169–170.

57　Fan, "The 1967 Anti-Chinese Riots in Burma and Sino-Burmese Relations," 238.

58　Ibid, 249.

59　Ibid, 238.

60　〈首都紅衛兵憤怒聲討奈溫反動政府〉,《人民日報》,1967年7月2日。

61　張建章，《我在緬甸共產黨的經歷》（*bama-pyi kunmunit party kayeekyan*）（仰光：記者出版，2016），頁65。

62　Lintner, *The Rise and Fall of the Communist Party of Burma*, 25.

63　張建章，《我在緬甸共產黨的經歷》。

64　同上註，頁189–190。

65　〈敢於犧牲，敢於鬥爭，敢於勝利〉，《人民日報》，1969年3月21日。

66　Maung Aung Myoe, *In the Name of Pauk-Phaw*, 80–82.

67　辛特（Zin Htet）等，《原因就在這裏：東北山區的緬甸共產黨》（*htokchiang yithok: ashekmiaok taungtang myabauga bamabyi gummyonit pati*）（仰光：倫烏圖書出版，2015），頁152。

68　Lintner, *The Rise and Fall of the Communist Party of Burma*, 26.

69　辛特等，《原因就在這裏》，頁102。

70　Lintner, *The Rise and Fall of the Communist Party of Burma*, 29.

71　Ibid, 30.

72　Ibid, 39

73　辛特等，《原因就在這裏》，第44章。

74　Lintner, *The Rise and Fall of the Communist Party of Burma*, 41.

75　Ibid, 46.

76　辛特等，《原因就在這裏》，頁548。

77　Sarasin Viraphol, *Tribute and Profit: Sino-Siamese Trade, 1652–1853* (Cambridge, MA: Harvard University Asia Center, 1977); G. William Skinner, *Chinese Society in Thailand. An Analytical History* (Ithaca, NY: Cornell University Press, 1962).

78　Peng Chin, *Alias Chin Peng—My Side of History* (Singapore: Media Masters, 2003).

79　索德薩（Narumit Sodsuk），《四個現代化以前的中華人民共和國史：對泰國共產黨的影響》（*Prawattisat Satharanarat Prachachon Jeen jontheung Yuk Si Thansamai: Phonkrathop tor Phorkhorthor*）（曼谷：奧德翁出版，1994），頁4。

80　Daniel Dudley Lovelace, *China and "People's War" in Thailand, 1964–1969*, No. 8, China Research Monographs (Berkeley: Center for Chinese Studies, University of California, 1971), 15.

81　Kanok Wongtrangan, "Communist Revolutionary Process: A Study of the Communist Party of Thailand" (PhD diss., Johns Hopkins University, 1981), 51.

82　Tejapira, *Commodifying Marxism*, 53–56.

83　Communist Party of Thailand, *The Road to Victory: Documents from the Communist Party of Thailand* (Chicago: Liberator Press, n.d.), 10.

84　Lovelace, *China and "People's War" in Thailand*, 17.

85　Sean Turnell, *Fiery Dragons: Banks, Moneylenders and Microfinance in Burma* (Copenhagen: NIAS Press, 2009), chap. 2.

86　R. S. Randolph and W. Scott Thompson, *Thai Insurgency: Contemporary Developments* (Beverly Hills, CA; London: Sage Publications, 1981), 10.

87　泰國南部的武裝反抗，今日仍是東南亞數一數二激烈的衝突，但本書無意在此深究泰南馬來人的處境。詳細資訊請參見：McCargo, *Tearing Apart the Land*.

88　Lovelace, *China and "People's War" in Thailand*, 23.

89　Surachai Sirikrai, "Thai-American Relations in the Laotian Crisis of 1960–1962" (PhD diss., State University of New York, 1979); Dhanasarit Satawedin, "Thai-American Alliance during the Laotian Crisis, 1959–1962: A Case Study of the Bargaining Power of a Small State" (PhD diss., Northern Illinois University, 1984).

90　Lovelace, *China and "People's War" in Thailand*, 28.

91　Frank Clayton Darling, *Thailand and the United States* (Washington, DC: Public Affairs Press, 1965), chap. 6.

92　Lovelace, *China and "People's War" in Thailand*, 43.

93　Ibid, 78.

94　"Drive U.S. Aggressors out of Southeast Asia," *People's Daily*, May 19, 1962; R. K. Jain, ed., *China and Thailand, 1949–83* (New Delhi: Radiant Publishers, 1984), 76.

95　Randolph and Thompson, *Thai Insurgency*, 14.

96　"Commentary," *Peking Review*, January 31, 1964; Jain, *China and Thailand*, 87.

97　Jain, *China and Thailand*, 91.

98　Lovelace, *China and "People's War" in Thailand*, 48.

99　Ibid, 49.

100　Ibid, 54.

101　Ibid, 57.

102　"Thai People's Armed Struggle Develops Swiftly and Vigorously," *Peking Review*, February 21, 1969; Jain, *China and Thailand*, 155.

103　Jain, *China and Thailand*, 154.

104　Randolph and Thompson, *Thai Insurgency*, 35.

105　席坦（R. Sittan）、布恩普魯（S. Boonplook）、瓦立（S. Warit），《今日的泰國共產黨》(*Phak Communist Haeng Prathet Thai Wannee*)（曼谷：恭貼暹羅出版，1980），頁200–202。

106　Randolph and Thompson, *Thai Insurgency*, 41.

107　席坦、布恩普魯、瓦立，《今日的泰國共產黨》，頁146–147。

108　Gawin Chutima, "The Rise and the Fall of the Communist Party of Thailand (1973–1987)," Occasional Paper No. 12 (Center of South-east Asian Studies, University of Kent at Canterbury, 1990), 20.

109　席坦、布恩普魯、瓦立，《今日的泰國共產黨》，頁22。

110　Chutima, "The Rise and the Fall of the Communist Party of Thailand," 25.

111　Marian Mallet, "Causes and Consequences of the October '76 Coup," *Journal of Contemporary Asia* 8, no. 1 (January 1, 1978): 80–103.

112　Chutima, "The Rise and the Fall of the Communist Party of Thailand," 26.

113　Randolph and Thompson, *Thai Insurgency*, 36.

114　M. Ladd Thomas, "Communist Insurgency in Thailand: Factors Contributing to Its Decline," *Asian Affairs* 13, no. 1 (1986): 17.

115　Randolph and Thompson, *Thai Insurgency*, 53.

116　Chutima, "The Rise and the Fall of the Communist Party of Thailand," x.

117　Ann Marie Murphy, "Beyond Balancing and Bandwagoning: Thailand's Response to China's Rise," *Asian Security* 6, no. 1 (January 22, 2010): 10.

118　Ibid, 10.

119　"The USSR-Vietnam Treaty Threatens World Peace and Security, Pointed out by Vice Premier Deng at Press Conference," *Xinhua*, November 9, 1978.

120　Randolph and Thompson, *Thai Insurgency*, 63.

121　Chutima, "The Rise and the Fall of the Communist Party of Thailand," 38.

122　Ettinger, "Thailand's Defeat of Its Communist Party."

123　Chutima, "The Rise and the Fall of the Communist Party of Thailand," 42.

流動的跨境經貿往來

　　跨過連接泰國美塞市和緬甸大其力兩地的橋梁、通過設於其上的護照關口，我看到身穿一襲亮橘色僧袍的杜萬在路邊等我。杜萬是景棟人，本身也是傣艮族一員。雖然來自緬甸撣邦，但家人從小就送他到泰國接受佛教教育，因此杜萬說得一口流利泰語，但不大會說緬語。撣邦的撣族僧侶確實多半身穿橘色僧袍，跟泰國僧侶一樣，但一般不穿緬族僧侶的紫紅僧袍。

　　即使不談深厚的宗教和文化連結，景棟的經濟也和泰國密不可分。泰國消費產品，當然還有中國產品，主宰當地經濟，從地方商家架上滿滿的進口（或走私）民生消費品即可一目瞭然，包裝標籤寫泰文或中文，卻看不太到緬文。坐在開往景棟的巴士上，沿路可以看到不少路邊廣告看板也寫泰文，許多店家都收泰銖。泰國金流也協助維繫當地的撣族文化表達，來自泰國的匯款和捐獻幫助興建、整修撣族寺廟。緬甸政府雖然牢牢握有撣邦這一帶的主權及行政控制權，但對地方經濟的掌控則沒有那麼嚴密。

　　杜萬一家住在景棟市外的小村莊。這類仍然缺乏電力和自來水的村莊在撣邦處處可見，緬甸國家尚無力提供任何現代基礎建設。村民要有電可用的唯一辦法，是安裝產自中國的太陽能板，居民將太陽能板裝置在屋頂上，供應足以滿足基本需求的電力，像是電燈照明、手機充電，但也僅此而已。

當地除了種植稻米以外，沒有什麼經濟機會，青年大都離鄉謀生。許多撣人到泰國當移工，不只因為在泰國能拿到的工資比緬甸高出許多，也因為他們認為與泰國文化相近。還有些人前往位於景棟北方的勐拉特區，控制勐拉的勢力是少數民族武裝組織勐拉軍。勐拉緊鄰中國邊界，隨著中國資本、中國企業流入，毒品、娼嫖、賭博等非法經濟欣欣向榮。[1]

儘管景棟整體經濟前景蕭條，但景棟其實位於連結雲南南部和泰國的傳統貿易路線上，今日這條路線以走私販毒為貿易大宗。撣邦地處惡名昭彰的金三角，歷史上是世界鴉片的生產中心，今日撣邦的罌粟收成量仍占緬甸全國九成，高居世界第二大生產者，僅次於阿富汗。[2]因應中國和泰國的龐大市場需求，撣邦大量生產海洛英還有冰毒，這類製毒工作的操刀者，往往是各個少數民族反叛組織、民兵團，甚至緬軍。[3]

除了毒品，緬甸的撣邦和克欽邦近幾十年來，也開始供應原料和自然資源給迅速成長的中國市場。另一方面，中國、泰國農貿企業發展的投資也大規模入侵邊區地帶。

本章分析過去數十年間橫跨中、緬、泰三國邊區的經濟動態。此地的國族國家疆界同時勾勒出經濟發展的巨大落差，但邊區地帶隸屬於更廣大的區域秩序，這裏中國和泰國的經濟支配，削弱了緬甸的經濟「主權」。就經濟方面而言，中、泰兩國市場經濟相對充沛的資本溢出邊界，將邊區經濟有效吸納進自己的市場，同時榨取緬甸撣邦、克欽邦的自然資源和廉價勞力。[4]

本章架構如下：首先，敘述跨越三國邊界經濟發展的不同軌跡，尤其著重後冷戰時期；接著，分析三國針對邊區地帶採取的經

濟發展策略或無策，討論中國的鴉片替代種植計畫，以及鼓勵對外
資本投資等近期政策措施，如何影響邊區經濟；最後，討論橫跨邊
區地帶的主要商品流通，也論及人群的遷徙移民。

經濟發展落差

我們在第2章簡單討論過各國發展落差的概況，中國、緬甸、
泰國近年經歷截然不同的經濟成長模式，在不同時期達到不同發展
階段。中國經過文革的災難，從1970年代晚期展開經濟改革，不過
一直要到1992年鄧小平南巡之後，中國經濟才真正開始高速成長。

緬甸方面，奈溫走的「緬甸社會主義道路」事後證明對國家同樣
是一場經濟災難。1988年，另一個軍政府——國家法律暨秩序重整
委員會（State Law and Order Restoration Council）——上台時，在長年經
濟困頓的火上加油下，國內政局動盪不止，使得緬甸又更深陷泥淖。

另一方面，身為美國盟友的泰國在1960年代、1970年代經歷
快步成長，部分受惠於美國在中南半島戰事的戰爭經濟。於是冷戰
結束時，中、緬兩國皆赤貧無比，但泰國卻已被譽為成就斐然的亞
洲四小虎之一。如下頁【圖6.1】所示，1990年，中國以購買力平價
（Purchasing Power Parity）計算的人均國內生產總值只有980美元，
緬甸是486美元，泰國則已突破4,700美元。

中國經濟自1990年代以來飛躍成長，快速縮小和泰國的發展
差距，2016年中、泰兩國的經濟發展水準幾乎並駕齊驅，皆在1.6
萬美元上下。但緬甸的經濟成長較之兩鄰國，依舊望塵莫及，2016
年緬甸以購買力平價計算的人均國內生產總值略低於6,000美元，
僅達中國或泰國的三分之一。[5]

　　1970年代晚期中國展開經濟改革以來，政府的發展策略始終專注於快速推動東部沿海經濟。鄧小平認為，必須先讓一部分地區富起來，希望沿海各省能夠吸收資本和先進技術，而資源之後會再慢慢流向其他地區。[6]因此，像雲南這樣的西南內陸省份，經濟開放措施直到1980年代後半，甚至更晚，才真正開始發酵。

　　雲南遠離海岸線，其坐擁的地緣政治優勢是和東南亞接壤的漫長邊界，但全境邊界在1980年代中期以前，皆牢牢封鎖。隨著東南亞冷戰煙消雲散，中國政府放下過去對緬、泰兩國共產黨叛軍的支持，中老、中越關係也在1979年後改善，中越邊界一帶的軍事衝突畫下句點。雲南省政府認為，雲南的發展潛力在於和鄰國擴大貿易，將雲南定位成連結中國和東南亞的橋梁。[7]

圖6.1　以購買力平價計算之人均國內生產總值（以美元現值計算）

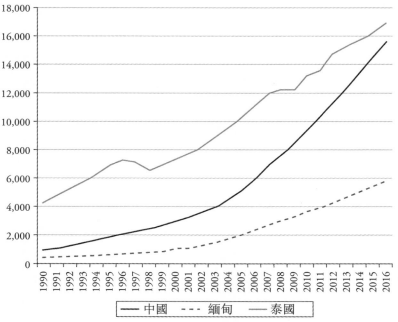

資料來源：World Bank Development Indicators

　　雲南身為東南亞區域實體一分子的定位，在1992年以後越來越清楚，1992年，亞洲開發銀行（Asian Development Bank）鼓勵湄公河上下游展開區域經濟合作，提出大湄公河次區域經濟合作機制（Greater Mekong Subregion Economic Cooperation Program），成員包括柬埔寨、老撾、緬甸、泰國、越南、中國雲南省。[8]

　　在大湄公河次區域北部經濟走廊的名義下，政府格外重視興建基礎建設，以改善雲南和東南亞大陸的交通聯絡。這代表要升級雲南省內的既有路網，同時也要連結雲南路網和鄰國路網。中國政府、東南亞政府加上數個區域組織，合力促進各國的通達聯絡。亞洲開發銀行也希望聯絡更暢通能讓跨境移動人暢其行、貨暢其流，讓區域得以成功整合市場、生產流程及價值鏈。[9]

　　除了亞洲開發銀行的大湄公河次區域合作機制，聯合國亞洲及太平洋經濟社會委員會（United Nations Economic and Social Commission for Asia and the Pacific）也推動整合亞洲公路（Asian Highway）網，連結成員國的既有國道和未來國道。

　　以中國和東南亞大陸之間為例，跨越清孔（Chiang Khong）和會塞（Huay Sai）的第四座泰老友誼大橋峻工之後，亞洲公路昆明曼谷段也在2013年大功告成，連通泰國、老撾、中國雲南省。甚至還有更宏大的鐵路網計畫，預備興建經由老撾連結泰國和雲南省的鐵路。[10] 湄公河的商業航運也成為各地政府交涉的議題。儘管遭到環保團體大力反對，但已經有商業航線連結中國景洪市和泰國清盛。[11]

　　儘管積極投入區域整合，但雲南依舊是中國發展程度倒數前幾名的省份，原因包括地處內陸、外商投資較少、工業化程度相對落後。[12] 北京再次試圖著手解決沿海和內陸地區發展失衡的問題，展開稱為「西部大開發」的國家總體戰略計畫。計畫宣示的主要目標，是整合邊陲地區和全國其他地區，透過完善基礎建設，幫助人流、物流能在中國開發程度較低的西部地區和開發程度較高、人口較稠密的東部「核心」之間，更自由流通。

　　針對雲南這類民族多元又有漫長國界的省份，西部大開發還有一項任務：產生能凝聚邊陲地區的充分向心力；可見西部大開發同時附帶國族建構功能。[13] 2000年至2008年間，雲南的年平均經濟成長率是9.7%，鄉村人口的收入也以類似比率隨之成長。自千禧年以來，雲南省的經濟成長確實大有進展（見【圖6.2】及【圖6.3】）。

　　此外，前文提及大湄公河次區域合作強調跨境貿易和擴張交通連結，這點和西部大開發計畫互補，後者強調重整雲南經濟結構、加強雲南和鄰國基礎建設的整合。[14] 因此，雲南成為中國對東南亞大陸投資的橋頭堡，是前進東南亞大陸的制高要地。[15]

　　另一方面，應該注意的是中國經濟發展的樞紐依然是沿海地區，雖有種種連結雲南和東南亞大陸的宏大地緣經濟發展計畫，但效果或許要良久以後才能兌現，鄰國的政治經濟條件也是重要原因之一。

圖6.2　雲南人均區域生產總值（以人民幣計算）

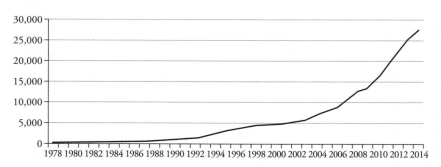

資料來源：雲南省統計年鑑

圖6.3　雲南區域生產總值（以百萬人民幣計算）

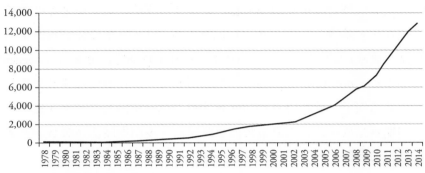

資料來源：雲南省統計年鑑

　　至於泰國，其二戰後的經濟榮景始於陸軍元帥沙立‧他那呦
1957年政變上台後。沙立的軍事強人政府不只創造一段國內政局
穩定的時期，也藉由重振皇室威望強化軍政府的合法性，同時推動
經濟發展。[16] 由於泰國成為美國中南半島的作戰基地，美國對泰國
的慷慨經濟援助，也成為沙立推動經濟發展的助力。這時期的泰國
握有「豐沛的外來經濟資源——不只來自美資投資軍事基地和戰略
基礎建設開發，也來自美國對泰國政權的直接援助，以及日本和美
國私有資本大量投資低工資、無工會的泰國社會。」[17]

　　從1950年代中期至1976年越戰結束，美國援泰資金高達35億
美元，占泰國國民生產毛額的8.5%。[18] 製造業大幅擴張，同時農業
生產也更多樣化。[19] 從1980年代中期至1990年代中期，泰國這十
年再次經歷近二位數的年經濟成長率。[20] 1997年金融風暴災難過
後，泰國經濟甫進入千禧年便快速復甦，但近年的政治動盪導致經
濟停滯。

　　針對泰國北部（尤其是邊區各府），在泰共武裝反抗開始後，泰國政府經濟發展策略的一大特色，是活用經濟手段，像是促進農業現代化、基礎建設現代化，藉此勸阻鄉村人口（尤其是偏遠山區的高山民族）加入共產黨，背後是中情局和美國國際開發署（US Agency for International Development）下的指導棋。[21] 鄉村發展加速計畫正是清楚的例子，計畫始於1960年代中期，側重泰國北部和東北地區，初期重點放在改善灌溉系統和道路建設，後期則關注減緩貧窮及鄉村福利計畫。[22]

　　泰國皇室正是在這種為戡亂而發展的背景下，積極投入鄉村發展計畫，展開皇家計畫。冷戰時期，軍方開始推崇以泰王蒲美蓬・阿杜德（Bhumibol Adulyadej）作為國族團結的象徵，皇室於是在設立高地發展計畫上，扮演起要角。皇家計畫的「宗旨是改善高山民族生活品質、減少鴉片種植、再造森林和水資源」，向高地社群推廣種植經濟作物及製作手工藝品。

　　事實上，前後幾任泰國政府皆持續宣傳皇家計畫，包裝成慈善的皇室恩典，以達維護邊區國安及對高山民族推行國族建構的目標。[23] 1997年金融風暴過後，蒲美蓬國王呼籲泰國走向「適足經濟」，套用至鄉村發展時，強調可持續性發展與環境保護。[24] 雖然難以驗證一個個皇家計畫究竟成效如何，但至少官方統計資料顯示，北部多府在過去數十年來，經濟持續成長（見【圖6.4】）。[25]

　　泰國的經濟中心始終是曼谷和周邊各府，不過全國第二大都會區清邁成為北部各府的經濟中心，腹地擴及東南亞大陸北部。[26] 因此，舉凡工業化、農業擴張、觀光業和娛樂業蓬勃發展等，種種因素皆讓清邁吸引國內、外投資湧入，也成為鄰國移民打工的目的地，尤以緬甸撣邦的勞工為大宗。

　　根據部分統計，約有15萬名來自緬甸的正式難民住在聯合國
難民署（United Nations High Commission for Refugees）的泰國難民
營。來自緬甸的其他移民粗估有150萬人，多數以正式登記的合法
勞工身分工作，但也有很多屬非法居留泰國。

　　2004年，泰國政府和緬甸簽署合作備忘錄，規定移民必須支
付3,800泰銖，以取得一年期居留證和允許眷屬居留泰國的一年期
臨時居留證。移民合法化使泰國成為緬甸移民的熱門目的地之一，
格外吸引撣族等住在邊界附近的人民，他們和北部泰人共享緊密的
文化語言連結。然而，登記系統複雜又難懂，而且要求移民透過緬
甸政府申請國籍驗證，因此許多移民寧可放棄登記，非法居留。[27]

圖6.4　泰國北部及選定府份之人均國內生產總值（以泰銖計算）

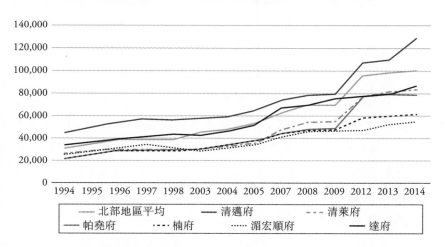

資料來源：*Thailand Statistical Yearbooks*

　　泰國也是大湄公河次區域合作的主要活躍成員國，希望將自己打
造成區域的投資及交通樞紐、促進北部和東北地區的成長、克服國內

發展不均的問題。[28] 因此，類似中國的西部大開發，泰國參與大湄公河次區域合作時，也著重於興建聯絡鄰國的交通基礎建設，如此一來，泰國可以將產業遷至邊區地帶，善用當地的廉價勞力和原料。[29]

泰國近年也考慮沿邊界設立一系列經濟特區，優先發展達府和清萊府為聯絡緬甸的兩大邊境府。[30] 清萊推行的計畫，包括修築通過清孔的昆明曼谷公路、經營清盛港迎接湄公河往來貨輪、在美塞興建新海關設施，以促進來自緬甸還有雲南的貿易。[31] 儘管泰國高談大湄公河次區域合作架構下的諸多計畫，但進展十分緩慢，其相關規畫被批評為意在替出口產業找廉價勞力，而非真心推動邊陲地區的發展。[32]

1964年，由奈溫將軍領導的革命委員會頒布一份文件，題為〈緬甸社會主義道路的具體特色〉，奠定了緬甸往後路線的基礎：追求國際孤立和自給自足。[33] 為了避免國家捲入冷戰期間資本主義國家和共產主義國家的明爭暗鬥，緬甸經濟體自行從外界抽離，對外貿易占國內生產總值的比重跌至開發中經濟體的前幾低。[34]

革命委員會也將工商業國有化，接管約1.5萬家外資或私人公司企業的所有權，徹底摧毀先前握在印度人和華人手中的商業利益。[35] 雖然緬甸的農業生產能維持人民基本生活所需，但自給自足表示整體經濟狀況慘淡，民生消費品長期短缺，導致泰國走私商品的黑市猖獗。據部分估計表示，1987年時黑市經濟已占緬甸官方國內生產毛額40%。[36]

至1980年代中期，緬甸政府已經幾乎入不敷出，國內經濟管理也一塌糊塗。緬甸1970年代、1980年代的經濟成長率都在每年3%上下，遠低於同時期東亞和東南亞新近工業化國家的數字。[37] 國家不只對國際貸款機構債台高築，國內通貨膨脹也在1980年代晚期屢創新高。[38]

政府無力應付風雨欲來的國內經濟危機，1985年以激進的貨幣廢止措施回應，汰除25%流通貨幣，但只提供有限補償。[39]兩年後，政府再度實施更激進的貨幣廢止措施，這次毫無補償，汰除60%流通貨幣的同時，也摧毀了人民對政府僅存的一點信心。[40]1988年，爆發大型學生運動，但卻以重整委員會的無情鎮壓收場，重整委員會1997年更名為「國家和平與發展委員會」(State Peace and Development Council)。

雖然，中國和緬甸的狀況在1980年代晚期相去不遠──都面臨經濟問題助長的學生抗議運動，也都出動軍隊加以迅速鎮壓──但緬甸軍政府最終走上異於中國的路線，繼續堅守緬甸的自我孤立。往後20年的軍事統治，直到2011年轉換為民政統治為止的這段期間，緬甸經濟持續衰退，內政管理不善和國際制裁皆讓情況雪上加霜。軍政府沒有能力管理經濟，這也表示政府缺乏管理邊區經濟的政治意願，邊區經濟於是日益受到擴張的中國和泰國資本宰制。

不過，緬甸軍政府自1980年代晚期以來，對毗鄰中國、泰國的邊區地帶改採新立場，其中引人注目的一大主要特徵，是理解邊區地帶經濟變化的關鍵：政府致力和大小少數民族武裝談判停火協議，提高國家在邊區的影響力。

1989年緬共瓦解後，緬共軍隊分裂為多個少數民族武裝組織，占領對中邊界一帶的多處領土。重整委員會成功和各組織逐一達成停火協議，之後允許撣邦、克欽邦建立一系列特區，包括果敢同盟軍統治的撣邦第一特區(果敢)、佤邦聯合軍統治的撣邦第二特區、北撣邦軍統治的撣邦第三特區、勐拉軍統治的撣邦第四特區(勐拉)，以及克欽新民主軍(New Democratic Army—Kachin)統治的東北克欽邦第一特區。[41]

政府在1989年至1995年間，一共簽訂25個停火協議，包括1994年和克欽獨立組織的停火協議。[42] 2009年軍政府和果敢的停火協議破裂、2011年和克欽獨立組織重啟戰端，不過在此之前，軍政府順利採取各個擊破戰略對付這些組織，同時漸漸強化國家對這些地區的控制。[43]

在這20年來締結的停火協議，政府放棄較強力的國家控制，換取更高度的地方自治和經濟發展。[44] 緬甸政府透過稱為「停火資本主義」的進程，結合中、泰兩國的國際資本以及地方少數民族領袖和商業利益，試圖透過土地特許經營權和自然資源開發來發展邊區地帶。[45] 緬甸國家藉此擴展領土控制，同時敷衍地推行一些經濟發展計畫，這項進程將在本章後文詳細討論。

重整委員會在1989年5月設立「邊疆及少數民族發展推動中央委員會」（Central Committee for Implementing Border and Ethnic People's Development），任務是督導農業扶助、林業發展、礦產開採、教育及衛生、道路修築及其他發展計畫。[46] 假如政府統計資料可信，重整委員會宣稱其1989年至1995年間，在果敢建立了兩間農業辦事處，修築80英里的土路，興建五座小橋，設立十所小學、兩所中學，開設三間醫院、八家診所。[47] 據稱在其他停火區，國家也出資興建了同樣規模的基礎建設。雖然，政府號稱向邊疆地區投入總計5.06億美元，[48] 但真正用來改善人民生活水準的金額不成比例。

停火期間的發展確實沒有替邊區人口創造實在的經濟利益，反而強化了國家控制、圖利特定精英。除此之外，緬甸在大湄公河次區域合作計畫中，往往被視為被動目標，而非主動追求發展的聲音。緬甸無疑成為中國、泰國為首的外國資本大量湧入的標的，以開發緬甸邊區地帶的自然資源為目標。據稱不少這類投資皆造成環境惡化、當地人民的土地流失。[49] 對緬甸自然資源的需求，擴大提振了緬甸、中國、泰國之間的整體雙邊貿易及跨境貿易，緬甸的幾樣商品(諸如玉石、木材、石油、天然氣、非法毒品)開始主導跨國貿易關係。

跨境貿易

中、泰兩國在過去20年來成為緬甸最主要的貿易夥伴(見下頁【圖6.5】及【圖6.6】),[50] 不過中、泰對緬的實際貿易額也視雙邊關係的變化而定。[51] 此外,官方貿易資料不包括大量非法走私貿易,走私貿易向來猖獗,在邊界一帶延續不輟。[52] 理解中、泰兩國的對緬貿易關係時,也應該考慮到緬甸自1990年代早期以來處於國際孤立的背景,當時緬甸面臨西方多國的經濟制裁。軍政府撤銷1991年的選舉結果,使昂山素姬及其領導的全國民主聯盟(National League for Democracy)引來國際矚目,在西方制裁及政權交替的威脅下,緬甸軍政府對鄰國的依賴又更深一層。[53]

中國政府在1990年代至2000年代間,提供緬甸政府外交保護,換取有利的貿易和投資機會。例如,中國曾在聯合國上庇護緬甸政府,2007年否決了一項安全理事會決議。[54] 緬甸和泰國的關係同樣在2001年後有所改善,他信・西那瓦(Thaksin Shinawatra)2001年就任泰國總理後,改採交往政策(engagement policy),破冰雙邊關係、鼓勵泰國對緬投資。[55] 當時,泰國政府也替緬甸遊說東盟,為緬甸爭取更多經濟合作。

就某種角度而言,西方各國政府的制裁,使緬甸的貿易關係轉向位在左近的鄰國,中國、泰國的對緬貿易關係過去十年來持續成長。[56] 中國對原料和自然資源的需求尤是主力,促使緬甸對中出口近幾年直線上升。整體而言,緬甸的出口大於進口,部分原因是緬甸經濟發展程度較低,因此較不具購買外國貨物的財力。

圖6.5 緬甸主要出口夥伴（以百萬美元計算）

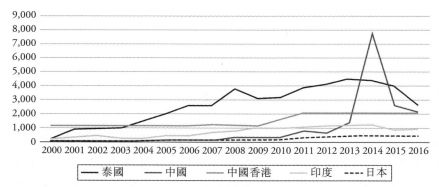

資料來源：*Key Indicators for Asia and the Pacific 2017*

圖6.6 緬甸主要進口夥伴（以百萬美元計算）

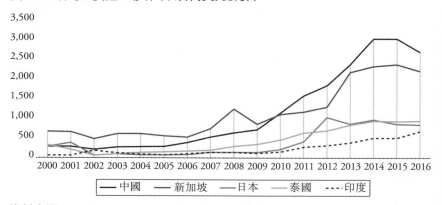

資料來源：*Key Indicators for Asia and the Pacific 2017*

　　同時，由於緬甸和中、泰兩國擁有漫長邊界，邊境貿易在整體雙邊貿易額中占相當高比例。[57]冷戰期間，緬共及克倫民族聯盟（Karen National Union）等少數民族反叛組織沿泰國邊界展開武裝反抗，這表示緬、泰之間的陸路邊境通關遭到封鎖。緬甸政府直到和叛軍達成停火協議以後，才得以和鄰國進行官方跨境貿易。此外，

1980年代晚期以來，緬甸、中國、泰國簽訂的正式貿易協定，也改變了這類跨境貿易過去的非正式性質。[58]

值得一提的是，1988年緬甸開放對中邊境貿易之際，正值緬甸面臨民生消費品嚴重短缺，於是鋪下往後數十年便宜中國產品攻占上緬甸市場的基礎。[59]儘管邊區地帶的走私和非法經濟照舊繼續（這點將在後文討論），但官方邊境貿易也為多個邊境城鎮創造可觀經濟活動。

雲南毗鄰緬甸、越南、老撾的南方邊界，在1980年代初期以前皆牢牢封閉，例外時期只有北京政府協助邊境共產運動時，如第5章所述。中國經濟開放以前，邊區的跨境貿易額非常低，因為只有住在距離邊界十公里以內的人才能進行跨境貿易，這類貿易主要是小量商品走私。[60]直到中國政府1985年頒布〈雲南省關於邊境小額貿易的暫行規定〉以後，中國政府才開始考慮鼓勵和雲南周遭鄰國的商業關係，然而，1980年代晚期國內政局緊張，導致重大改革計畫無法如期進行。[61]

最終轉捩點在1992年降臨，這年國務院頒布一項政策函文：〈中華人民共和國海關對中、緬邊境民間貿易的監管和稅收優惠辦法〉，將跨境貿易的監管權下放給雲南省政府。[62]北京也開放瑞麗在內的多個雲南城市作為貿易口岸，瑞麗成為對緬商業關係的門戶。2000年代初期，邊境貿易確實占兩國之間整體進出口貿易額的一半以上，[63]且2010年以來，繼續以驚人速度成長，如下頁【圖6.7】所示。[64]

中國政府也在瑞麗設置「姐告邊境貿易經濟實驗區」，和緬甸城市木姐連結。[65]自1990年代初期以來，瑞麗所在的德宏州已成為中、緬大半貿易往來的經由地，如下頁【圖6.8】、【圖6.9】及【圖6.10】所示，三圖呈現中、緬邊界上多個邊境口岸的比較統計資料。事實上，儘管緬甸境內交通基礎建設薄弱，但瑞麗、木姐的貿易走廊的確促進了兩國的邊境貿易,多虧兩國之間的優惠制度安排以及邊界的鬆散執法。[66]

　　整體而言,緬甸對中國出口食物和農產品,自然資源出口也日益增加,而中國對緬甸的出口多為工業產品、機械、電器。[67]

圖6.7　2011年至2017年間,緬甸對中邊境貿易(以百萬美元計算)

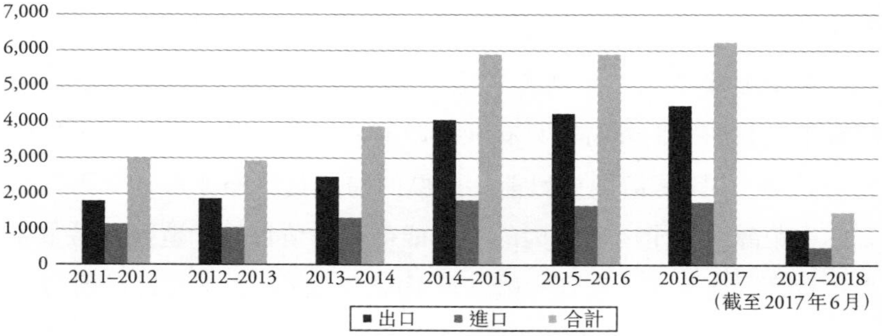

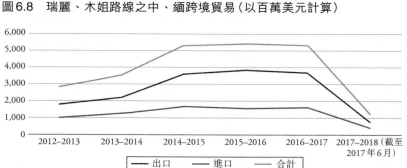

資料來源:Ministry of Commerce, The Republic of the Union of Myanmar

圖6.8　瑞麗、木姐路線之中、緬跨境貿易(以百萬美元計算)

資料來源:Ministry of Commerce, The Republic of the Union of Myanmar

圖6.9 龍川、雷基（Lwejel）路線之中、緬跨境貿易（以百萬美元計算）

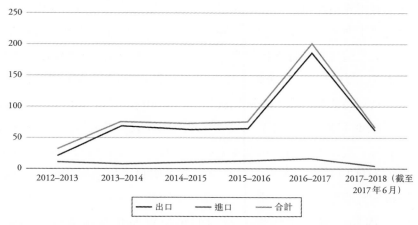

資料來源：Ministry of Commerce, The Republic of the Union of Myanmar

圖6.10 耿馬、清水河（Chinshwehaw）路線之中、緬跨境貿易（以百萬美元計算）

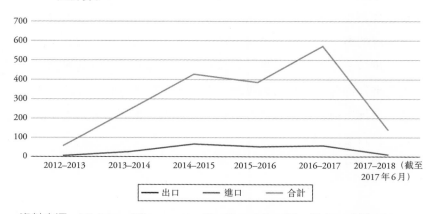

資料來源：Ministry of Commerce, The Republic of the Union of Myanmar

　　至於緬甸和泰國的雙邊邊境貿易，奈溫政府走向自給自足的緬甸社會主義道路以後，從泰國走私進口，成為緬甸城市中產階級入手現代工業產品的唯一管道。在邊區地帶活動的諸多少數民族叛軍和民兵，這些年間皆積極投身黑市貿易。前幾章討論過的國民黨殘部更是大力投入走私活動，他們善用和群山之間各商隊的緊密網絡，其貿易活動占泰、緬邊境貿易60%至80%。[68]

　　1988年重整委員會掌權後，軍政府開放數個邊境城市和泰國正式貿易，包括大其力、苗瓦迪（Myawaddy）、高當（Kawthaung）。此外緬甸自1997年加入東盟以來，隨著東盟自由貿易區成立，區域層級的經濟整合漸漸加速，許多泰、緬間的原有關稅皆已取消或調降。因此，過去幾年來，兩國的跨境貿易也快速成長（見【圖6.11】、【圖6.12】及下頁【圖6.13】）。[69]

　　最繁忙的邊境貿易路線是從緬甸苗瓦迪往來泰國美索（Mae Sot），這條路線和緬甸本土的運輸聯絡較直接。相較之下，大其力位於撣邦東部，遠離緬甸的人口集中地，這或許解釋了大其力、美塞路線的對泰貿易額，為何低於苗瓦迪、美索路線。大其力的跨境貿易理論上可以經由景棟、勐拉和雲南南部的西雙版納連結，但是因為撣邦部分地區仍持續爆發武裝反抗，這條貿易路線的潛能尚未真正發揮。故根據泰國統計資料，大其力、美塞路線只占泰國對緬跨境出口總額14%。[70]

圖6.11 2011年至2017年間緬甸對泰邊境貿易（以百萬美元計算）

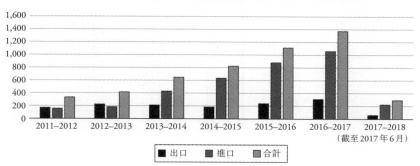

資料來源：Ministry of Commerce, The Republic of the Union of Myanmar

圖6.12 美塞、大其力路線之泰、緬跨境貿易（以百萬美元計算）

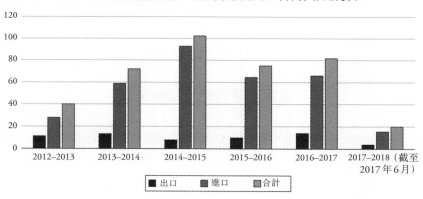

資料來源：Ministry of Commerce, The Republic of the Union of Myanmar

圖6.13 美索、苗瓦迪路線之泰、緬跨境貿易（以百萬美元計算）

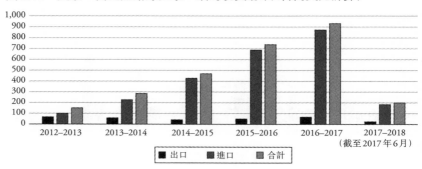

資料來源：Ministry of Commerce, The Republic of the Union of Myanmar

　　泰、緬邊境貿易模式也類似緬、中模式，緬甸向泰國出口農產品和自然資源，進口工業產品及電器。

緬甸邊區自然資源的開發

　　如前所述，反叛武裝組織和緬甸中央政府之間的停火協議，為邊區地帶打開國家領土化的大門。之後，邊區經歷的「停火資本主義」式發展，使緬甸的撣邦、克欽邦直接接受外國資本流入，以中國資本為主，同時也有新加坡、泰國資本。自從2011年登盛（Thein Sein）就任總統並推行政治改革、經濟自由化以來，緬甸的外商直接投資急速成長。

　　如【圖6.14】所示，1988年重整委員會掌權後，緬甸的三大投資國為中國、新加坡、泰國。中國投資也透過香港及維京群島、開曼群島等英屬海外領地間接流入緬甸。[71] 據信，緬甸政府公布的官方外商直接投資額，由於不計入跨境流入的非法金額，因此低估了中國的實際投資額。

圖6.14　緬甸主要外資投資國家和地區（以百萬美元計算）

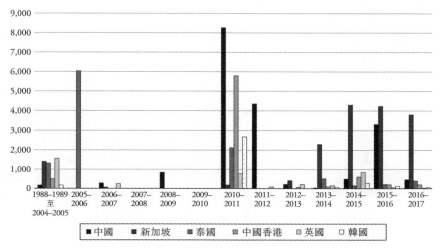

資料來源：*OECD Investment Policy Reviews: Myanmar 2014*

外商對緬直接投資多數進入電力、石油、天然氣部門，這三大部門占1988年至1989年間外商直接投資累計額32.7%，在2014年至2015年間，則占33.2%（見下頁【圖6.15】）。[72]中、泰兩國皆巨額投資石油和天然氣部門，建造通往緬甸海岸的油氣管道。1990年代晚期以來，已興建一條新石油管道，連結曼谷和緬甸安達曼海的離岸油田亞得那（Yadana）、耶德貢（Yetagun）。

2009年，緬甸和中國達成協議，同意建造斥資15億美元的原油管道和斥資10.4億美元的天然氣管道，連結印度洋皎漂港（Port of Kyaukphyu）和雲南省昆明。[73]這兩條管道對中國的能源安全舉足輕重，因為中國將能利用它們繞過馬六甲海峽，獲得能源供給。泰國和中國的石油管道途經少數民族叛軍多少握有控制權的邊區領土。中國對緬基礎建設投資的安全影響，將在第8章論及邊區地帶的長期衝突時詳細討論。

圖6.15　緬甸分部門外商投資（以百萬美元計算）

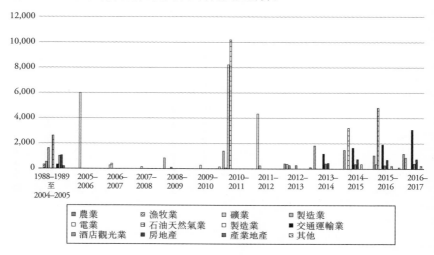

資料來源：*OECD Investment Policy Reviews: Myanmar 2014*

　　泰國公司以及占比更重的中國公司也大力投資緬甸的水力發電開發，以供應國內電力需求。據稱，中國國營電力企業對緬甸所有大規模水力發電案，無案不與。[74] 許多水壩皆位於邊區地帶，建於瑞麗江、薩爾溫江、伊洛瓦底江等主要河川上。最具爭議的克欽邦密松大壩（Myitsone Dam）由於可能對環境造成劇烈衝擊，引發國內強烈反對，工程在2011年停擺。[75]

　　因此，泰國和中國這兩個經濟比緬甸發達的鄰國，皆對緬甸大量投資（尤其是近來經濟成長快速、規模又龐大的中國），利用緬甸的豐富自然資源滿足自己的國內需求。中、泰兩國的巨大國內市場，也導致熱門產品從緬甸被「一掃而空」，留下無窮禍害。

　　在中國，大家會自動和緬甸聯想在一起的，只有一樣東西：玉石，尤其是中國人稱為翡翠的綠色輝玉，翡翠自古至今皆被推崇為珠寶。不過放眼世界各地，玉幾乎是華人專屬的商品，價值完全取決於中國及東南亞華人社群的需求。因此，隨著中國這幾十年越來越富裕，對緬甸玉石的需求也直線上升。售往中國市場的整體交易額難以估計，因為有大量商品是跨境走私輸出。

事實上，在1994年停火協議以前，跨境玉石貿易的往來控制權，是克欽獨立組織的長年收入來源之一，也是克欽獨立組織和緬甸政府的一項主要爭執議題。[76]根據國際非政府組織「全球見證」(Global Witness)的一份報告，在國際市場唯一的官方玉石展售會「緬甸珠寶展覽」(Myanmar Gems Emporium)上，會中的玉石成交量在2000年代大幅增加(見下頁【圖6.16】)。[77]2012年後，成交量急遽下降，鑑於政府軍和克欽獨立組織的停火協議在2011年破裂，成交量下降很可能是受到雙方重燃的武裝衝突波及。[78]

緬甸2014年的玉石總產值估計在310億美元左右，約占緬甸官方國內生產總值48%。[79]緬甸軍方、附隨組織及其裙帶朋黨皆能直接插手獲取巨額玉石貿易帶來的大半收入，再加上中央政府徵收的官方稅收。[80]在停火年間，緬甸軍方用來籠絡停火組織的主要策略之一，就是准許他們開採克欽邦的玉礦——這裏是玉石礦藏最豐富的帕敢(Hpakant)礦區所在。同時，緬甸軍方在克欽邦的勢力日益擴張，剝奪了克欽獨立組織對帕敢礦區的控制權，而克欽獨立組織認為自己有權對帕敢礦區的收入徵稅。

除此之外，政府的商業利益以中國市場需求馬首是瞻，也帶給克欽邦強烈的剝奪感，因為快速擴張的工業化自然資源開採(如玉礦)，並未替當地人創造任何有形效益。[81]惡劣的工作條件和唾手可得的海洛英，反而導致許多帕敢礦工染上毒癮、感染愛滋病。[82]一小撮精英富貴發達之際，多數克欽礦工卻落得赤貧如洗。

圖6.16 2005年至2014年之緬甸玉石產量——官方產量之估價

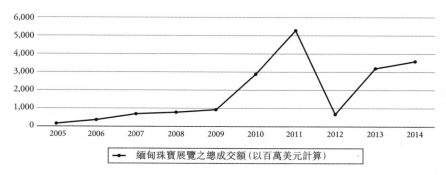

資料來源：Global Witness, "Jade: Myanmar's 'Big State Secret,' " 2015, 101.

圖6.17 中國之緬甸木材進口統計

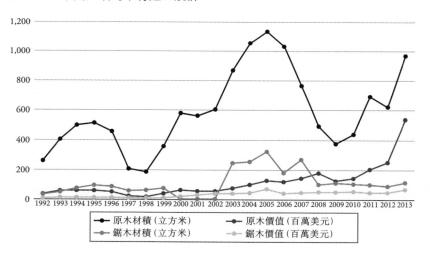

資料來源：董敏、黃穎潔、羅明燦、劉德欽，〈中緬木材貿易探究〉，《林業經濟問題》卷36，第2期（2016），頁146。

　　中國對緬甸木材的需求狀況如出一轍。由於快速工業化造成的森林砍伐導致環境破壞，1998年北京決定長江上游禁止伐木，雲南和西南大部分地區皆在禁令範圍內。但是由於國內房地產一片榮景，為了製造越來越大量的家具，木材需求節節攀升，中國家具製造商於是開始將眼光轉向國外，尋找物美價廉的木材來源。[83]

　　許多製造商瞄準緬甸衝突頻仍的克欽邦、撣邦，直接從大小少數民族叛軍手中取得伐木權。木材貿易提供優渥收入，支持克欽獨立軍對緬甸政府的戰事。不過，緬甸軍方自從2000年代初期也開始涉足木材貿易。為了鞏固對接壤中國的北方邊區地帶的控制，同時也企圖攔截克欽獨立組織的收入，緬甸2006年和中國簽訂協議，規定木材產品只能從兩條路線進入中國：經仰光走海運到中國，或是經由緬甸軍方控制的邊境關卡進入中國瑞麗市。[84]

　　從【圖6.17】可以看到，緬甸對中木材貿易自1990年代早期以來，呈指數成長。[85] 2006年中、緬兩國簽訂協議以後，官方木材貿易額下滑，不過似乎還是有相當數量的原木和鋸木非法跨境運進中國，[86]因為中國木材工廠和緬甸少數民族反叛組織（像是克欽獨立組織）有密切生意往來。一般而言，中國木材企業在叛軍控制地區取得伐木特許權，雇用中國勞工和機具伐木，甚至鋪設道路將砍下來的原木跨境運往中國境內的木材加工廠。

　　緬甸為了刺激國內的木材加工業發展，在2014年4月正式禁止出口未加工原木，然而，來自中國的跨境盜伐走私禁而不絕。例如2015年7月，上百名中國伐木工人因為在緬甸克欽邦非法採伐，被判處20年徒刑，但後來獲得緬甸總統登盛特赦。[87]

　　綜上，儘管中國和緬甸中央政府已簽訂官方雙邊協議，但中國木材企業仍繼續從事非法木材貿易，允許其運作的背景是克欽獨立軍持續武裝反抗、中國邊區地方政府腐敗、缺乏監督。恣意濫伐導致緬甸的森林保留地大片消失，聯合國糧食及農業組織（Food and Agriculture Organization）估計，緬甸在1990年至2010年間，每年失去115萬英畝森林，總計流失近20%林地。[88]

　　毒品問題依舊困擾中、緬、泰邊區。一如前幾章的討論，冷戰期間的政治經濟，使金三角成為惡名昭彰的毒品生產販運地。國民黨軍隊殘部和鼎鼎有名的大毒梟坤沙（Khun Sa）及其蒙傣軍（Mong Tai Army），都是北美和歐洲毒品市場的關鍵供應商。緬共瓦解以後，佤邦聯合軍、果敢同盟軍、勐拉軍等多個沿中、緬邊界活動的組織（前文提及的停火協議對象），在停火以後，皆仰賴鴉片及海洛英生產資助他們的武裝組織。[89]

　　雖然，近幾十年來阿富汗的鴉片及海洛英生產超越緬甸，但緬甸的撣邦、克欽邦仍是東亞、東南亞的毒品中樞，不只海洛英，也包括冰毒和其他合成毒品，[90]就連罌粟種植面積近年來也見增加（見第153頁【表6.1】）。1980年代晚期以來，雲南邊境貿易路線開放之後，中國成為毒品熱門轉運路線，毒品經由中國內陸省份進入香港，再前往國際市場。雖然，泰國依舊是金三角毒品的主要市場兼轉運國之一，但近年來中國市場需求日益增加。[91]根據2013年的估計，約70%金三角海洛英出口至中國。[92]

　　為了處理毒品橫行的問題，中國政府跨境向緬甸的停火組織施壓，要求禁止鴉片，長期受中國影響的組織（佤邦聯合軍、果敢同盟軍、勐拉軍）面臨最多壓力。例如，在2003年和2006年，果敢和佤邦地區禁止種植鴉片，使得緬甸罌粟種植量大幅下降（見【表6.1】）。

表6.1 2002年至2015年緬甸撣邦、克欽邦之罌粟種植估計面積（以種植公頃計算）

年份	2002	2003	2004	2005	2006	2007	2008	2009	2010	2011	2012	2013	2014	2015
撣邦	74,600	57,200	41,000	30,800	20,500	25,300	25,300	30,000	35,000	39,800	46,000	53,300	51,400	50,300
撣邦年變化率	—	−23%	28%	−25%	−33%	+23%	0%	+19%	+17%	+14%	16%	+16%	−3.6%	−2%
克欽邦	—	—	1,100	2,000	1,020	1,440	1,500	1,400	3,000	3,800	5,100	4,600	5,100	4,200
克欽邦年變化率	—	—	—	—	—	—	—	—	—	+27%	+33%	−10%	11%	−17%
緬甸總計	81,400	62,200	44,200	32,800	21,500	27,700	28,500	31,700	38,100	43,600	51,000	57,800	57,600	55,500
緬甸年變化率	—	−24%	−29%	−26%	−34%	+29%	+3%	+11%	+20%	+14%	+17%	+13%	−0.3%	−4%

資料來源：聯合國毒品和犯罪問題辦公室，2003年、2004年、2005年緬甸鴉片調查；聯合國毒品和犯罪問題辦公室，金三角鴉片罌粟種植面積；2006年之老撾、緬甸、泰國；聯合國毒品和犯罪問題辦公室，2007年、2008年、2009年東南亞鴉片罌粟種植面積；聯合國毒品和犯罪問題辦公室，2010年、2011年、2012年、2013年、2014年、2015年東南亞鴉片調查。註：數字為主要根據樣本遙測測繪星取得之估計值。可至以下網址瀏覽資料：https://www.unodc.org/unodc/index.html?ref=menutop。關於對聯合國毒品和犯罪問題辦公室資料的批評，參見：Kramer et al, *Bouncing Back*, 20–23.

此外，中國政府還展開鴉片替代種植計畫，鼓勵邊區地帶種植其他經濟作物。中國國務院利用鴉片替代種植特別基金，自2000年代中期開始提供財政獎勵給中國企業，鼓勵他們投資緬甸的橡膠、香蕉等農企業，取代罌粟種植。[93] 參與這些計畫的中國公司能獲得多重國家補助優惠，例如，獎勵金、投資的官僚障礙降低、計畫下生產的作物享有配額內進口關稅豁免。[94]

2005年至2008年間，雲南政府批准總計畫底下經費共達12億人民幣的各項計畫，涵蓋克欽邦、撣邦約百萬畝土地。但這些計畫並未減少鴉片產量。事實上，因為罌粟田轉移至撣邦南部，緬甸的鴉片產量在2006年後大幅攀升。[95] 此外，緬甸國家也越來越仰賴鴉片生產挹注軍方及親政府民兵團的經費，以和其他武裝反叛組織競爭，擴張國家在邊區地帶的領土控制。[96] 中國鴉片替代計畫的干涉結果看來爭議重重：計畫並未澤被當地少數民族，反而獨厚中國商人，還導致土地徵收浮濫、當地社群流離失所。[97]

小結

中國、緬甸、泰國之間邊區地帶的經濟發展軌跡參差不一。事實上，近年來這種不對稱的發展步調差距益發明顯。雖然中、緬、泰邊界一帶的經濟條件也受到各國國內經濟狀況影響，但跨越邊界的密切連結，造就了貿易流向的特定模式。中、泰兩國的強大拉力，對緬甸邊區地帶施加強烈離心力。

由於緬甸落後於經濟更強大的兩強鄰之後，邊區地帶的貿易模式取決於中國和泰國的市場需求，因而和緬甸的國內市場相當脫節。這點也體現在中國、泰國貨幣在緬甸境內廣為流通一事上，緬甸的法定貨幣緬幣相形之下在邊區不受歡迎。自然資源開發的政治經濟，更彰顯了中國資本對緬甸邊區地帶的層層滲透。

註釋

1　最近有不少勐拉情況的報導，例如，參見："Burma's 'Wild East' Is a Debauched Land of Drugs and Vice That Reforms Forgot," *Time*, March 9, 2014.

2　"Getting Higher," *The Economist*, April 12, 2014.

3　Patrick Meehan, "Fortifying or Fragmenting the State? The Political Economy of the Opium/Heroin Trade in Shan State, Myanmar, 1988–2013," *Critical Asian Studies* 47, no. 2 (April 3, 2015): 253–282.

4　Karin Dean, "Spaces and Territorialities on the Sino–Burmese Boundary: China, Burma and the Kachin," *Political Geography* 24, no. 7 (September 2005): 808–830.

5　三國經濟發展的資料來源為世界銀行發展指標。

6　Qunjian Tian, "China Develops Its West: Motivation, Strategy and Prospect," *Journal of Contemporary China* 13, no. 41 (November 1, 2004): 611–636.

7　楊洪常，《雲南省與湄公河區域合作：中國地方自主性的發展》(香港：香港中文大學香港亞太研究所，2001)。

8　Asian Development Bank, *Assessing Impact in the Greater Mekong Subregion: An Analysis of Regional Cooperation Projects* (Mandaluyong City, Philippines: Asian Development Bank, 2014). 之後中國廣西省也加入大湄公河次區域合作的成員名單。

9　關於亞洲開發銀行大湄公河次區域合作計畫的更多詳情，參見：https://www. adb.org/publications/greater-mekong-subregion-economic-cooperation-program-overview.

10　目前老撾段的鐵路已經動工，泰國段則仍在和泰國政府協商中。例如，參見：https://asia.nikkei.com/Politics-Economy/International-Relations/Land-locked-Laos-on-track-for-controversial-China-rail-link.

11　有關清盛港的資訊，參見：http://www.csp.port.co.th/eng/dataset1/data2.html。

12　賀聖達，〈關於科學發展觀和新時期雲南對外開放的幾個問題〉，《雲南社會科學》，第2期 (2007)，頁117。

13　Enze Han and Christopher Paik, "Ethnic Integration and Development in China," *World Development* 93 (May 1, 2017): 34; David S. G. Goodman, "The Campaign to 'Open up the West': National, Provincial-Level and Local Perspectives," *The China Quarterly*, no. 178 (2004): 317–334.

14　Czeslaw Tubilewicz and Kanishka Jayasuriya, "Internationalisation of the Chinese Subnational State and Capital: The Case of Yunnan and the Greater Mekong Subregion," *Australian Journal of International Affairs* 69, no. 2 (March 4, 2015): 192.

15　Xiaobo Su, "From Frontier to Bridgehead: Cross-Border Regions and the Experience of Yunnan, China," *International Journal of Urban and Regional Research* 37, no. 4 (July 1, 2013): 1213–1232.

16　Robert J. Muscat, *The Fifth Tiger: Study of Thai Development Policy* (Armonk, NY: M. E. Sharpe, 1994), 88; Michael T. Rock, *Dictators, Democrats, and Development in Southeast Asia: Implications for the Rest* (New York: Oxford University Press, 2016), 53.

17　Benedict Anderson, "Murder and Progress in Modern Siam," *New Left Review*, I, no. 181 (1990): 38–39.

18　Jasper Goss and David Burch, "From Agricultural Modernisation to Agri-Food Globalisation: The Waning of National Development in Thailand," *Third World Quarterly* 22, no. 6 (December 1, 2001): 974.

19　Richard F. Doner, *The Politics of Uneven Development: Thailand's Economic Growth in Comparative Perspective* (Cambridge, UK; New York: Cambridge University Press, 2009), 96.

20　Ibid, 117.

21　Amalia Rossi, "Turning Red Rural Landscapes Yellow? Sufficiency Economy and Royal Projects in the Hills of Nan Province, Northern Thailand," *Austrian Journal of South-East Asian Studies* 5, no. 2 (December 30, 2012): 278; Tom Marks, *Making Revolution: The Insurgency of the Communist Party of Thailand in Structural Perspective* (Bangkok: White Lotus Press, 1994), 196.

22　Andrew Walker, *Thailand's Political Peasants: Power in the Modern Rural Economy* (Madison: University of Wisconsin Press, 2012), 54.

23　齊邦迪 (Chanida Chitbundid)，《皇家計畫：蒲美蓬國王皇家霸權的形成》（*Khrongkan an Nueang Chak Phra Rathcadamri: Karn Sathaphana Phraratcha Amnartnam Nai Phrabatsomdet Prachaoyuhua*）（曼谷：社會科學及人文學教科書提升計畫基金會，2007）；Sai S. W. Latt, "More Than Culture, Gender, and Class: Erasing Shan Labor in the 'Success' of Thailand's Royal Development Project," *Critical Asian Studies* 43, no. 4 (December 1, 2011): 531–550.

24　Rossi, "Turning Red Rural Landscapes Yellow?" 281.

25　資料參見：*Thailand Statistical Yearbooks* (National Statistical Office, Ministry of Information and Communication Technology, The Kingdom of Thailand).

26　Jim Glassman, *Thailand at the Margins: Internationalization of the State and the Transformation of Labour* (London and New York: Oxford University Press, 2004), 138.

27　Eberle and Holliday, "Precarity and Political Immobilisation," 378.

28　Siriluk Masviriyakul, "Sino-Thai Strategic Economic Development in the Greater Mekong Subregion (1992–2003)," *Contemporary Southeast Asia* 26, no. 2 (2004): 308.

29　Takao Tsuneishi, "The Regional Development Policy of Thailand Its Economic Cooperation with Neighbouring Countries," Discussion Papers 32 (Institute of Developing Economies, Japan External Trade Organization, 2005); Takao Tsuneishi, "Development of Border Economic Zones in Thailand: Expansion of Border Trade and Formation of Border Economic Zones," Discussion Papers 153 (Institute of Developing Economies, Japan External Trade Organization, 2008).

30　不過泰國政府近來似乎已改變對經濟特區的想法。參見：https://asia.nikkei.com/Economy/Thailand-scraps-new-economic-zones-and-plans-regional-linkups.

31　Takao Tsuneishi, "Border Trade and Economic Zones on the North-South Economic Corridor: Focusing on the Connecting Points between the Four Countries," Discussion Papers 205 (Institute of Developing Economies, Japan External Trade Organization, 2009).

32　Jim Glassman, "Recovering from Crisis: The Case of Thailand's Spatial Fix," *Economic Geography* 83, no. 4 (2007): 364.

33　Ibid.

34　Stephen D. Krasner, *Structural Conflict: Third World Against Global Liberalism* (Berkeley: University of California Press, 1985), 295.

35　David I. Steinberg, *Burma: The State of Myanmar* (Washington, DC: Georgetown University Press, 2001), 20.

36　Martin Smith, *State of Strife: The Dynamics of Ethnic Conflict in Burma* (Washington, DC: East-West Center Press, 2007), 19.

37　Tin Maung Maung Than, *State Dominance in Myanmar: The Political Economy of Industrialization* (Singapore: ISEAS Publishing, 2007), 292.

38　Taylor, *The State in Myanmar*, 377.

39　Ibid, 378.

40　Steinberg, *Burma: The State of Myanmar*, 131.

41　South, *Ethnic Politics in Burma*, 122.

42　Ibid, 119.

43　Martin Smith, "Reflections on the Kachin Ceasefire: A Cycle of Hope and Disappointment," in *War and Peace in the Borderlands of Myanmar: The Kachin Ceasefire, 1994–2011*, ed. Mandy Sadan (Copenhagen: NIAS Press, 2016), 85.

44　Lee Jones, "Understanding Myanmar's Ceasefires: Geopolitics, Political Economy and State-Building," in *War and Peace in the Borderlands of Myanmar: The Kachin Ceasefire, 1994–2011*, ed. Mandy Sadan (Copenhagen: NIAS Press, 2016), 100.

45　Woods, "Ceasefire Capitalism."

46　國家法律暨秩序重整委員會、國家和平與發展委員會，《緬甸的發展與繁榮》(*Tine Kyo Pyi Pyu*) 冊 1，1988–1991，頁 45。

47　國家法律暨秩序重整委員會、國家和平與發展委員會，《緬甸的發展與繁榮》冊 2，1991–1995，頁 361–365。

48　Jones, "Understanding Myanmar's Ceasefires," 101.

49　John Buchanan, Tom Kramer, and Kevin Woods, *Developing Disparity: Regional Investment in Burma's Borderlands* (Amsterdam: Transnational Institute [TNI], 2013); Kevin Woods, *Commercial Agriculture Expansion in Myanmar: Links to Deforestation, Conversion Timber, and Land Conflicts* (Washington, DC: Forest Trends, 2015).

50　*Key Indicators for Asia and the Pacific 2017* (Asian Development Bank, 2017).

51　請注意，這些來源各異的貿易資料往往無法直接加總，因為不同政府、不同機構皆採用不同計算方式，故此處呈現的統計資料僅供參考。

52　Woods, "Ceasefire Capitalism," 747–770.

53　Lee Jones, "The Political Economy of Myanmar's Transition," *Journal of Contemporary Asia* 44, no. 1 (February 1, 2014): 144.

54　Enze Han, "Borderland Ethnic Politics and Changing Sino-Myanmar Relations," in *War and Peace in the Borderlands of Myanmar: The Kachin Ceasefire, 1994–2011*, ed. Mandy Sadan (Copenhagen: NIAS Press, 2016), 156.

55　Helen James, "Myanmar's International Relations Strategy: The Search for Security," *Contemporary Southeast Asia* 26, no. 3 (2004): 533.

56　Winston Set Aung, *The Role of Informal Cross-Border Trade in Myanmar*, Asia Paper Series (Singapore: Institute for Security & Development Policy, 2009).

57　Mya Than, "Myanmar's Cross-Border Economic Relations and Cooperation with the People's Republic of China and Thailand in the Great Mekong Subregion," *Journal of GMS Development Studies* 2 (2005): 45.

58　Ibid, 38.

59　Min Zin, "Burmese Attitude toward Chinese: Portrayal of the Chinese in Contemporary Cultural and Media Works," *Journal of Current Southeast Asian Affairs* 31, no. 1 (January 1, 2012): 115–131.

60　Kuah Khun Eng, "Negotiating Central, Provincial, and County Policies: Border Trading in South China," in *Where China Meets Southeast Asia: Social & Cultural Change in the Border Regions*, ed. Grant Evans, Christopher Hutton, and Kuah Khun Eng (Singapore: Institute of Southeast Asian Studies, 2000), 74.

61　Ibid, 77; Tim Summers, *Yunnan—A Chinese Bridgehead to Asia: A Case Study of China's Political and Economic Relations with its Neighbours* (Oxford: Chandos Publishing, 2013), 57.

62　Eng, "Negotiating Central, Provincial, and County Policies," 77.

63　Toshihiro Kudo, "Myanmar's Economic Relations with China: Can China Support the Myanmar Economy," Discussion Papers 066 (Institute of Developing Economies, Japan External Trade Organization, 2006), 23.

64　Ministry of Commerce, The Republic of the Union of Myanmar, http://www.commerce.gov.mm/en/dobt/border-trade-data.

65　Ingrid d'Hooghe, "Regional Economic Integration in Yunnan," in *China Deconstructs: Politics, Trade and Regionalism*, eds. David S. G. Goodman and Gerald Segal (London; New York: Routledge, 1994), 307.

66　Koji Kubo, "Myanmar's Cross-Border Trade with China: Beyond Informal Trade," Discussion Papers 625 (Institute of Developing Economies, Japan External Trade Organization, 2016), 1.

67　Mya Than, "Myanmar's Cross-Border Economic Relations and Cooperation with the People's Republic of China and Thailand in the Great Mekong Subregion," 44.

68　Wen-Chin Chang, "Venturing into 'Barbarous' Regions: Transborder Trade among Migrant Yunnanese between Thailand and Burma, 1960s–1980s," *Journal of Asian Studies* 68, no. 2 (2009): 550.

69　Ministry of Commerce, The Republic of the Union of Myanmar, http://www.commerce.gov.mm/en/dobt/border-trade-data.

70　Choen Krainara and Jayant K. Routray, "Cross-Border Trades and Commerce between Thailand and Neighboring Countries: Policy Implications for Establishing Special Border Economic Zones," *Journal of Borderlands Studies* 30, no. 3 (July 3, 2015): 356.

71　OECD, *OECD Investment Policy Reviews: Myanmar 2014* (Paris: OECD Publishing, 2014), 56.

72　Stephen Gelb, Linda Calabrese, and Xiaoyang Tang, *Foreign Direct Investment and Economic Transformation in Myanmar* (London: Supporting Economic Transformation, Overseas Development Institute, 2017), 31, https://www.odi.org/publications/10774-foreign-direct-investment-and-economic-transformation-myanmar.

73　Maung Aung Myoe, *In the Name of Pauk-Phaw*, 152–153.

74   David Doran, Matthew Christensen, and Thida Aye, "Hydropower in Myanmar: Sector Analysis and Related Legal Reforms," *The International Journal of Hydropower & Dams* 21, no. 3 (2014): 87–91.

75   例如，參見：Laur Kiik, "Nationalism and Anti-Ethno-Politics: Why 'Chinese Development' Failed at Myanmar's Myitsone Dam," *Eurasian Geography and Economics* 57, no. 3 (May 3, 2016): 374–402。

76   作者與克欽獨立組織官員2014年在克欽邦拉咱的訪談。

77   Global Witness, "Jade: Myanmar's 'Big State Secret,' " 2015, 101.

78   Mandy Sadan, ed., *The War and Peace in the Borderlands of Myanmar: The Kachin Ceasefire, 1994–2011* (Copenhagen: NIAS Press, 2016).

79   Global Witness, "Jade," 26.

80   Ibid, 27.

81   Laur Kiik, "Conspiracy, God's Plan and National Emergency: Kachin Popular Analyses of the Ceasefire Era and Its Resource Grabs," in *War and Peace in the Borderlands of Myanmar: The Kachin Ceasefire, 1994–2011*, ed. Mandy Sadan (Copenhagen: NIAS Press, 2016), 218.

82   Aye Win Myint, "Instead of Jade, Myanmar's Gem Scavengers Find Heroin and Destitution," *Reuters*, December 15, 2015.

83   Ts'ui-p'ing Ho, "People's Diplomacy and Borderland History through the Chinese Jingpo Manau Zumko Festival," in *War and Peace in the Borderlands of Myanmar: The Kachin Ceasefire, 1994–2011*, ed. Mandy Sadan (Copenhagen: NIAS Press, 2016), 176.

84   Woods, "Ceasefire Capitalism," 757.

85   董敏、黃穎潔、羅明燦、劉德欽，〈中緬木材貿易探究〉，《林業經濟問題》卷36，第2期（2016），頁146。

86   林業趨勢（Forest Trends），《中緬木材貿易分析》（政策簡報）（林業趨勢，2014），頁1。

87   Wang Xu, "155 Chinese Workers Pardoned," *China Daily*, July 31, 2015.

88   Woods, *Commercial Agriculture Expansion in Myanmar*, 3.

89   Lintner, *Burma in Revolt*.

90   Chin, *The Golden Triangle*; Martin Jelsma, Tom Kramer, and Pietje Vervest, eds., *Trouble in the Triangle: Opium and the Conflict in Burma* (Chiang Mai: Silkworm Books, 2005).

91   Ko-lin Chin and Sheldon X. Zhang, *The Chinese Heroin Trade: Cross-Border Drug Trafficking in Southeast Asia and Beyond* (New York; London: New York University Press, 2015), 4.

92 Tom Kramer et al., *Bouncing Back: Relapse in the Golden Triangle* (Amsterdam: Transnational Institute (TNI), 2014), 17.

93 Xiaobo Su, "Nontraditional Security and China's Transnational Narcotics Control in Northern Laos and Myanmar," *Political Geography* 48 (September 2015): 72–82; Xiaobo Su, "Development Intervention and Transnational Narcotics Control in Northern Myanmar," *Geoforum* 68, Supplement C (January 1, 2016): 10–20.

94 Woods, "Ceasefire Capitalism," 764.

95 Kramer et al., *Bouncing Back*.

96 Meehan, "Fortifying or Fragmenting the State?"

97 Woods, "Ceasefire Capitalism;" Woods, *Commercial Agriculture Expansion in Myanmar*.

邊區地帶的國族建構比較分析

　　拉咱小鎮中心夜市的燒烤攤位上，幾個克欽青年同桌歡聚，桌上擺著幾瓶雪花牌冰啤酒，這是中國的牌子。其中兩個年輕人是剛從密支那（Myitkyina）來到克欽獨立軍占領的拉咱的生力軍，按照本人的說法，他們來這裏「參加革命」。2011年緬甸中央政府和克欽獨立軍的停火協議破裂以後，重燃的戰火迫使成千上萬克欽人逃離家園，在中、緬邊界一帶拉咱附近不斷膨脹的境內流離失所者營地尋求庇護。

　　看到克欽人在緬甸政府軍攻勢下遭到何等欺凌，兩位年輕人怒不可遏，因而深受所謂在「克欽大地」（Kachinland）實現克欽自治（或獨立）的理念吸引。儘管他們從小在密支那長大時，往往認為克欽獨立軍風評不佳，但似乎有越來越多克欽青年支持克欽獨立軍，也支持克欽獨立軍用武力手段達成克欽自治或獨立。這點或許反映出克欽邦廣大人民的心聲，他們認為1994年至2011年這近20年的停火期間，克欽人變得比以前更邊緣化，打著發展名義的經濟變遷，只帶來獨厚緬甸國家利益的自然資源開發。

　　克欽文化表達備受打壓，同時緬甸國家卻更不遺餘力地推行緬族化。這點在許多密支那土生土長的克欽人身上尤其明顯，他們的緬語能力往往遠勝克欽語（景頗語）。因為學校禁止克欽語授課，所以唯一能學克欽語的地方是家庭或教會，或是克欽獨立軍控制地區的學校，那裏的學校會教克欽語。出乎意料的是，我在拉咱遇到的不少人常常說中國政府允許學校教景頗語，這點做得比緬甸好。[1] 中國的少數民族自治體制往往被批評為多有不足甚至形同虛設，卻諷刺地成為邊界對面某些人羨慕的對象。

其他少數民族當中，有不少人的選擇不是拿起武器對抗緬甸中央政府，而是單純決定遠走高飛。除了為數眾多的難民，大部分移民皆以合法或非法移工身分前往泰國，就像前一章討論的撣人。多數人顯然是受到較高工資吸引，雖然工作條件往往也非常嚴苛。除此之外，撣人和泰人的文化、語言相近，這也讓適應泰國生活容易一些。泰國基於泛傣情感而同情撣人，因此為許多撣族民族主義者提供庇護，後者建立了一些流亡組織，尤其集中在清邁。

我在2014年夏天造訪撣邦先驅新聞社（Shan Herald Agency for News）位於清邁郊區的總部，這是流亡社群裏規模數一數二的撣族民族主義新聞發行商。密切關注緬甸和撣邦當時正在經歷的政治轉型的同時，撣邦先驅新聞社總編輯坤賽（Khunsai）卻不確定怎麼做對撣邦的未來才是上上策。雖然有幾個撣邦政黨參加2015年大選，但多數的流亡撣族民族主義者對於聯邦制緬甸的未來不大樂觀，不認為撣族將能享有真正的自治權。

相反地，許多人純粹不抱幻想，到泰國尋找更好的經濟機會。我在清邁一間隨處可見的按摩院認識阿翰，他是快30歲的年輕人，原本出身東枝外的小村莊，現在已經在泰國當腳底按摩師三年了。被問起撣人在緬甸的生活和泰國比起來如何，阿翰回答身為撣人在緬甸很辛苦，因為工作機會很少，而且越來越多緬人遷入撣邦，排擠了撣人的空間。另一方面，雖然他一口無可挑剔的泰語讓他可以相對輕易地在泰國生活，但終究還是覺得自己不屬於這裏，因為他永遠都會被當成緬甸來的外人。儘管泰國政府或學界時常歌頌泰人和撣人的共同民族連結，例如稱撣人為大傣 (Tai Yai)、稱泰人自己為小傣 (Tai Noi)，但現實中，泰國社會本身和撣邦來的可憐同胞之間壁壘分明。

本章探討中國、緬甸、泰國邊區地帶的國族建構進程比較分析，首先追溯三國不同模式的國族認同建構，接著討論身為中國人、緬甸人、泰國人的現代觀念如何發展及轉變。本章分析中、緬、泰各國政府在各自管轄的邊區地帶實施或試圖實施的一系列國族建構政策。具體而言，本章追索各國的國族建構政策如何在跨境民族連結的中介下，影響鄰國實行同類政策的能力，又如何影響橫跨國界的相關少數民族對政策的反應。

三種國族認同建構模式

中國的國族建構計畫仍可視為現在進行式。中國歷代王朝採取多層行政體制，中央集權統治和地方自治並行。末代王朝清朝的政治權威最明顯擁有多民族性質，畢竟清朝的統治精英幾乎清一色是滿人，是源自關外的民族。[2] 經過多次遠征，清朝成功拓展從明朝繼承的版圖，出兵討伐中亞取得豐碩戰果。[3] 清帝國的版圖擴張，也代表帝國併入了更多不同民族。

1911年清朝覆滅後，中華民國國父孫中山宣傳五族共和概念，強調中華民族由漢、滿、蒙、回、藏等五族組成，遏止多民族中國走向分崩離析的局面，希望「贏得」主要少數民族的忠誠，保持領土完整。[4] 值得注意的是，說明中華民族組成的五族共和概念，不包括西南紛雜的少數民族人群，這顯示西南少數民族對新成立的民國政府而言，在政治上幾乎無足輕重，也顯示政府對西南山區的確切少數民族人口組成所知甚少。

中華民國政府在內憂外患交逼下國力不振，相較之下，1949年中國共產黨上台之際，有能力組成力量強大許多的國家，足以鎮壓國內一切異議聲浪。共產黨新政府認為首要之務，是鞏固中國在少數民族邊陲地區的領土完整性。

借鑒蘇聯模式，中共採用的政治架構賦予少數民族某種程度的自治權及自治政府，承諾他們和多數民族漢族擁有平等權利，允許他們發展及使用母語。[5]因此，共產黨政府在平定邊陲地區後，立刻設置了一系列自治區。廣西、內蒙古、寧夏、西藏、新疆等五大自治區被賦予省級地位。至於擁有超過30個少數民族的雲南，幾個較大的民族獲得自治州層級的自治權，較小、較分散的民族，則獲得縣級自治權或甚至鄉級自治權。例如，在中、緬之間的邊區地帶，中國傣族人口最主要的居住地德宏和西雙版納皆成為自治州。[6]

北京政府的第一項重大國族建構計畫是「民族識別」，用來計算中國各民族的人數，分類各民族的一般特徵、分布地區、人口數量。1950年代中期執行的民族識別計畫，為中共提供中國社會各民族組成的詳細資訊，也提供政府更方便管理少數民族事務的手段。[7]

根據中共的分類，現代中華民族由55個少數民族和主體民族漢族組成。雖然分類方式有些方面任意獨斷，許多不同民族被混為一談，但民族分類被以身分證形式制度化，漸漸被各民族內化接受。深具家長式性格的中共及其漢人領導階層，將漢人塑造為中華民族的「老大哥」，將少數民族視為推行文明化的對象。[8]

　　儘管早期少數民族精英受到籠絡也得以共存，但共產黨政府的少數民族政策也隨著國內政治激進化，而轉向壓迫路線。文革年間情況最為嚴峻，民族地區的少數民族不只遭到嚴重暴力鬥爭，中共對民族文化差異的整體容忍度也降到谷底。黨不再認同少數民族和漢族不同的想法，轉而認為對待少數民族時應該和漢族一視同仁，因為給予少數民族特殊待遇，會妨礙他們融入整體中國社會。[9]

　　文革結束後，中共盡力補救先前在少數民族地區的過激舉措。仍為現行憲法的《1982年憲法》洋洋灑灑列出一長串少數民族權利，透過中央和地方立法實現。[10] 例如，憲法第4條明文規定，中國國家「保障各少數民族的合法的權利和利益，維護和發展各民族的平等、團結、互助關係。」[11] 憲法也規定必須保障民族平等，禁止對任何少數民族的歧視和壓迫。

　　1984年的《民族區域自治法》允許民族自治區（諸如前述的自治區、自治州、自治縣）根據地方情況變通、改動、增補國家法律。自治區在教育、文化、環境、衛生、計畫生育等各方面，獲得更多實權。[12] 例如，有條文強調企事業單位、政府機關、公安部隊應該優先招收及拔擢少數民族人員。嚴格的計畫生育政策也在此鬆綁，允許城市地區的少數民族夫婦生兩胎，農村地區可以生兩胎以上。法律再次允許並鼓勵雙語並用。中等教育及高等教育也針對少數民族學生提供優惠待遇和保障名額。雖然《民族區域自治法》的實行狀況因地而異，自治條款的效力也遭到質疑，但至少名義上，中共終其現代時期始終宣傳中華民族由多民族組成的信念，少數民族也享有某些文化權。

　　在經濟發展的名義下，近年來有越來越多漢人移入少數民族地區，無可避免地對地方少數民族施加巨大人口壓力，後者或許害怕同化壓力加強，也擔心就業市場競爭更加激烈。[13] 中國政府也更加努力推動少數民族地區的普通話教學，執行語言教育改革計畫、限制少數民族語言教育。[14] 近期出現是否應該全盤檢討民族自治體制的爭論，有些意見呼籲與其改善自治體制或減緩壓迫政策，不如廢除自治體制。許多人將蘇聯模式的失敗引以為戒，主張中國應該學習美國的大熔爐模式，正是因為美國「沒有因族群而異的制度、法律或特權，從而鼓勵了自然的民族融合、促進共享的公民歸屬感。」[15]

中國的國族建構模式，是努力理解自身如何從帝國過渡到多民族國族國家，相對於此，泰國自20世紀初期以來的國族建構計畫，是決定如何將可觀的華人華僑社群吸納進泰國社會之中，曾有估計，19世紀時華人約占泰國人口的四分之一。[16]

事實上，泰國國家處理華人華僑問題的困境，不只繫於中國國內政治變遷，也繫於帝國勢力競逐造成的東亞國際政治變動。幾世紀以來的朝貢／貿易關係將許多中國商人帶來暹羅，不過華南移民大量湧入的時期是19世紀晚期，受太平天國之亂造成的中國內部政局動盪影響。[17] 由於中暹貿易往來獲利甚豐，加上華人不需負擔強制勞役，故華僑此時已經在暹羅經濟占據要角：許多華人積極攬下暹羅宮廷的包稅工作。[18]

1909年，清政府史無前例地宣布海外華人也受清政府保護，將海外華人重新定義為國民，認為他們應該效忠中國，而非歐洲帝國在東南亞的殖民地。[19]新的《大清國籍條例》採用血統主義，舉凡父或母是中國人者皆被定義為中國公民，新法也賦予住在海外的華人和華裔後代雙重國籍。[20]

由於華人在暹羅經濟上舉足輕重，不論是華人企業還是華人勞力皆對現代化計畫貢獻良多，故驅使拉瑪六世瓦棲拉兀國王（Rama

VI King Vajiravudh）統治的暹羅宮廷在1913年頒布《國籍法》，該法基於屬地主義，凡生於暹羅領土者皆賜予暹羅國籍。[21]暹羅政府有此一舉，顯然是因為想同時「擁有華人臣民」。[22]

　　然而，共和主義日益廣受華人社區的推崇傳播，這點引起暹羅皇室的戒心。1910年，就在清朝滅亡前夕，孫中山造訪曼谷爭取華僑社群支持共和革命大業。兩年之後，1912年拉瑪六世就遭遇了遇刺未遂。[23]瓦棲拉兀國王開始以較嚴厲的眼光看待華人在暹羅社會的影響力，1914年發表文章將華人描寫為〈東方猶太人〉（"Jews of the Orient"）；他抨擊華人是「吸血鬼，無休無盡地榨乾不幸受害者的生命之血，」指責華人占據優勢經濟地位，又不停把錢匯回中國。[24]之所以把華人描述得這麼不堪，或許是因為國王亟欲阻止共和主義在泰國社會的蔓延。[25]

　　暹羅政府其實無意將華人排除在外。國王的譴責其實應該詮釋為向華人施壓，要求他們同化並效忠暹羅國王。當時華人對暹羅的忠誠度確實相當薄弱，華人社群普遍關心的是祖國中國的政局變化，他們是祖國革命的主要資助者。[26]中華民國建立以後，1929年的《國籍法》沿用清朝的血統主義，給予世界各地的華人中華民國國籍，包括暹羅在內。[27]除此之外，華僑被正式納入各種官方機構，像是僑務委員會，也在國民黨各地支部及國民黨附屬組織占有一席之地。[28]

　　國民黨政府積極在東南亞推廣華人教育，登記成立華文學校，旨在培養華僑的能力，以期他們更能好好報效祖國。[29]在民國政府的國族主義意識形態動員下，華僑社群深受影響，和中國國內政局越來越密不可分。盧溝橋事變之後，泰國華僑社群積極動員在泰國抵制日貨，抗議日本侵略中國。[30]

　　因此，1932年專制君主制瓦解之後，鑾披汶政府加大對華人社群施加的同化壓力，唯恐華人涉入祖國中國的政治角力。另一方面，1939年《國籍法》修正案要求有意歸化的華人，必須將華人姓名改為泰人姓名，而且應該將孩子送進泰文學校、說泰語、斷絕一切效忠中國的行為。[31]

　　1938年至1939年間通過的一系列法案，用意在於從華人手中搶回泰國經濟的掌控權。華人被某些職業拒於門外，不得買賣某幾項熱門商品，也禁止居住於特定居住區。很多華文學校、華文報社關門大吉；[32] 接下來，1943年，華人被禁止購買土地。[33] 這些壓力針對的不是泰國土生土長、生來就是泰國公民的華人，而是針對不是泰國公民的華人移民，最終目標是誘使華人移民歸化及同化。

　　自1950年起，泰國政府也開始縮減移民名額，幾乎不可能再有中國新移民移入。因此，泰國的華人人口漸漸變成以泰國出生者為主，同化壓力也迫使許多華人在文化上、語言上成為泰國人。[34] 泰國政府擔心華人社群被共產黨滲透，大批遣返左傾華人，同時明白批評共產主義是「完全悖離泰國國情的魯莽計畫，否定了泰國民族的民生、歷史、文明。」[35]

　　最後，中國總理周恩來在1955年「萬隆亞非會議」上聲明，中國願意和東南亞政府就華僑的國籍和公民身分進行協商。[36] 之後，中國在1955年簽訂的《中國印尼雙重國籍問題條約》正式放棄血統主義，實質放棄對東南亞華僑的權利主張。泰國樂見這項轉變，因為這基本上表示，曼谷可以保證境內身為少數的華人的忠誠。[37]

　　綜上所述，泰國政府的國族建構努力，在解決華人問題上，耗近半世紀。泰國國家闡述何謂泰國人始終強調作為泰國公民性的三大原則：忠於國家、忠於國教、忠於國王 (chat、satsana、phra mahakasat)。[38] 因此，至少隱約暗示要當泰國人就必須說泰語、信佛教、效忠皇室。[39] 1960年代以來接連掌權的軍政府，更是大力推崇以泰國皇室作為泰國國族主義的象徵，同時鼓勵人民俯首效忠極權軍事政權。[40] 因此，相較於中華人民共和國承認多民族中華民族的官方政策，泰國人的概念較缺乏包容異民族和異文化表達的空間，十分強調同化。

比起中國和泰國的情況，緬甸國族認同形成的過程更加飽含爭議。如同我們第3章討論過的，緬甸曾在英國殖民下，以英屬印度一省的地位接受統治。這導致大量人口從南亞次大陸移入緬甸，到處可見的印度人「讓緬甸彷彿不是受到英國占領，而是受英屬印度占領。」[41] 印度人把持殖民官僚體系的下級行政職位，更重要的是，印度經商放貸的遮地人也來到緬甸，經濟上控制伊洛瓦底江三角洲地區；緬族對遮地人恨之入骨，說到遮地人立刻聯想到外來剝削。[42]

除了印度人，其他民族也惹來緬族的恨意。克倫族、克欽族、欽族等民族有許多人在西方傳教士影響下，已改信基督教，他們不成比例地被大量招募為警察、軍人，但身為多數的緬族卻被軍警隊伍排除在外，導致緬人將殖民軍隊視為這些少數民族箝制緬人的工具。[43] 殖民統治這種「分而治之」的作風於是造就以下情形：「國族認同和政治權力以民族、宗教、文化差異為依歸。」[44]

緬族在這片自認專屬其所有的土地上被待為次等公民，因此孕育緬族國族主義的基底帶有強烈的仇恨排外傾向。1930年代的國族主義運動以「我們緬人」（dobama）為號召，反對的是「那些緬人」（thudobama）──那些在殖民時期支配緬甸的人。[45] 這種國族主義論述帶來「我們對抗他們」的動態，埋下獨立後民族衝突的禍根，許多在殖民行政體制占據要津的少數民族遭到鄙視，被懷疑對緬甸不忠。佛教也直接和緬族國族主義連結，因為緬族國族主義者將來自印度的印度教徒和穆斯林視為威脅，也將緬甸裏越來越多改信基督教的諸多民族視為威脅。[46]

殖民經驗造成的一道道裂痕，在在深深影響緬甸國家獨立後推行國族建構的取徑。緬甸政府1948年的《緬甸公民法》明定，擁有緬甸公民身分的人僅限於八大「國定民族」（thanyintha）的後代：緬族、欽族、克欽族、克倫族、克倫尼族、孟族、若開族（Rakhine）、撣族，他們在1823年英國殖民緬甸以前，已經定居緬甸。[47]因此，所有印度人、華人及其他外國國民都必須申請歸化為客籍公民，申請人必須跑完「冗長折磨的法律程序」。[48]

1962年奈溫政變後，經濟緬甸化導致更多印度人和華人離開緬甸，因為外國人不得擁有土地，也禁止從事許多職業。[49]之後，1982年的《公民法》讓「外國人」更難取得緬甸公民身分，這項法案針對的主要是若開邦的羅興亞人（Rohingya），他們至今仍然沒有國籍。[50]

如第3章所述，《彬龍協議》承諾各大民族彼此平等，擁有民族區的行政自治權，但這些承諾從未兌現。[51]國家自從獨立伊始便面臨一波接一波的武裝反抗，緬甸軍方代替多數民族緬族發聲，執著於不計代價維持聯邦完整。因此，維繫緬甸聯邦的不是共同的國族歸屬感，而是軍事武力，奈溫1962年掌權以來情況更是如此。

借用史坦貝格（Joseph Steinberg）的說法，「緬甸聯邦歷任政府皆試圖創造這種國族感（nationhood）──全國各色各樣人民共享的國族價值觀和意志。但屢次嘗試幾乎可說是徒勞無功。雖然名義上創立了名為『緬甸聯邦』的國家，但並未創造出身為國族的聯合人民。」[52]緬甸政府並未將自治權下放給各民族，反而將單一體制的國家強加在受控於政府的各民族地區，極度強調緬族霸權下的民族團結。[53]緬語成為國語，少數民族語言被逐出學校體系之外。[54]

　　緬甸政府的官方說法宣稱，緬甸國族由多民族組成。政府最早的說法是有緬族、欽族、克欽族、克倫族、克倫尼族、孟族、若開族、撣族等八大國定民族，和1948年及1982年的《公民法》一致。到了1980年代中期以後，政府開始改採135個國定民族的新架構，但135這個數字被批評為隨意決定，分類也問題重重。[55] 整體而言，緬甸國族社群的成員資格概念上矛盾叢生，被說成是「為了政治納入和排除而生的算計，以取得政治資格和支配權。」[56]

　　另一方面，緬甸政府一貫大力宣揚的形象，是所有國定民族都是和樂聯邦 (pyitaungsu) 的一分子，典型宣傳形象是國定民族身穿各民族服飾，現身於遊行隊伍、海報甚至商業廣告上。[57] 只是這樣大肆宣揚的國定民族團結平等的表象卻和現實矛盾，現實中多數民族緬族的文化和緬甸國族文化畫上等號，緬語是官方語言，而且「要被當成真正的緬甸人（國族的一分子），一定得披上緬族文化的外殼。」[58]

　　此外，由於國內仍有多個民族持續武裝反抗，緬族以外的民族必須證明他們忠於緬甸共和國，但身為多數的緬族則不必多此一舉。[59] 就這點來看，雖然程度不一，但中國、緬甸、泰國三國都有國族歸屬高低有別的現象，少數民族在官方論述中，被貶至次要地位。

　　我們或許還可以說，緬甸的國族身分實際上比中、泰兩國更壓迫、更排外，因為緬甸作戰鎮壓各民族時，暴力更泛濫也更制度化，而且緬甸強調「土著」國定民族，這點一再妨礙特定族群取得公民身分。[60] 緬甸軍方自1948年起，長年鎮壓大小民族武裝反抗，其間屢次侵害少數民族平民的人權，運用「四斷」戰略 (Four Cuts) 造成的危害尤巨，「四斷」指切斷叛亂分子獲取食物、資金、通訊、新兵的管道，無可避免地導致人民流離失所，破壞人民的田地家園。[61] 緬甸軍方另一項惡名昭彰的罪行，是以強暴當武器，攻擊少數民族平民。[62]

最後一點，政府不斷強調國定民族的「土著」性質，至今仍將大批人群排除在國族之外。因此，雖然華人或印度人或許可以歸化為緬甸公民，卻不算是緬甸國族一員；奇怪的是，本質上是華人的果敢人倒是被歸類成撣族支系。處境最悲慘的無疑是羅興亞人，他們從未獲得任何公民身分證明文件，始終被視為來自孟加拉的非法移民。[63] 緬甸政府和社會的長年壓迫，逼使羅興亞難民幾度逃向孟加拉，近來引起國際媒體高度關注。[64] 緬甸國家國族認同建構上的獨斷排外，正是在此顯露出最醜惡的一面。

邊區的國族建構比較分析

理解中、緬、泰三國對其多民族社會推行國族建構方式的形成邏輯時，大有斬獲的一種方法，是檢視中央政府（及其代表的多數民族）是否認為其國土內正在進行的國族建構計畫穩固無虞。政府擁有安全感或缺乏安全感，也關乎住在這些國家的少數民族是否滿意自身境遇。

一如本書所主張的，對於擁有跨國同族同胞的民族而言，外部因素可能會大力左右該民族是否展開政治動員及如何動員，以抵抗國家加諸其上的國族建構計畫。和外部同族同胞兩相對照，該民族就能衡量自己是否受到國家政府善待，形成滿意政治或不滿意政治的基礎。此外，擁有實質外部支持，可以提供該民族政治動員所需要的機會、架構、資源。[65] 這個理論框架也符合我們對橫跨中、

緬、泰邊區地帶少數民族的理解，包括他們如何對國界內外的變化
做出類似反應。

　　雖然就中國全境而言，中國始終面臨反抗其國族建構計畫的積
極抵抗，但抵抗主要來自西藏、新疆，而非西南邊區地帶。[66]中國
國家因應不同形勢角力，為管理不同群體在政治整合上的落差，而
量身打造政策。[67]就住在西南邊區地帶的許多少數民族而言，他們
在政治權利、文化表達、經濟福利各方面頻頻比較的對象，是他們
在緬甸的外部同族人，因此少有雲南邊區地帶的民族認為緬甸是更
好的選擇。整體而言，這些民族安於自己在多民族中國身為少數民
族的現況，同時在有限空間內，爭取更多文化自治權。[68]

　　景頗族和他們的緬甸外部同族克欽族恰恰符合這個情況。雖然
只是人口15萬左右的少數民族，[69]但景頗族卻擁有一定政治分量：
他們名義上在德宏傣族景頗族自治州共享自治地位。至於緬甸克欽
邦，分類哪些人屬於克欽族的標準比較難以捉摸，但整體上，景頗
族和克欽族擁有跨越現有國界的強烈民族、語言連結。[70]

　　中國建國初年，國內政治在大躍進和文化大革命年間狂熱激進
化，這時大批景頗族人跨境進入緬甸。不過自1970年代晚期以
來，留在中國或返回中國的人認為中國境內的生活變得更穩定，經
濟也更發達。中、緬兩國的落差在過去數十年間更形明顯。如同我
們在第6章的討論，1994年克欽獨立組織和緬甸政府達成停火協議
之後，克欽邊區地帶的自然資源遭到氾濫開發，環境隨之惡化。
2011年停火協議破裂更造成新一波軍事化，導致克欽邦內成千上
萬邊區居民流離失所，數千難民逃入中國。[71]

　　緬甸中央政府收緊對克欽邦的控制，也意味著大力推行緬化及
嚴格控管克欽文化表達。例如，何翠萍提到：「雲南景頗族目瑙縱

歌節近年來盛大登場，國家也出力支持其發展，這在緬甸境內許多克欽人眼中，是不同機遇和成果的有形結晶。」[72] 兩地文化表達的落差，可以從中國國家的務實觀點加以解釋，中國為了促進雲南觀光而推廣少數民族文化，因此容許景頗族表達一定程度的語言、文化自治，這和緬甸的情況形成為對比，緬甸國家禁止公立學校教克欽語。

中國景頗族認為克欽邦情況堪慮，加上兩邊族群相近，促使他們展開運動支持克欽族對抗緬甸政府，為流離失所的克欽族提供人道援助。[73] 因此，2012年12月緬甸政府軍轟炸拉咱後，數千名中國景頗族隔著邊境關卡抗議，高舉的標語寫著：「不要灰心！我們是一家人！」以及「支持我們的兄弟姐妹！」[74] 許多中國景頗族人也表示，他們願意遊說中國政府改變對克欽邦的政策。[75] 景頗族的一波波抗議究竟能動搖中國外交政策幾分，這點雖然有待商榷，但無疑可以說，中國國家不希望激起這支忠心少數民族的敵意。

佤族的情況也能套用類似論點，佤族的分布同樣橫跨中、緬邊界，一大原因是佤族居住區的領土分界直到1960年的邊界協議才終於商定。[76] 目前約有43萬名佤族住在中國境內，緬甸境內的人數較難得悉，但估計約為60萬人。

如第5章所述，佤族是緬共武裝反抗時，大批招募的主要民族之一，緬共垮台並和緬甸政府簽訂停火協議之後，佤邦聯合軍成為緬甸最大的少數民族武裝組織；經過和緬甸政府軍交戰、1996年擊敗坤沙的蒙傣軍之後，佤邦聯合軍更是穩坐頭號民族武裝組織的位置。[77] 佤邦聯合軍隨後接收原本由蒙傣軍占領的緬、泰邊區領土，於是除了中國邊界上的既有領土外，又多了一塊南部地區。[78]

佤族雖然有自己的語言，但佤邦的通用語是中文，街道標誌寫中文、電視廣播講普通話。佤邦政府也以中國政府為標竿，許多方面都像是中國地區級實體。因為過去和緬共的連結，佤邦聯合軍和中國政府的連結擁有深厚歷史淵源。由於佤邦較廣泛使用中文，相較於幾乎不說中文的緬甸克欽人，佤邦的經濟也和中國密切整合。

　　在這些密切的文化、經濟關係背後，中國政府也心照不宣地為佤邦聯合軍提供政治支持或甚至軍事支持。[79] 佤邦政府的官方說法，是希望爭取聯邦制緬甸內的高度自治權，佤邦政府維持自治的能力似乎遠勝緬甸其他少數民族叛軍。佤邦各方面都和中國密不可分，由此看來，緬甸的國族建構計畫根本從未觸及佤邦。

　　橫跨中國、緬甸之間的邊區，各支傣族／撣族和泰國的關係又更能彰顯和外部同族人的比較以及外部支援的有無，如何深深左右種族國族主義的動員力量。第3章曾經提及，許多傣族王國彼此共享源遠流長的連結。但是，各族面對自己被整併至中國、緬甸的國族建構計畫，則各有不同反應，之間的差異一部分可以用外在面向解釋。舉例而言，中國的傣族不認為緬甸提供優於現況的選擇，而且也不曾得到任何國際支持。相反地，緬甸的撣族民族主義運動的確將泰國視為更好的出路，也不時獲得泰國物質上和象徵性的支持。

　　中國的西雙版納傣族自治州是很好的例子。自1953年自治州建立以來，中國對此地的統治向來穩固，面臨的公開挑戰不多。原本的傣泐貴族政治精英被剝奪世襲權力，但也被延攬進新政府的政治體系，獲得象徵性頭銜。1990年代初期以來，西雙版納更在中國國內觀光市場被大力宣傳推廣為「熱帶樂園」，西雙版納和國內整體的整合更見密切。

　　中國政府著眼於經濟利益，希望推廣西雙版納（或雲南整體）的民族觀光，因而容許傣族的文化表達。故過去數十年來的傣族文化復興多少和中國國家的巧妙盤算有關，國家利用傣族文化達成自身的治理目的。[80] 然而，傣泐語多半在寺院教授，傣人跟漢人的語言同化日益加速。[81]如今經濟條件改善，生活前景也比緬甸或老撾等鄰國理想，西雙版納的傣族人已經大致接受中國公民身分。[82]西雙版納看得到維繫或復興傣泐文化的努力，但幾乎看不到（或根本沒有）挑戰中國統治的政治活動。

緬甸的撣族則完全是另一種情形。第3章曾簡單提到國民黨軍隊入侵撣邦直接導致撣族民族主義武裝反抗興起，也造成泰、緬邊界軍事化。不過撣族民族主義武裝反抗從發軔之際便飽受凝聚力不足之苦，使得名義上的大小撣族反叛組織一再分裂重組，[83]組織個個自稱是代表撣族人對抗緬甸政府，為爭取獨立或自治而戰，只不過許多組織也同時涉足跨境非法走私商品及毒品，以籌措武裝反抗行動的資金。[84]

儘管彼此四分五裂，但這些大小撣族武裝反抗組織挺過半世紀以上的時光，大部分要歸功於他們緊鄰鬆散泰、緬邊界的地理位置，以及泰國政府和社會對他們的包容和默默支持。自1950年代中期以來，泰國政府對泰、緬邊界一帶各支少數民族叛軍實施「緩衝帶」政策。[85]政策最初的用意在於擾亂泰國的宿敵緬甸，但也能發揮防止共產黨從北方滲透的功效。泰國國家雖未公然支持叛軍，但叛軍「可以沿疆界建立營地，軍眷被允許滯留泰國，叛軍也能購得軍火武器。」[86]

撣族反抗軍的地理位置也靠近先前國民黨部隊控制的地區，國民黨部隊由於掌握聯絡撣邦和泰國的廣大網絡，是奈溫追求自給自足社會主義時期游走泰、緬兩國的最大走私商，走私商品包括毒品在內。[87]撣族武裝反抗分子和國民黨合作，或者為同樣受泰國政府間接支持的國民黨效力，藉此取得持續對抗緬甸政府所需的資金和武器。[88]因此，撣族武裝反抗組織從1960年代至1980年代在泰國建立跨境綿密網絡，邊區的鬆散管理為移民遷徙和非法貿易打開方便之門。[89]

1980年代晚期，泰國政府改變對泰、緬邊區的緩衝帶政策，察猜（Chatichai）政府開始推動「把戰場變市場」的新政策。泰國政府不只同意解決少數民族叛軍造成的邊境紛擾，曼谷還在1988年向緬甸軍政府取得森林特許權，結果重重打擊了撣族武裝組織，導致撣族武裝組織的伐木業漸漸萎縮。[90]然而，緬甸政府仍繼續指控泰國政府支持邊界的少數民族武裝反抗。最後，他信‧西那瓦政府在2003年宣布，泰國應全面廢除緩衝帶政策，正式結束對緬甸少數民族武裝組織的支持。[91]

泰國官方政策固然已經轉向，但撣族武裝反抗在1985年已經達到高峰，這年坤沙將數支撣族軍合而為一，組成蒙泰軍。[92]透過毒品和其他走私商品挹注的收入，蒙泰軍得以添購武器，也沿邊區地帶廣招生力軍。[93]然而，1995年坤沙向緬甸政府投降，使蒙泰軍走向末路，只有部分軍隊數年後以南撣邦軍（Shan State Army-South）之名重回戰場。[94]2011年，南撣邦軍和緬甸政府簽訂停火協議，但撣邦的武裝反抗仍繼續活躍；這部分將留待下一章詳細討論。

維繫撣族民族主義組織的力量，一部分來自許多泰人對撣族懷抱的同胞情感。我們在第3章討論過撣邦諸邦和暹羅北部的歷史淵源，以及泛傣意識形態，如何驅使鑾披汶政府在1940年代初兼併東部撣邦諸邦。雖然之後的泰國政府不再提起這套泛傣說辭，但泰國的公共論述仍然將撣族視為泰族的同胞（phinorngkan）。[95]一些泰國知識分子更將撣族浪漫化，認為撣族保留了許多傣族舊有傳統，這些傳統在現代化的泰國社會早已失傳。[96]因此，泰國國內論述在這方面出了一份力，為對抗緬甸政府的撣族武裝反抗分子「塑造浪漫的革命形象」。[97]

1995年蒙傣軍解體之後，許多前撣族武裝反抗分子和撣族平民跨越邊界進入泰國。他們集中在泰國北部，主要以清邁為中心，在此建立撣族的民族主義流亡組織，[98] 利用在泰國新發現的資源和更自由的媒體空間，散播撣邦政局的消息，向泰國國內也向國際社會發聲。[99]在清邁印刷的撣族民族主義資料，透過地下管道運回撣邦。[100]泰國國家似乎願意容忍緬甸禁止的撣族媒體資料，撣族流亡組織於是得以散播他們的撣族民族主義願景。[101]泰國國內同情撣族的學者和社運人士，也動員國內媒體宣揚撣族的理想。[102]於是，書籍、歌曲、電視節目、電影紛紛出爐，展現泰國對撣族的支持。[103]

一言以蔽之，撣邦仍然深陷武裝反抗的泥淖，各種反叛組織和民兵團持續軍事化，毫無明確跡象顯示這些武裝反抗要如何結束、何時方休。雖然，撣族反抗緬甸政府的原因，多半出自緬甸國內的民族緊張關係和軍事鎮壓史，但也必須認識到鄰國泰國在其中扮演的角色，泰國提供寬容的環境，讓前仆後繼的撣族武裝反抗得以持續生存。

另一方面，泰國本身也仍在努力使地理邊陲的幾支少數民族，融入想像的泰國國族之中。除了前文談到的同化大批華人的問題，泰國國家冷戰期間面臨的另一大挑戰，是如何處理北部山區居無定所的高山民族。泰國國家將幾支人群統統歸類成高山民族，官方論述向來把他們說成芒刺在背，大大威脅泰國領土及國族的完整性。[104]

造成這種國安威脅認知的部分原因，是高山民族會跨越國界集體遷徙，泰國國家認為，這是高山民族缺乏和泰國國族實在連結的明證（泰國國族是前文提過的泰國國族主義三大支柱之一）。不過，更重要的原因是，一些高山民族（尤其是苗族）在冷戰年間大肆參與泰共武裝反抗。泰國軍方打著平叛旗號暴力鎮壓，[105]雇用國民黨軍人當傭兵，掃蕩偏遠山區的苗族村落。[106]除了上述暴力手段，曼谷還採取一連串官僚措施，控管這些高山民族的公民地位，包括提供泰語教育以創造國族歸屬感，利用皇家發展計畫下的森林管理及其他農業轉型政策，以領土化、馴化這些民族。[107]

雖然，泰國的高山民族人口總計不到百萬，[108]但他們自1960年代以來，成為泰國國家國族建構計畫的重點對象，自從深信共產黨從北方滲透造成安全威脅之後，高山民族更加成為焦點。[109]邊界管理鬆散加上人群遷徙頻繁，泰國國家於是設計一套複雜的身分證制度，透過分層身分制度記錄人民、控管社群。[110]

事實上，自1967年起，泰國國家至少派發17種身分證給不同時期進入泰國的各色人群，藉此識別個人身分、控制人民的跨境移動。[111]但用來分類人群的許多標準專斷獨行，制度的複雜性只讓泰國國家企圖控管的目標人群感到無所適從，同時導致他們更邊緣化，被推得離泰國主流社會更遠。[112]

不過，和我們前面討論過的撣族／傣族、克欽族／景頗族、佤族等族情況不同，被歸類為高山民族的人群(像是克倫族、苗族、阿卡族、傈僳族、拉祜族、瑤族等)無一獲得實質外部支持。同時，泰國的生活條件整體而言遠勝長年陷入貧窮戰亂的緬甸或老撾，這說明為何移入泰國的移民潮川流不息。高山民族沒有自己的民族主義抱負，成為泰國國家大規模介入發展計畫的目標，國家力圖將他們吸納進泰國的國族國家。[113]

在鎮壓叛亂和森林管理等說法的包裝下，泰國國家透過公共福利部(Department of Public Welfare)、皇家林務部(Royal Forestry Department)、邊境巡警等政府機關，擴大對高山民族的行政控制。例如，1965年，一項「文明化」任務在公共福利部的高山民族關係計

畫底下展開，將泰國大學生派去教育高地人。[114]皇家林務部同時肩
負根除鴉片生產及終結高山民族游耕農業的兩大重任，他們一再以
森林保護和野生動物保育為由，限制高山民族的土地利用、將高山
民族遷至他處。[115]此外，邊境巡警是對邊區地帶高山民族施加國家
控制的關鍵角色，也透過其廣大的學校體系深深影響國族建構，
「構成實現願景的具體步驟，藉由確保邊境人群忠貞愛國，實現領
土上、精神上都團結統一的泰國。」[116]

　　政府非常重視高山民族的泰語教育，也強調透過發展計畫在邊
區地帶廣施皇室恩典。[117]雖然，許多高山民族仍然沒有國籍，但冷
戰結束以來，確實鮮有民族公然挑戰泰國國家的國族建構計畫。事
實上，邊境巡警建立的學校，近年來多半已移交教育部或地方行政
機關管轄，這表示泰國國家不再緊盯原先認為的安全威脅，讓高山
民族融入泰國社會的努力，也多少收到成效。[118]

小結

　　在比較分析三國國族建構的錯綜關係中，我們點出各國處理國
族認同概念方式的顯著殊異處。各國版本的國族認同都有程度不一
的包容性，以及與之對立的排他性，部分取決於二戰後政治角力的
歷史進程，但不同版本的國族歸屬和跨境關係的國際政治，也展現
了中、緬、泰三國的國族建構計畫，如何深深交織互扣。雖然，國
族建構的國內政治在各國發揮主力影響，但關鍵更在於認識到，跨
越國界的外部層面以何種輕重力道對相近民族施加不同影響。

　　話雖如此，境內仍有少數民族持續武裝反抗的只有緬甸一國，
下一章的主題正是緬甸的少數民族武裝反抗如何走過漫漫歲月。

註釋

1   少數民族語言教學在中國各省差異甚大。雲南省的景頗語教學，其實在
     地點和程度上皆受限制，只在德宏州的特定小學教授。

2   Pamela Kyle Crossley, *A Translucent Mirror: History and Identity in Qing Imperial
     Ideology* (Berkeley: University of California Press, 2000); Mark C. Elliott, *The
     Manchu Way: The Eight Banners and Ethnic Identity in Late Imperial China*
     (Stanford, CA: Stanford University Press, 2001).

3   Peter C. Perdue, *China Marches West: The Qing Conquest of Central Eurasia*
     (Cambridge, MA: Harvard University Press, 2005).

4   James Leibold, "Positioning 'Minzu' within Sun Yat-Sen's Discourse of Minzuzhuyi,"
     Journal of Asian History 38, no. 2 (2004): 163–213.

5   Han, *Contestation and Adaptation*; Hansen, *Lessons in Being Chinese.*

6   Hsieh, "Ethnic-Political Adaptation and Ethnic Change of the Sipsong Panna
     Dai;" Yos Santasombat, *Lak Chang: A Reconstruction of Tai Identity in Daikong*
     (Canberra: Australian National University Press, 2011).

7   Mullaney, *Coming to Terms with the Nation.*

8   Stevan Harrell, "Introduction: Civilizing Projects and the Reaction to Them," in
     Cultural Encounters on China's Ethnic Frontiers, ed. Stevan Harrell (Seattle: University
     of Washington Press, 1995): 3–36.

9   Thomas Heberer, *China and Its National Minorities: Autonomy or Assimilation*
     (Armonk, NY: Routledge, 1989); Mackerras, *China's Minorities.*

10   Barry Sautman, "Ethnic Law and Minority Rights in China: Progress and
     Constraints," *Law & Policy* 21, no. 3 (July 1, 1999): 288.

11   "Constitution of The People's Republic of China," People's Daily Online, http://
     english.peopledaily.com.cn/constitution/constitution.html

12   Barry Sautman, "Preferential Policies for Ethnic Minorities in China: The Case of
     Xinjiang," *Nationalism and Ethnic Politics* 4, no. 1–2 (March 1, 1998): 86–118.

13   Han, *Contestation and Adaptation*, 38.

14   Gerard A. Postiglione, ed., *China's National Minority Education: Culture, Schooling,
     and Development*, vol. 1090, *Garland Reference Library of Social Science*, vol. 42
     Reference Books in International Education (New York: Falmer Press, 1999).

15   James Leibold, *Ethnic Policy in China: Is Reform Inevitable?* (Washington, DC:
     East-West Center, 2013), 21.

16   Disaphol Chansiri, *The Chinese Émigrés of Thailand in the Twentieth Century*
     (Youngstown, NY: Cambria Press, 2008), 48.

17   George William Skinner, *Chinese Society in Thailand: An Analytical History* (Ithaca, NY: Cornell University Press, 1957); Gungwu Wang, *The Chinese Overseas: From Earthbound China to the Quest for Autonomy* (Cambridge, MA: Harvard University Press, 2002).

18   Wasana Wongsurawat, "Beyond Jews of the Orient: A New Interpretation of the Problematic Relationship between the Thai State and Its Ethnic Chinese Community," *Positions* 24, no. 2 (May 1, 2016): 566.

19   Enze Han, "Bifurcated Homeland and Diaspora Politics in China and Taiwan towards the Overseas Chinese in Southeast Asia," *Journal of Ethnic and Migration Studies* 45, no. 4 (2019): 577–594.

20   James Jiann Hua To, *Qiaowu: Extra-Territorial Policies for the Overseas Chinese* (Leiden: Brill Academic Publishers, 2014), 54.

21   Jeffery Sng and Pimpraphai Bisalputra, *A History of the Thai-Chinese* (Singapore: Editions Didier Millet, 2015), 270.

22   Ibid, 244.

23   Wongsurawat, "Beyond Jews of the Orient," 560.

24   Walter F. Vella, *Chaiyo!: King Vajiravadh and the Development of Thai Nationalism* (Honolulu: University of Hawai'i Press, 1986), 194.

25   Wongsurawat, "Beyond Jews of the Orient," 561.

26   Milton Esman, "The Chinese Diaspora in Southeast Asia," in *Modern Diasporas in International Politics*, ed. Gabriel Shaffer (Kent: Croom Helm Ltd, 1986).

27   Shelley Rigger, "Nationalism versus Citizenship in the Republic of China on Taiwan," in *Changing Meanings of Citizenship in Modern China*, ed. Merie Goldman and Elizabeth Perry (Cambridge, MA: Harvard University Press, 2002): 353–374; Dan Shao, "Chinese by Definition: Nationality Law, Jus Sanguinis, and State Succession," *Twentieth-Century China* 35, no. 1 (2009): 4–28.

28   Pál Nyíri, "Reorientation: Notes on the Rise of the PRC and Chinese Identities in Southeast Asia," *Southeast Asian Journal of Social Science* 25, no. 2 (1997): 163.

29   Fitzgerald, *China and the Overseas Chinese*, 8.

30   Eiji Murashima, "The Thai-Japanese Alliance and the Overseas Chinese in Thailand," in *Southeast Asian Minorities in the Wartime Japanese Empire*, ed. Paul H. Kratoska (Oxford: RoutledgeCurzon, 2005), 192–223.

31   Chansiri, *The Chinese Émigrés of Thailand in the Twentieth Century*, 71.

32   Skinner, *Chinese Society in Thailand*, 262–267.

33   Ibid, 276.

34　Ibid, 381.

35　Chai-anan Samudavanija, "State-Identity Creation, State-Building and Civil Society, 1939–1989," in *National Identity and Its Defenders: Thailand Today*, ed. Craig J. Reynolds (Chiang Mai, Thailand: Silkworm Books, 2002), 61.

36　Fitzgerald, *China and the Overseas Chinese*.

37　Skinner, *Chinese Society in Thailand*, 379.

38　Pinkaew Laungaramsri, "Ethnicity and the Politics of Ethnic Classification in Thailand," in *Ethnicity in Asia*, ed. Colin Mackerras (London: RoutledgeCurzon, 2003), 155.

39　Pavin Chachavalpongpun, *A Plastic Nation: The Curse of Thainess in Thai-Burmese Relations* (Lanham, MD: University Press of America, 2005).

40　Michael Kelly Connors, *Democracy and National Identity in Thailand*, rev. ed. (Copenhagen: NIAS Press, 2006), 48–49.

41　Nalini Ranjan Chakravarti, *Indian Minority in Burma: Rise and Decline of an Immigrant Community* (London; New York: Oxford University Press, 1971), 97.

42　Mikael Gravers, *Nationalism as Political Paranoia in Burma: An Essay on the Historical Practice of Power* (London: Routledge, 1999), 27; Renaud Egreteau, "Burmese Indians in Contemporary Burma: Heritage, Influence, and Perceptions since 1988," *Asian Ethnicity* 12, no. 1 (February 1, 2011): 38.

43　Walton, "The 'Wages of Burman-Ness,'" 8.

44　Gravers, *Nationalism as Political Paranoia in Burma*, 30.

45　Kei Nemoto, "The Concepts of Dobama ('Our Burma') and Thudo-Bama ('Their Burma') in Burmese Nationalism, 1930–1948," *Journal of Burma Studies* 5, no. 1 (March 30, 2011): 3.

46　Gravers, *Nationalism as Political Paranoia in Burma*, 31; Alicia Turner, *Saving Buddhism: The Impermanence of Religion in Colonial Burma* (Honolulu: University of Hawai'i Press, 2017).

47　1982年的《公民法》修正案保留了公民、客籍公民、歸化公民的區別。

48　Egreteau, "Burmese Indians in Contemporary Burma," 40.

49　Robert A. Holmes, "Burmese Domestic Policy: The Politics of Burmanization," *Asian Survey* 7, no. 3 (1967): 188–197.

50　Egreteau, "Burmese Indians in Contemporary Burma," 41.

51　Walton, "Ethnicity, Conflict, and History in Burma."

52　Steinberg, *Burma: The State of Myanmar*, 182.

53　Matthew J. Walton, "The Disciplining Discourse of Unity in Burmese Politics," *Journal of Burma Studies* 19, no. 1 (June 17, 2015): 1–26.

54   Mikael Gravers, "Introduction: Ethnicity against State—State against Ethnic Diversity?" in *Exploring Ethnic Diversity in Burma*, ed. Mikael Gravers (Copenhagen: NIAS Press, 2007), 21.

55   Jane M. Ferguson, "Who's Counting? Ethnicity, Belonging, and the National Census in Burma/Myanmar," *Bijdragen Tot de Taal-, Land- En Volkenkunde* 171, no. 1 (2015): 15.

56   Nick Cheesman, "How in Myanmar 'National Races' Came to Surpass Citizenship and Exclude Rohingya," *Journal of Contemporary Asia* 47, no. 3 (May 27, 2017): 462.

57   Jane M. Ferguson, "Ethno-Nationalism and Participation in Myanmar: Views from Shan State and Beyond," in *Metamorphosis: Studies in Social and Political Change in Myanmar*, ed. Renaud Egreteau and Francois Robinne (Singapore: NUS Press, 2016), 132.

58   Walton, "The "Wages of Burman-Ness," 12.

59   Ibid, 13.

60   Ian Holliday, "Addressing Myanmar's Citizenship Crisis," *Journal of Contemporary Asia* 44, no. 3 (July 3, 2014): 404–421.

61   Carl Grundy-Warr and Elaine Wong Siew Yin, "Geographies of Displacement: The Karenni and the Shan across the Myanmar-Thailand Border," *Singapore Journal of Tropical Geography* 23, no. 1 (March 1, 2002): 93–122; Amnesty International *"All the Civilians Suffer": Conflict, Displacement, and Abuse in Northern Myanmar* (London: Amnesty International, 2017).

62   Shan Women's Action Network and Shan Human Rights Foundation, *License to Rape: The Burmese Military Regime's Use of Sexual Violence in the Ongoing War in Shan State* (Chiang Mai: Shan Human Rights Foundation, 2002); Jane M. Ferguson, "Is the Pen Mightier than the AK-47? Tracking Shan Women's Militancy within and Beyond," *Intersections: Gender and Sexuality in Asia and the Pacific*, no. 33 (2013).

63   Syeda Naushin Parnini, "The Crisis of the Rohingya as a Muslim Minority in Myanmar and Bilateral Relations with Bangladesh," *Journal of Muslim Minority Affairs* 33, no. 2 (June 1, 2013): 281–297.

64   Lindsey N. Kingston, "Protecting the World's Most Persecuted: The Responsibility to Protect and Burma's Rohingya Minority," *The International Journal of Human Rights* 19, no. 8 (November 17, 2015): 1163–1175.

65   Han, *Contestation and Adaptation*.

66   Enze Han and Christopher Paik, "Dynamics of Political Resistance in Tibet: Religious Repression and Controversies of Demographic Change," *The China*

Quarterly, no. 217 (2014): 69–98; Enze Han, "From Domestic to International: The Politics of Ethnic Identity in Xinjiang and Inner Mongolia," *Nationalities Papers* 39, no. 6 (November 1, 2011): 941–962.

67 Han and Paik, "Ethnic Integration and Development in China."

68 Han, *Contestation and Adaptation*, 109.

69 根據2010年中國全國人口普查，景頗族總人口為147,828人。

70 Sadan, *Being and Becoming Kachin*, 7.

71 Seng Maw Lahpai, "State Terrorism and International Compliance: The Kachin Armed Struggle for Political Self-Determination," in *Debating Democratization in Myanmar*, ed. Nick Cheesman, Nicholas Farrelly, and Trevor Wilson (Singapore: ISEAS Publishing, 2014): 285–304.

72 Ho, "People's Diplomacy and Borderland History through the Chinese Jingpo Manau Zumko Festival," 181.

73 Elaine Lynn-Ee Ho, "Mobilising Affinity Ties: Kachin Internal Displacement and the Geographies of Humanitarianism at the China–Myanmar Border," *Transactions of the Institute of British Geographers* 42, no. 1 (March 1, 2017): 84–97.

74 Echo Hui, "Chinese Kachin Protest Against Burma's Kachin War," *The Irrawaddy*, January 11, 2013, https://www.irrawaddy.com/news/burma/chinese-kachin-protest-against-burmas-kachin-war.html.

75 Ho, "People's Diplomacy and Borderland History through the Chinese Jingpo Manau Zumko Festival," 171.

76 Magnus Fiskesjö, "People First: The Wa World of Spirits and Other Enemies," *Anthropological Forum* 27, no. 4 (April 19, 2017), 340–364.

77 劉璇，〈緬甸佤邦聯合軍：起源、發展及影響〉，《印度洋經濟體研究》，第3期（2014），頁78。

78 佤邦聯合軍也將數萬人從北區搬到南區居住。參見：*Unsettling Moves: The Wa Forced Resettlement Program in Eastern Shan State (1999–2001)* (The Lahu National Development Organization, April 2002), http://www.burmalibrary.org/docs23/Unsettling_Moves-tpo.pdf。

79 中國政府曾被控提供佤邦聯合軍直升機，例如，IHS集團《詹氏防衛週刊》（*Jane's Defense Weekly*）2013年曾有相關報導，但這些傳聞從未獲得證實。

80 Enze Han, "Transnational Ties, HIV/AIDS Prevention and State-Minority Relations in Xishuangbanna, Southwest China," *Journal of Contemporary China* 22, no. 82 (2013): 594–611.

81 Thomas Borchert, "Worry for the Dai Nation: Sipsongpannā, Chinese Modernity, and the Problems of Buddhist Modernism," *Journal of Asian Studies* 67, no. 1 (2008): 107–142; Thomas Borchert, "The Abbot's New House: Thinking about

How Religion Works among Buddhists and Ethnic Minorities in Southwest China," *Journal of Church and State* 52, no. 1 (2010): 112–137; Hansen, *Lessons in Being Chinese.*

82 Han, *Contestation and Adaptation*, 113; Antonella Diana, "Re-Configuring Belonging in Post-Socialist Xishuangbanna, China," in *Tai Lands and Thailand: Community and State in Southeast Asia*, ed. Andrew Walker (Honolulu: University of Hawai'i Press, 2009): 192–213; Janet C. Sturgeon, "Cross-Border Rubber Cultivation between China and Laos: Regionalization by Akha and Tai Rubber Farmers," *Singapore Journal of Tropical Geography* 34, no. 1 (March 1, 2013): 70–85.

83 Pinkaew Laungaramsri, "Women, Nation, and the Ambivalence of Subversive Identification along the Thai-Burmese Border," *Sojourn: Journal of Social Issues in Southeast Asia* 21, no. 1 (April 1, 2006): 72.

84 Yawnghwe, *The Shan of Burma*, 123.

85 Bertil Lintner, "Recent Developments on the Thai-Burma Border," *IBRU Boundary and Security Bulletin* 3, no. 1 (April 1995): 72. 崔丘特 (Pornpimol Trichot)，《泰國遣返緬甸流徙者的政策》(*Nayobai Song Glub Phoophladthin chark Phama khong Thai*)（曼谷：朱拉隆功大學亞洲研究所，2004）。

86 Lintner, "Recent Developments on the Thai-Burma Border," 74.

87 Chang, "The Everyday Politics of the Underground Trade in Burma by the Yunnanese Chinese since the Burmese Socialist Era."

88 Yawnghwe, *The Shan of Burma*, 126.

89 桑塔松巴 (Yos Santasombat)，《權力、空間、民族認同：泰國社會中國族國家的政治文化》(*Amnart Phuenthee lae Attalak thang Chartphan: Karnmuaeng Watthanatham khong Ratchart nai Sangkhom Thai*)（曼谷：詩琳通公主人類學中心，2008）。

90 崔丘特 (Pornpimol Trichot)，《少數民族背景下的緬甸外交政策及其對泰緬關係的影響》(*Karndamnoen Nayobai Tangprathet khong Phama nai Suan Samphan kab Chonklumnoi lae Pholkrathop tor Kwamsamphan Thai-Phama*)（曼谷：朱拉隆功大學亞洲研究所，2006），頁169。

91 同前註，頁195。

92 穆拉梅克 (Akni Mulamek)，《撣邦：歷史與革命》(*Rat Shan: Prawattisat lae karn Patiwat*)（曼谷：民意報出版社，2005），頁82。

93 同前註，頁83。

94 Smith, *State of Strife*, 40.

95 Jirattikorn, "Aberrant Modernity," 333.

96　Thongchai Winichakul, "Nationalism and the Radical Intelligentsia in Thailand," *Third World Quarterly* 29, no. 3 (April 1, 2008): 575–591.

97　Jirattikorn, "Aberrant Modernity," 334.

98　Amporn Jirattikorn, "Shan Virtual Insurgency and the Spectatorship of the Nation," *Journal of Southeast Asian Studies* 42, no. 1 (2011): 19.

99　Ferguson, "Is the Pen Mightier than the AK-47?"

100　Jane M. Ferguson, "Revolutionary Scripts: Shan Insurgent Media Practice at the Thai-Burma Border," in *Political Regimes and the Media in Asia*, ed. Krishna Sen and Terence Lee (London; New York: Routledge, 2008):106–121.

101　Ferguson, "Is the Pen Mightier than the AK-47?"

102　Jirattikorn, "Shan Virtual Insurgency and the Spectatorship of the Nation," 31–32.

103　Ibid, 31.

104　Laungaramsri, "Ethnicity and the Politics of Ethnic Classification in Thailand," 164.

105　Robert George Cooper, *Resource Scarcity and the Hmong Response: Patterns of Settlement and Economy in Transition* (Singapore: Singapore University Press, National University of Singapore, 1984).

106　Gibson and Chen, *The Secret Army*.

107　Laungaramsri, "Ethnicity and the Politics of Ethnic Classification in Thailand," 165–167.

108　泰國高山民族的人口難以精確計算，事實上，有許多高山民族依然沒有國籍。不過，根據1985年至1988年間進行的高山民族大規模人口普查，記錄的人口數為554,172人。Chayan Vaddhanaphuti, "The Thai State and Ethnic Minorities: From Assimilation to Selective Integration," in *Ethnic Conflict in Southeast Asia*, ed. Kusuma Snitwngse and W. Scott Thompson (Singapore: Institute of Southeast Asian Studies, 2005), 156.

109　Rachel M. Safman, "Minorities and State-Building in Mainland Southeast Asia," in *Myanmar: State, Society and Ethnicity*, ed. N. Ganesan and Kyaw Yin Klaing (Singapore: Institute of Southeast Asian Studies, 2007), 35.

110　Duncan McCargo, "Informal Citizens: Graduated Citizenship in Southern Thailand," *Ethnic and Racial Studies* 34, no. 5 (May 1, 2011): 833–849.

111　Pinkaew Laungaramsri, "Contested Citizenship: Cards, Colors, and the Culture of Identification," in *Ethnicity, Borders, and the Grassroots Interface with the State: Studies on Southeast Asia in Honor of Charles F. Keyes*, ed. John A. Marston (Chiang Mai: Silkworm Books, 2014), 150.

112　Ibid, 158.

113 Kathleen Gillogly, "Developing the 'Hill Tribes' of Northern Thailand," in *Civilizing the Margins: Southeast Asian Government Poicies for the Development of Minorities*, ed. Christopher R. Duncan (Ithaca, NY: Cornell University Press, 2004), 116.

114 Ibid, 122.

115 Ibid, 130.

116 Sinae Hyun, "Building a Human Border: The Thai Border Patrol Police School Project in the Post–Cold War Era," *Sojourn: Journal of Social Issues in Southeast Asia* 29, no. 2 (July 17, 2014): 342.

117 Sinae Hyun, "Mae Fah Luang: Thailand's Princess Mother and the Border Patrol Police during the Cold War," *Journal of Southeast Asian Studies* 48, no. 2 (June 2017): 262–282; Hyun, "Indigenizing the Cold War."

118 Ball, *Tor Chor Dor*, 116.

中、緬邊區地帶的持續武裝衝突

　　2015年2月，敗走他方的果敢叛軍武裝領袖彭家聲在網路上發表公開信《告世界華人同胞書》，懇請各方支持果敢反抗緬甸政府的壓迫。[1] 信中用字遣詞煽情，直接訴諸華人民族主義，聲明果敢人同為華人，古來向為中國一隅，只因帝國主義害得他們從中國分離，英國尤是罪魁禍首，英國自鴉片戰爭以來侵吞中國領土，導致1897年果敢割讓英屬緬甸。彭家聲接著讚揚中國政府揚威國際，但感嘆果敢的苦難無人聞問，果敢人因此飽受緬人欺凌。彭家聲最後呼籲，今日北京政府既已重振中國強盛聲威，世界華人同胞更應支持果敢。[2]

　　2009年以來，中、緬邊區地帶確實又出現新一波武裝衝突——緬甸政府和各方反叛組織1989年簽訂的停火協議開始破裂。政府軍首先將彭家聲的果敢同盟軍逐出緬甸，由政府行政體系直接控制果敢。之後，緬軍自2011年開始和克欽獨立軍發生衝突，引發長達兩年多的激戰，直到2014年才斷斷續續重啟政治對話。

　　2015年，果敢再度爆發衝突，彭家聲率領果敢同盟軍敗軍舊部，企圖奪回過去的總部。接著在2016年底，自稱「緬北聯合陣線」（Northern Alliance）的聯軍在毗鄰中國的撣邦北部發動攻勢，和緬甸政府軍爆發多次小規模衝突；與此同時，緬甸內部正經歷政治轉型。

2011年登盛上任後，主導組成民政府，這是睽違二十多年來的第一個民政府。2015年，昂山素姬的全國民主聯盟贏得選舉，更正式預告緬甸即將迎來大致本於民主的政治體系。昂山素姬自己則透過2016年起持續召開的「21世紀彬龍會議」（21st Century Panglong），推動重啟和平談判。只是這數十年來的武裝衝突似乎還看不到盡頭。

本章追溯緬甸近年的國內政局變化，檢視國內力量和區域地緣政治變化的交互作用，如何導致中、緬邊區地帶衝突不斷。本章首先將進行中的武裝衝突放在緬甸近年國內政治轉型的大環境下，接著討論2009年以來，中、緬邊界接連爆發的軍事衝突。最後，討論中國在這些衝突的持續延燒中，發揮多少影響，以及緬甸這個北方鄰國就改變雙邊關係可以企及的廣義範圍內，能否或如何協助兩國邊區地帶和平解決紛爭。

緬甸政治轉型的嘗試

緬甸軍政府因強硬壓制國內反對派而聲名狼藉，加上軍政府宣布1990年選舉無效，隨後將昂山素姬軟禁在家近20年之久，種種皆讓軍政府更添罵名。加諸緬甸的國際制裁不只導致經濟停滯，也驅使政府向中國尋求外交庇護，以抗衡西方要求政權更替的壓力。

2005年，諸位將軍唯恐美國會比照伊拉克模式出兵緬甸，甚至將首都從仰光遷到內比都。之後，2007年中國幫忙包庇軍政

府，否決聯合國安理會譴責緬甸侵犯人權、政治迫害的決議；這項
決議由美國和英國提出，回應2003年的迪帕因（Depayin）事件。[3]
這次外交庇護為中國換得經濟上和戰略上的優厚酬謝，如第6章的
討論。然而，對中國依賴加深已讓軍政府內部感到極不自在，軍政
府傳統上素以中立外交政策為榮，且對中國充滿戒心。

面對國內、外的壓力，將軍們確實意識到必須進行一些政治改
革，於是提出了制定新憲法的大方向，決定2010年舉辦全國大選。[4]
2008年憲法雖然爭議重重，但開闢了由軍政府轉型為民政府的道
路。但軍方在開始政治改革以前，已先透過新憲法鞏固自己的否決
權，為自己保留國會（Pyidaungsu Hluttaw）上、下兩院25%席次，
保障軍方有權否決任何修憲提案。[5]此外，憲法指定總司令為緬甸
軍隊最高統帥，有權力提名三位掌管國防、內政、邊政的內閣閣
員。[6]憲法公投通過之後（大家普遍認為投票遭到操弄），軍方認為
是時候脫下戎裝，走向文官統治了。

2010年的選舉儘管遭到民盟杯葛、被控選舉不公，但還是選
出由前軍方人士組成的政府，軍方以聯邦鞏固與發展黨（Union
Solidarity and Development Party）的名義登場，登盛當選總統。[7]幾
乎無人期待新的民政府會真心開放政治改革開放進程，但跌破眾人
眼鏡，登盛真地開放了政治。軍政府確實憑藉權位推動一段穩健民
主化的時期，成果由新通過的憲法加以鞏固。[8]登盛在總統任內第
一年實施政治改革，取消審查制度，釋放政治犯，讓反對黨和公民
社會能夠相對自由運作。[9]民盟在2012年的補選大獲全勝，昂山素
姬樂觀認為，國家走在迎向根本政治變革的正確道路上。[10]

這些政治轉型闊步向前之際，緬甸北方對中邊界一帶又有新一
波武裝衝突席捲而來。政府和大小少數民族武裝組織的停火協議破

裂，原因就明列在2008年憲法中，憲法第7章規定：「聯邦內一切
武力皆應受國防部指揮。」[11]依據憲法第7章，軍方的算盤是想擺脫
境內現存的少數民族武裝組織，將之重組為邊境防衛軍（Border
Guard Forces），由地方軍司令管轄。

前面在第6章討論過，1989年以來，政府和大小少數民族叛軍
簽訂的一系列停火協議中，雙方只同意停戰，武裝組織仍然保有武
器、部隊及高度自治權。但政府認為這樣的僵局只是一時的，等到
時機成熟，就要在緬甸的「主權」領土全境建立全面控制。武裝組
織當然將這項提案視為損害其利益的敵意之舉，將為他們的自治狀
態畫下句點。

2009年4月邊防軍計畫宣布之後，政府設下幾個期限，要求各
組織限期遵行，期限幾經延後。的確有些軍力弱小的組織遵命行
事，但更多組織決心不能不戰而敗。正是在此背景下，2009年果
敢戰事再次爆發，政府和前緬共遺緒組織自1989年以來的長年官
方停火協議，就此破裂。

中、緬邊界一帶重燃的衝突

果敢的衝突

脫胎自1989年瓦解的緬共，由果敢族民兵團組成的果敢同盟
軍和仰光政府簽訂停火協議，成為撣邦北部第一特區。民族上屬於
華人的果敢武裝組織占有一小塊緊鄰中國邊界的領土，以老街為首
都。停火協議破裂前，果敢地區向以毒品交易聞名，也充斥迎合邊
界對面中國觀光客的非法賭博和娼妓業。就像許多和中央政府簽訂

停火協議，但並未解除武裝的反叛組織，由彭家聲領導的果敢同盟
軍在處理特區事務上，擁有實質自治權，軍力不受緬甸軍方節制。
相較於克欽獨立軍和佤邦聯合軍，果敢同盟軍規模較小，軍隊只有
千人上下，軍力較弱，因此果敢成為緬甸政府推行邊防軍計畫時，
第一個鎖定的地區。

　　2009年8月8日，緬甸軍隊開進老街，企圖以毒品相關罪名突
襲彭家聲的住處。[12]雙方對峙兩週之後，緬甸軍方利用彭家聲和果
敢特區副主席白所成之間的嫌隙，成功讓白所成公開支持緬甸軍
方，合力攻打仍在彭家聲領導下的果敢同盟軍。[13]雖然有幾個少數
民族武裝組織（像是佤邦聯合軍和以勐拉為根據地的勐拉軍）前來
為彭家聲助戰，但果敢同盟軍仍然轉眼不敵緬軍。該月底，中央政
府已攻下老街。彭家聲敗走他方，銷聲匿跡；白所成的部隊加入邊
防軍，他被任命為果敢領袖，如今改而效忠內比都政府。

　　衝突就規模而言雖然不大，但據報仍有3.7萬名難民越過邊
界，進入雲南省邊境城鎮南傘。[14]許多難民是之前在果敢工作的中
國公民，但也有不少難民是果敢人和緬甸其他少數民族。衝突期
間，曾有一枚炸彈落在中國境內，誤殺一名平民，但8月底，中國
政府開始勒令不是中國公民的難民返回果敢。[15]於是經過一個月動
盪，果敢衝突平息，跨境局勢復舊如常。

　　之後，彭家聲在女婿林明賢的勐拉要塞藏身多年。但彭家聲帶
著部隊回到果敢，加上德昂民族解放軍（Ta'ang National Liberation
Army）、若開軍（Arakanese Army）等少數民族叛軍的支援，戰事於
是再度爆發。[16]2015年2月9日，果敢同盟軍襲擊緬甸政府軍在老
街附近的崗哨。緬軍遭到叛軍埋伏，傷亡慘重，四天戰鬥下來，共
造成47死、73傷。[17]內比都2月17日宣布進入緊急狀態，同時努
力重整旗鼓，抵擋果敢同盟軍及其友軍的攻勢。[18]戰事延燒至5月，

緬甸政府終於攻下果敢同盟軍的最後據點。[19] 衝突期間，又出現另一波難民潮，估計有4萬至5萬平民逃到中國，南傘鎮為難民提供臨時庇護所。[20]

克欽邦和撣邦北部的衝突

2010年9月，平定果敢同盟軍之後，緬甸軍方宣布現有停火協議一律「無效」，本質上等同向所有反抗邊防軍計畫的少數民族武裝組織宣戰。[21] 軍方的下一個目標是克欽獨立軍，克欽坐擁比果敢同盟軍更壯盛的軍力，全軍約有8,000人，武器也更精良。

戰事在2011年6月揭開序幕，緬甸政府軍攻擊克欽邦八莫（Bhamo）以東的克欽獨立軍據點，戰火蔓延至克欽全邦和撣邦北部。2011年6月至2012年10月間，克欽獨立軍和政府軍一共爆發不下2,400場衝突，據報造成克欽獨立軍至少700人死亡，政府軍的死亡人數在5,000至1萬之間。[22] 戰事在2012年12月和2013年1月再度白熱化，緬軍頻繁空襲、密集砲轟，強攻克欽獨立軍總部拉咱一帶的據點。[23] 然而，相較於先前輕取果敢的果敢同盟軍，這次緬軍卻久攻不下克欽獨立軍，後者依然控制拉咱周遭地區。由於拉咱緊鄰中國邊界，也有幾枚炸彈落到中國境內。

克欽獨立軍部分據點也相當靠近中國邊界，因此，當地的衝突自然也造成數千克欽難民越過邊界進入中國，加上克欽邦和撣邦內還有15萬名境內流徙者。[24] 雖然，緬甸政府和克欽獨立軍早在2013年初便同意進行和平對話，但一次次冗長談判並未締造實質成果，雙方仍繼續爆發零星衝突。克欽獨立軍傷亡最慘重的其中一次衝突，發生在2014年11月，當時緬甸政府軍砲轟克欽獨立軍的教練場，造成23名學員喪生。[25]

表8.1 2011年中期以來，少數民族武裝組織與緬甸政府軍之軍事衝突

	2011–2012	2013	2014	2015	2016
克欽獨立軍	<2,400	<1,500	73	96	82
德昂軍	80+	42	113	219	309
果敢同盟軍			15	51	1
復興撣邦委員會[a]	68	27	13	13	6
撣邦進步黨[b]	130	25	17	34	9
緬北聯合陣線					136+

資料來源：2012年至2014年的資料來自Burma News International, *Deciphering Myanmar's Peace Process: A Reference Guide 2015* (Chiang Mai: Burma News International, 2015), 13–14。2015年和2016年的資料來自Burma News International, *Deciphering Myanmar's Peace Process: A Reference Guide 2016* (Chiang Mai: Burma News International, 2017), 4–5。
上述《參考指南》提供的衝突數字，依不同資料來源而略有出入。作者多半採用新聞媒體報導的數字，若沒有新聞媒體的資料，便採用各個非國家武裝組織（Non State Armed Group）提供的數字。
[a] 復興撣邦委員會（Restoration Council of Shan State）又稱南撣邦軍。
[b] 撣邦進步黨（Shan State Progressive Party）又稱北撣邦軍。

　　緬甸政府軍不只和克欽獨立軍交戰，也和撣邦其他少數民族武裝組織交兵，包括德昂軍和若開軍，其中若開軍常和克欽獨立軍並肩作戰。政府軍還攻打名義上已和政府簽妥新停火協議的少數民族武裝組織，像是北撣邦軍和南撣邦軍。此外，現存的少數民族武裝組織還同時和邊防軍計畫收編的組織交鋒，也和親緬甸政府的其他私人民兵團作戰，為綿延的軍事衝突更添複雜糾葛。[26]

　　2016年底，克欽獨立軍、德昂軍、若開軍、果敢同盟軍組成緬北聯合陣線，進攻位於對中邊界的貿易重鎮木姐，威脅中、緬兩國的跨境貿易。[27]【表8.1】列出2011年中期以來，少數民族武裝組織與緬甸政府軍之軍事衝突。

資源的詛咒

　　雖然可以清楚看到停火協議瓦解的直接肇因，是政府的邊防軍計畫，但是政治結構因素長期影響了少數民族對緬甸政府的政治怨恨——這部分在前一章曾針對緬甸民族問題的政治根源討論過。另外還有幾個因素也讓衝突加溫，諸如克欽邦和撣邦的自然資源開發收入分配不公，以及大型基礎建設計畫的環境及社會影響，包括隨之而來的土地徵收、土地淹沒、當地社群的迫遷等。[28]

　　第6章曾經提到，中國對克欽邦產的木材和玉石需求與日俱增，驅使緬甸中央政府加強對這些商品開採權的控制。但這些貿易的徵稅權向來是克欽獨立軍的命脈，加上克欽獨立軍自認是克欽人的代表，因此也認為自己對這些收入擁有自然權利。在克欽人之間，確實常常可以聽到這樣的抱怨：克欽大地明明擁有豐富自然資源，收益卻全被緬甸中央政府榨光，留給人民的只剩貧困生活和劣化環境。[29] 故克欽獨立軍和緬甸政府軍的克欽邦關鍵領土之爭往往是自然資源之爭。例如，2012年夏天，雙方在帕敢玉礦的小衝突造成超過6,000名礦工和居民出逃。[30] 2017年1月，緬甸政府軍攻占克欽邦南部八莫附近的三個克欽獨立軍基地，聲稱這些基地是掩護木材走私到中國的中繼站。[31]

　　連結緬甸若開邦皎漂港和雲南昆明的兩條原油、天然氣管道也同樣爭議重重，因為管道路線穿過撣邦大小少數民族武裝組織控制的領土。2011年6月，緬甸政府軍和北撣邦軍在昔卜（Hsipaw）爆發戰事，昔卜也是原油管道預計穿過之地。[32] 管道還穿過克欽獨立軍第四旅控制的撣邦北部領土，這裏也爆發過衝突，因為克欽獨立軍認為緬甸政府軍打算鏟除他們在這裏的勢力。[33] 事實上，克欽獨立軍認為，緬甸政府想把他們趕出可以用來和中國建立基礎聯建設連結的領土。[34]

例如，中國政府和緬甸政府2010年開始商議建一條縱貫北緬甸、直達若開邦的鐵路，連結邊境城鎮瑞麗當時正在施工中的國內高速鐵路。雖然，緬甸政府後來以一般人民不予支持為由取消了計畫，[35]但可以想像如果計畫真的進行，會對延燒中的武裝反抗帶來何種後果。情況相仿，中國在伊洛瓦底江和薩爾溫江的幾個大型水力發電投資案也激起眾怒，為持續爆發的衝突火上加油。[36]

我們確實可以看到克欽邦和撣邦的自然資源發揮影響，延長了持續不止的武裝反抗。另外，似乎也顯而易見的是，中國在這些武裝反抗中扮演要角。為了了解邊區地帶獲得和平安定局勢的前景如何，關鍵是在緬甸國內政治轉型及後續國際外交關係變化的背景下，檢視中、緬雙邊關係近來的轉變。

變化中的中、緬雙邊關係

若要全面了解中、緬關係的動態，我們也必須考慮到美國的角色。1988年，美國政府對緬甸施加一連串制裁，抗議同年軍方暴力鎮壓學生運動。1990年，軍政府宣布選舉無效，領導民盟勝選的昂山素姬被軟禁在家，此後制裁更加嚴厲，緬甸被定調為被排斥的國家。[37]

往後的歲月，美國政府對緬甸態度強硬，例如，1997年後，限制對緬甸的新投資，同時對若干軍方高層人物實施旅行禁令。2003年迪帕因事件後，美國政府擴大旅行禁令，限制更多軍方人物赴美，禁止緬甸貨物出口美國，也不准美國銀行和緬甸往來。2007年「番紅花革命」後，美國進一步對緬甸的寶石、翡翠下達進口禁令，也再次擴大旅行禁令。[38]

　　但如第6章的討論，西方對緬甸的制裁並未帶來他們希望看到的政權更替，只是單純讓緬甸的貿易關係轉向東亞、東南亞鄰國，中國受惠最多。西方的外交孤立，尤其再加上伊拉克前車之鑑的政權更替威脅（至少諸位將軍如此認為），影響2005年軍政府將首都遷到內陸新建城市內比都的決定。[39] 西方的壓力也將緬甸更深深推入中國——緬甸在聯合國的保護國——的懷抱。[40]

　　不過，隨著奧巴馬政府開始重新評估美國在亞洲的戰略利益，尤其鑑於2008年後，中國在東南亞地區擴張影響力、外交政策採取更富侵略性的方向，[41] 在此背景下，緬甸的戰略重要性自是不言而喻。同時，緬甸內部也出現歧見，擔心國家過分依賴中國，也看到中國在緬的經濟霸權。[42] 例如，2004年一份針對緬、美關係的緬甸內部研究，呼籲政府改善與美雙邊關係，以減輕緬甸對中依賴的潛在代價。[43]

　　美國對緬外交政策2009年開始轉變。8月14日，美國維吉尼亞州參議員韋伯（Jim Webb）出訪緬甸，拜會軍方總司令丹瑞（Than Shwe）及昂山素姬。目前，沒有公開資訊披露韋伯和丹瑞及昂山素姬談話的確切內容，不過韋伯返美之後，奧巴馬政府仔細檢討了美國的對緬政策。[44] 美國政府高層官員隨後陸續緊鑼密鼓地訪問緬甸，為緬、美關係正常化做好準備。同年稍晚，奧巴馬總統出席新加坡的「美國—東協高峰會」時，也和丹瑞進行場邊會談。緬、美兩國重啟交往的全面進程就此展開。[45]

　　登盛開啟的政治自由化進程，此際深受美國讚許，美國的回饋是派出高層官員正式訪問緬甸，展開強力外交攻勢。2011年12月美國國務卿希拉里·克林頓（Hillary Clinton）出訪緬甸，這是自1955年以來，美國國務卿首度訪問緬甸。[46] 最重要的是，美國總統奧巴馬也在2012年11月中出訪緬甸，寫下歷史性的一刻，這是史上首度有美國總統訪問緬甸。[47]緬甸和美國的和解就在美國政策轉向的籠罩下展開，即美國所謂的「重返亞洲」(Asian Pivot)政策，代表的戰略願景，是強化美國在亞太地區的勢力，並建立包圍中國的國家聯盟。[48]

然而，美緬關係加溫讓北京憂心忡忡，不知道美國打算在中國的「後院」做些什麼，也擔心中國在緬甸的利益安全可能受到影響。許多中國評論人認為，美國是趁韋伯初次訪問緬甸時做出承諾，如果緬甸願意和中國保持距離，就保證給緬甸正面回饋。[49]之後，啟人疑竇的是，2011年9月登盛總統宣布密松大壩工程暫停，密松大壩是由中國電力投資集團公司出資興建，預計發電供中國使用。政府宣稱停工是出於環境考量，但此事被普遍認為是緬甸政府想擺脫中國「束縛」的徵兆。[50]

中國政府也暗示美國在其中大動手腳，因為登盛總統宣布停工的時間，就在緬甸外交部長溫納貌倫(Wunna Maung Lwin)和美國特使米德偉(Derek Mitchell)在華盛頓特區會面次日，自然引起懷疑，認為這不是單純的巧合。中國懷疑這是西方蓄意破壞中國計畫並挑撥中、緬邦誼，其疑心獲得維基解密報告證實，報告指出，美國使館資助了緬甸國內、外的反密松大壩運動。[51]

美緬關係正常化之後，許多國際制裁隨之解除，外資開始湧入。日本投資和援助應聲而至，2011年9月承諾提供1,000萬美元的無償援助，2012年3月又再承諾提供200萬美元。登盛出訪東京後，日本承諾再提供210萬美元的無償援助，宣布將赦免約37億美元的緬甸債務。[52]同時，緬甸政府不再面臨國際孤立，緬甸高層能以受邀貴賓身分，頻繁出訪西方國家。現在，緬甸政府處理對中關係的籌碼顯然增加許多，外交上或甚至經濟上都不再那麼深仰中國鼻息。

　　綜上所述，美、中之間的地緣戰略競爭，賦予緬甸更多抗衡中國在緬地位的能力。與此同時，緬甸的國內政治轉型，也為反對中國在緬投資的利益團體創造出動員空間。許多人也善用新開放的言論自由批評中國政府，抨擊中國政府過去支持軍政府。在種種因素匯流之下，許多中國投資案面臨巨大輿論和政府壓力。不只密松大壩，中國的萊比塘（Letpadaung）銅礦投資也飽受廣大民眾批評和抵抗。如前文所述，因為緬甸意興闌珊，連結雲南和印度洋的鐵路建設計畫也束之高閣。種種壓力讓中國惶惶擔心在緬甸的既有投資安全，這也是中方回應時進退維谷的原因。

　　緬甸的政治轉型及外交政策的親西方轉向發生得太過突然，讓中國措手不及。過去認為緬甸是「忠心」盟友、是相對安穩的戰略「後院」，但這種想法不再成立。取而代之的，是美國對緬甸釋出外交善意，讓中國憂心忡忡，擔心其在緬甸的戰略規畫不保，更深恐美國會進一步沿著原本「安全」的西南邊界圍堵中國。美國一再保證無意圍堵中國，對緬甸釋出外交善意與中方無關，但中國泰半認為這只是敷衍的外交辭令。北京將緬甸的美國勢力擴張，解讀為中國進出印度洋的潛在威脅，也威脅其原油及天然氣管道，甚至威脅其邊界國安；美國後來試圖介入克欽和平談判過程（這部分留待後文詳述），讓中國更迫切感到威脅。[53]

　　於是，中國發覺自身處境尷尬無比。一方面，北京和雲南對緬甸政府的「背叛」怒不可遏，強烈認定緬甸「不可信任」。[54] 尤其就密松大壩計畫停工一事而言，中國認為緬甸毀約，但緬甸似乎無意付出財務賠償，理由是中國和之前軍政府的合約談判不夠透明，中國電力投資集團公司因此蒙受慘重財務損失。[55] 但中國似乎也並沒有多少施力點，能逼內比都答應中國的要求。如果報復緬甸，稍一不慎可能將緬甸進一步推向西方的懷抱，顯然悖離中國的利益。

　　除此之外，中國在硬體基礎建設的巨額投資（像是那兩條原油、天然氣管道）表示中國受制於緬甸政府政策，動輒受到緬甸內部民族衝突波及。這兩條管道牽涉的財務利益極高，例如，根據中國自己的計算，兩條管道遠遠超過密松大壩計畫的損失。中國的首要之務，變成盡可能保住在緬甸的既有進出權利，避免把太多地盤輸給西方及日本競爭者。因此，決定如何回應緬甸變局成了北京的一大難題，不只要和緬甸政府積極接觸，也要傳達中國對攸關國家利益的議題心意堅定，希望內比都能予以尊重。

　　簡而言之，近年來，中國發起的外交接觸在頻率及範圍上皆大幅成長，即是反映了上述擔憂。緊接在希拉里出訪緬甸之後，中國國務委員戴秉國也在12月19日造訪內比都。同時，中國當時的駐緬大使李軍華也和昂山素姬會面，這是自昂山素姬成為民主反對派領袖以來，雙方首度正式會面。[56]

　　2012年2月，緬甸國會發言人瑞曼（Shwe Mann）出訪北京；幾個月後，中國人大常委會委員長吳邦國在9月回訪內比都。接著，2012年9月，登盛總統出訪南寧，參加「中國─東盟博覽會」，同時拜會習近平，2013年4月再度出訪中國，也和習近平會面。2013年會面時，習近平「忽然話鋒一轉，說中、緬邦誼不應『受到外力干擾』，這是罕見的直白聲明，反映中國越來越擔心西方在緬甸的影響力。」[57]中、緬之間也有軍方高層互訪。

　　2013年7月，登盛總統在內比都接見中國中央軍委副主席范長龍。[58]此外，2013年10月，習近平在北京歡迎緬甸國防軍總司令敏昂萊（Min Aung Hlaing）。[59]中國顯然感受到美國對緬外交攻勢所帶來的挑戰，於是積極和緬甸高層官員會面，試圖藉此收復一些失地。

2013年3月，中國任命楊厚蘭為新駐緬大使，咸認楊厚蘭是更老練的外交官，有能力處理中國目前在緬甸面臨的挑戰。赴任之後，楊厚蘭做出幾項變革，改變中國大使館接觸緬甸反對勢力和公民社會的整體方式。第一步是設立聯絡辦公室，處理和緬甸日益增加的公民社會團體之間的關係，促進和當地媒體的往來。

中國駐緬大使館開設臉書和推特帳號（諷刺的是中國國內封鎖臉書和推特），開始積極接觸國內、外媒體。他們認為之前不實消息滿天飛，訛傳中國政府和中國投資人在緬甸的作為，設立溝通管道是贏得緬甸公眾支持的關鍵。[60] 響應這步行動，同時也是行動一環，許多在緬甸的中國公司開始接觸媒體，談論企業社會責任之類的議題，回應先前批評中資毫不在乎潛在環境或社會成本的指控。最突出的成就，是中國政府和民盟的接觸，2015年6月昂山素姬出訪中國成為高峰，就在其政黨贏得大選以前。[61]

中國在緬投資問題連連，許多水壩和礦業計畫都陷入困境，因此中國政府起初先停止或暫緩新投資。根據孫韻的分析，「中國對緬投資大幅下跌——2008年至2011年間約有120億美元，到2012 / 2013會計年度時，僅剩4.07億美元。」[62] 不過，我們前面在第6章看到，中國對緬投資在2015 / 2016會計年度反彈，或許顯示這時雙邊關係已恢復穩定，昂山素姬訪問北京後，更是無須擔心。

緬甸政府意向搖擺、和西方關係尚不明朗的這幾年間，中國暫緩對緬甸的投資，這反映中國擔心面對一再變動的緬甸局勢，對緬投資長期是否可行、是否安全。另一方面，這些動作也可詮釋為北京運用經濟影響力告訴緬甸政府，中國在緬甸經濟建設上舉足輕重。中國身為世界第二大經濟體，又和緬甸共享邊界，緬甸想要擺脫對中國的相互依賴談何容易。

中國對緬甸現行武裝反抗的回應演變

現在，我們可以在圍繞緬甸國內政治轉型，以及外交突破的大環境地緣戰略變動下，理解中國政府何以改變對於中、緬邊界軍事化民族衝突的回應方式。我們確實可以觀察到，中國在評論緬甸對民族問題的處置時，回應越來越直言不諱；面對2009年和2015年前後兩次果敢衝突，中國截然不同的回應，正可闡明這點。克欽衝突再度爆發後，中國政府直接介入克欽獨立軍和緬甸政府的和平談判，這在中國外交實務上史無前例。

2009年9月1日，中國外交部發言人姜瑜主持例行記者會時，記者提問中方是否擔憂中、緬邊境地區安全？因應果敢衝突設立的難民營何時關閉？是否將要求難民離境？姜瑜回答：「中、緬是友好鄰邦，我們希望看到緬甸保持和平、穩定與發展……我們希望中、緬邊境局勢盡快恢復穩定，滯留在中、緬邊境的邊民能夠早日返回他們的家園。」另一位記者提問中方是否為難民提供了救助，姜瑜針對此問題回答：

> 雲南省地方政府採取了積極措施，已經安置了1萬多名緬甸邊民……我想強調的是，維護中、緬邊境穩定符合中、緬兩國人民的切身利益，也是中、緬兩國政府的共同責任。我們希望緬方妥善解決國內有關問題，採取一切必須措施，恢復邊境秩序穩定，並切實保障在緬中國公民的人身和財產安全。[63]

中國政府處理2009年果敢衝突時，基本上，似乎放手讓緬甸自行解決問題，不願意介入。中國的不干預方針，代表其信任緬甸政府是友好鄰邦，可以倚賴緬方保護中國在緬利益。

相反地，2011年以來，克欽獨立軍和緬甸軍方敵意升高時，由於2011年緬甸外交政策轉向，中國認為緬甸政府正經歷轉變。這項轉折導致中國做出更積極的回應，中國政府直言，對於緬甸政府處理克欽衝突的方式感到不滿。2013年1月4日的外交部例行記者會上，記者問起緬甸軍方對克欽獨立軍展開軍事行動，中國政府對此有何評論？中國邊境遭到緬軍炮彈襲擊，中方會如何回應？外交部發言人華春瑩回答：

> 緬甸政府軍和克欽獨立軍發生武裝衝突，三發炮彈落入中方境內，未造成人員傷亡。中方已就此向緬方提出交涉，要求緬方立即採取有效措施，避免類似事件再次發生。緬北問題是緬甸的內部事務。中方希望緬甸政府同有關方面通過和平談判，妥善解決緬北問題，維護中、緬邊境地區安寧與穩定。[64]

不過接下來幾週，緬甸政府似乎並未理會中國政府的意見，反而升高和克欽獨立軍的軍事衝突，炮彈持續落入中國境內。2013年1月17日，被問起緬北交火持續時，外交部發言人洪磊表達對緬甸的強烈不滿，洪磊聲明：

> 中方已就此向緬方提出緊急交涉，對上述事件表示嚴重關切和不滿，要求緬方對此進行認真調查，並採取一切必要措施，防止類似事件再次發生。中方呼籲緬北衝突雙方保持最大限度的克制，盡快實現停火，通過對話解決分歧。[65]

　　中國政府此時似乎感到有必要更積極介入緬甸政府和克欽獨立軍的衝突，開始施壓雙方進行談判。2013年1月21日，中國外交部證實：

> 近日，中國政府特使、外交部副部長傅瑩訪問了緬甸，雙方重申將共同致力於維護中、緬邊境的和平與穩定……我們認為，和談是解決緬北問題的唯一正確途徑，希望相關各方都能實現停火，開展和談。中方將繼續發揮建設性的作用，有效維護中、緬邊境和平安寧。[66]

　　經過中國兩週來的施壓，緬甸政府和克欽獨立軍確實同意坐下來展開和平對談，第一輪對話在2月4日及3月11日舉行，地點是雲南省瑞麗市。這段期間，中國還任命王英凡大使為亞洲事務特使，不過他的主要職責是監督緬甸的和平談判及其他事態發展。事實上，在這輪談判中，各方皆認為中國的手段太霸道，克欽獨立軍尤其不滿。[67]

　　下一輪談判改在克欽邦首府密支那舉行。中國政府之所以決定更直接介入，一方面是因為擔心美國和英國介入和平談判進程（克欽獨立組織和緬甸政府邀請英、美政府派代表坐上談判桌）。但中國堅決反對克欽衝突「國際化」。憂心美國有可能更接近中國西南邊界，使得中國願意更強勢處理克欽和平談判進程。最後，雙方不顧中國反對達成和解，邀請聯合國派代表參加2013年5月的和平談判。

　　綜上所述，克欽衝突是中國政府首度積極介入緬甸政府和少數民族反叛武裝組織的和平談判，對比中國政府向來強調外交政策「不干預他國內政」，此舉顯然代表政策方向轉折。就中國普遍擔心緬甸對西方外交關係及國內政治變革的背景而言，可以理解北京希望向內比都展現其在邊區地帶掌控的關鍵地位和勢力。

　　回到 2015 年重燃的果敢衝突，彭家聲的公開信發布之後，在動員中國民族主義情感上收震撼之效。憤怒的中國民族主義者開始痛斥中國政府膽小懦弱，要求政府以更強硬的行動，回應緬甸政府不當對待身為華人族群的果敢人。中國國內媒體也訪問彭家聲做追蹤報導，許多媒體以長篇故事報導果敢歷史，以及果敢同盟軍和緬甸中央政府的今昔衝突。接著 3 月初，中國開始有報導提到緬甸炮彈落入中國境內，對此中國外交部發言人洪磊要求緬甸應防止類似事件再次發生。[68]

　　3 月 13 日，緬甸軍方空襲的炮彈落入中國境內，造成中國公民五死九傷。[69]中國公民被據稱是「流彈」的緬甸炮彈炸死，在網路上掀起中國民族主義者熱議。許多人怒罵「爾等小國」緬甸竟敢轟炸中國領土，造成中國公民死亡。也有許多人嘲笑中國政府儘管「自封」泱泱大國，在捍衛主權上卻一籌莫展。多數人皆要求中國政府對緬甸採取懲罰行動。有些人甚至將果敢的局勢類比為克里米亞，說該是中國向俄國榜樣看齊的時候了，中國應該多保護海外同胞。上述修辭促使官媒《環球時報》(Global Times) 刊登社論反駁這個類比，強調果敢人雖然是華人，但不是中國公民。[70]

　　我們正是在這樣的背景下，觀察到中國政府對 2015 年果敢衝突做出和 2009 年截然不同的回應。報導指出，中國公民遭緬甸炮彈誤擊身亡後，外交部發言人洪磊在 2015 年 3 月 16 日的例行記者會表示：「中方……向緬方提出了嚴正交涉。緬方向中方表示，對事件造成中方人員傷亡感到難過，將進行認真調查並妥善處理。緬方已於昨日派工作組抵達中、緬邊境地區，同中方展開聯合調查。」[71]

　　這次北京行事果決，要求緬方正式道歉，緬方起初不願道歉，推託說不清楚該由誰為誤擊的炮彈負責。中國駐緬大使楊厚蘭向緬甸政府及軍方提出正式抗議。中國中央軍委副主席范長龍隨後也向緬甸國防軍總司令敏昂萊發出嚴正抗議，要求緬方調查轟炸事故、道歉、賠償受害者。[72]

　　最後，緬甸外交部長溫納貌倫正式道歉，4月2日在北京的會面上，向中國外交部長王毅表示：「我代表緬甸政府和軍方正式向中國道歉，並表達對死傷者家屬最深切的同情。」[73]緬甸也在壓力下，在國內媒體刊登致歉報導。[74]

2015年緬甸大選及21世紀彬龍會議

　　中國對緬甸邊區衝突採取較深入干預方針的同時，緬甸的國內政治轉型也達到里程碑。雖然軍方保有特殊地位，但2015年11月的大選一般認為，整體來說是自由公正的，由民盟大獲全勝。雖然，昂山素姬依憲法規定無法成為總統，但她在民盟內公認的權威，讓她以國務資政之職成為政府實質首腦。新政府面臨艱巨挑戰，必須兼顧重振緬甸經濟和繼續政治改革。同時，為了保障國家的長期安定，與大小少數民族武裝組織和平解決爭端，也被昂山素姬列為政府的重大任務。

　　民盟勝選以前，登盛政府也已和部分少數民族武裝組織展開政治對話，繼而在2015年10月簽訂《全國停火協議》（*National Ceasefire Agreement*）。[75]雖然名為「全國」，但只有八個武裝組織簽署協議，幾個較大的少數民族武裝組織 (像是佤邦聯合軍、克欽獨立軍、德昂軍、若開軍、果敢同盟軍) 皆被排除在外。

　　簽訂的《全國停火協議》包括政府要求的「三大國家目標」，即「聯邦不解體、國家團結不分裂、國家主權永存」。政府方面作為交換的讓步是同意聯邦的建立須本於民主和聯邦制。[76]不過最敏感的議題，諸如裁軍、復員、少數民族武裝部隊重返社會、安全部門改革等，皆不見於《全國停火協議》當中。

昂山素姬組成新政府後，聯邦和平對話聯合委員會（Union Peace Dialogue Joint Committee）成立，取代之前的緬甸和平中心（Myanmar Peace Center）。昂山素姬接著宣布召開「21世紀彬龍會議」，呼應父親昂山在1946年彬龍協議的關鍵角色；第一場會談從2016年8月底延續至12月初。

會議參與者遠比《全國停火協議》廣大，拒簽《全國停火協議》的武裝組織聯盟獲准發表聲明，要求在國家治理和軍隊上大刀闊斧改革，被認為「實是一大進步，畢竟這個國家不過五年前才從軍事獨裁政權展開政治轉型。」[77]不過，果敢同盟軍、德昂軍、若開軍等三個武裝反抗組織未受邀請，佤邦聯合軍則在會議第二天拂袖而去，聲稱遭到歧視。[78]儘管起初大家樂觀期待，但彬龍會議的第一場會談並未達成任何實質協議。

前文曾經提到，緬北聯合陣線和緬甸軍方在2016年底爆發衝突。至2017年2月，共有七個武裝組織宣布他們不會簽署《全國停火協議》，將在佤邦聯合軍領導下，另尋和平談判之路。[79]2月21日，七個組織在佤邦聯合軍的邦康總部會面，發表聯合聲明，表明他們無意簽署《全國停火協議》，希望在佤邦聯合軍領導下，展開政治對話。[80]此外，他們要求中國和聯合國居中協調，表示支持中國的「一帶一路」計畫，承諾中國的計畫在他們控制的地區擁有「安全保障」。[81]

鑑於佤邦聯合軍和中國過從甚密，有些推測認為中國大力影響了這些拒簽《全國停火協議》的組織。2017年5月，「21世紀彬龍會議」的第二場會談召開以前，七個組織確實曾經在昆明會面，據報他們之所以獲准以特別嘉賓身分參加內比都的會談，是因為中國在背後施壓。[82]第二次會議似乎取得了溫和進展，與會者就政治、經濟、社會、土地、環境等各方面議題達成多項協議。[83]會談過程中，昂山素姬也和拒簽《全國停火協議》的七個組織代表會面，不過是個別會面，而非以聯盟身分共同會面。[84]

然而，重大阻礙仍然橫在前方；其中一大阻礙是聯邦軍的議題，緬甸軍方堅持聯邦軍的主張，但少數民族武裝組織全都想要保有自己的武裝部隊。同時，還有幾個少數民族武裝組織不希望《聯邦和平協定》草案出現硬性規定「不可分裂」、「非分離主義」的用語。[85]

小結

雖然2017年的若開邦羅興亞危機大大削弱了昂山素姬身為全球民主標竿人物的光環，但緬甸在過去五年以來於國內政治轉型和國際地位提升上，確實大有斬獲。至少當時緬甸本土內確立了大致民主的政治框架，社會也見證了言論自由和政治結社自由的重大進步。然而，自從緬甸聯邦建國以來，始終揮之不去的頭號棘手難題，仍舊是少數民族地區不平息的衝突。由於若開邦不在本書討論範圍內，此處不擬多談羅興亞人持續面臨的人道危機。

儘管如此，多個少數民族武裝組織依然在緬、中、泰邊區地帶活躍展開武裝反抗，這點足以說明多數民族緬族的政治中心和少數民族的邊陲之間，劍拔弩張的關係。如何將這些少數民族武裝組織吸納進緬甸群體之中，確實是軍方和昂山素姬領導的民政府所需處理的首要任務。以武力全面征勦游擊隊似乎成效不彰，在可預見的未來也不是選項之一。另一方面，開啟有意義政治對話、實現全國和平之路，也並非一帆風順。緬甸政治精英為國內破碎的少數民

族邊區地帶實現政治解方以前,還有漫漫長路要走。經過種種風
浪,緬甸北方的龐大鄰國也在緬甸內部的和平進程中,越來越舉足
輕重。

註釋

1   彭家聲的中文公開信,可至以下網址瀏覽:http://www.backchina.com/
    forum/20150212/info-1270789-1-1.html。

2   本章部分內容引自:Enze Han, "Geopolitics, Ethnic Conflicts along the Border,
    and Chinese Foreign Policy Changes toward Myanmar," *Asian Security* 13, no. 1
    (January 2, 2017): 59–73;亦參見:Han, "Borderland Ethnic Politics and
    Changing Sino-Myanmar Relations."

3   2003年5月30日,由軍方撐腰的一幫暴徒在中緬甸迪帕因附近襲擊昂山
    素姬的車隊,數十名民盟黨員遇襲身亡。Zarni Mann, "A Decade Later,
    Victims Still Seeking Depayin Massacre Justice," *The Irrawaddy*, May 31, 2013.

4   Kyaw Yin Klaing, "Understanding Recent Political Changes in Myanmar,"
    Contemporary Southeast Asia: A Journal of International & Strategic Affairs 34, no. 2
    (2012): 203.

5   Maung Aung Myoe, "The Soldier and the State: The Tatmadaw and Political
    Liberalization in Myanmar since 2011," *South East Asia Research* 22, no. 2 (June 1,
    2014): 238.

6   Ibid.

7   Aurel Croissant and Jil Kamerling, "Why Do Military Regimes Institutionalize?
    Constitution-Making and Elections as Political Survival Strategy in Myanmar,"
    Asian Journal of Political Science 21, no. 2 (August 1, 2013): 119.

8   Dan Slater, "The Elements of Surprise: Assessing Burma's Double-Edged Détente,"
    South East Asia Research 22, no. 2 (June 1, 2014): 171–182.

9   Marco Bünte, "Myanmar's Protracted Transition: Arenas, Actors, and Outcomes,"
    Asian Survey 56, no. 2 (April 1, 2016): 369.

10 Ibid.

11 Ian Holliday, "Ethnicity and Democratization in Myanmar," *Asian Journal of
    Political Science* 18, no. 2 (August 1, 2010): 118.

12 Lawi Weng, "Kokang Thwart Burma Army Drug Raid," *The Irrawaddy*, August
    10, 2009.

13　Chin and Zhang, *The Chinese Heroin Trade*, 49.

14　Chris Buckley, "Myanmar Refugees Begin Warily Returning from China," *Reuters*, August 31, 2009.

15　Ibid.

16　Yee Mon and Lun Min Mang, "Ethnic Allies Join Kokang Fight," *Myanmar Times*, February 13, 2015.

17　Ibid.

18　"Myanmar Announces Extension of State of Emergency in Kokang Region," *China Daily*, May 19, 2015.

19　"Government Troops 'Seize Last Stronghold of Kokang Rebels,' " *Mizzima*, May 16, 2015.

20　Echo Hui, "Tens of Thousands Flee War, Airstrikes in Kokang Region," *Democratic Voice of Burma*, February 12, 2015. 有部紀錄片拍下 2015 年衝突期間湧入中國的難民潮，參見：Bing Wang, *Ta'ang*, Documentary, Chinese Shadows, 2016。

21　Burma News International, *Deciphering Myanmar's Peace Process: A Reference Guide 2013* (Chiang Mai: Burma News International, 2013), 33.

22　Ibid, 7.

23　"Burma Attack Breaks Kachin Truce Near China Border," *BBC News*, January 20, 2013.

24　"China 'Forcing Kachin Refugees Back to Burma,' " *BBC News*, August 24, 2012; Burma News International, *Deciphering Myanmar's Peace Process*, 7.

25　Jared Ferrie, "Myanmar Kachin Rebels Say 23 Cadets Killed by Army Shell," *Reuters*, November 20, 2014.

26　Burma News International, *Deciphering Myanmar's Peace Process*, 33.

27　Chan Mya Htwe, "Conflict Fears Leave Muse Trade Stilted," *Myanmar Times*, December 1, 2016.

28　Burma News International, *Deciphering Myanmar's Peace Process*, 21.

29　2013 年夏天在拉咱的訪問。

30　"Kachin War a Battle for Resources," *Radio Free Asia*, August 31, 2012.

31　Naw Noreen, "Burmese Army Captures 3 Bases from Kachin Rebels," *Democratic Voice of Burma*, January 19, 2017.

32　"Work Resumes on China-Backed Pipelines," *Democratic Voice of Burma*, June 29, 2011.

33　"Experts Warns against Turning Shwe Pipeline on While Kachin Conflict Continues," *Kachin News*, April 1, 2013.

34　Brang Hkangda, "Motives Behind Offensive Operations in Mansi," *Kachinland News*, December 16, 2013.

35　"China-Backed Railway Expansion Stalls in Myanmar," *Voice of America*, August 1, 2014.

36 Libby Hogan, "Shan Groups Warn Salween Dam Could Fuel Conflict," *Democratic Voice of Burma*, August 24, 2016. 關於密松大壩停工一事，參見：Kiik, "Nationalism and Anti-Ethno-Politics."。

37 Bertil Lintner, "The Ex-Pariah," *Politico Magazine*, March/April 2014.

38 David I. Steinberg and Hongwei Fan, *Modern China-Myanmar Relations: Dilemmas of Mutual Dependence* (Copenhagen: NIAS Press, 2012), 331–332.

39 另一方面，遷都內比都符合緬甸建都於乾燥中部平原的歷史傳統。

40 "Russia, China Veto UN Resolution on Burma," *Voice of America*, 1 November 2009.

41 Thomas Christensen, "Obama and Asia: Confronting the China Challenge," *Foreign Affairs* 94, no. 5 (September/October 2015): 28–36.

42 Min Zin, "Burmese Attitude toward Chinese," 115–131.

43 Jürgen Haacke, *Myanmar: Now A Site for Sino-US Geopolitical Competition?* SR015 *LSE IDEAS* (London: London School of Economics and Political Science, 2012).

44 Scot Marciel, "Burma: Policy Review," *Diplomacy in Action*, US Department of State, 2009, https://2009-2017.state.gov/p/eap/rls/rm/2009/11/131536.htm.

45 Nehginpao Kipgen, "US–Burma Relations: Change of Politics under the Bush and Obama Administrations," *Strategic Analysis* 37, no. 2 (March 1, 2013): 203–216.

46 "Hilary Clinton in Historical Myanmar Visit," *The Telegraph*, November 30, 2011.

47 Andrew Buncombe, "Barack Obama Becomes First US President to Visit Burma, Meeting Aung San Suu Kyi and President Thein Sein," *Independent*, November 10, 2012.

48 Kurt Campbell and Brian Andrews, *Explaining the US "Pivot" to Asia* (London: Chatham House, The Royal Institute of International Affairs, 2013).

49 2013年夏天在昆明和仰光的親身訪談。

50 Stephanie Shannon and Nicholas Farrelly, "Whither China's Myanmar Stranglehold?" in *ISEAS Perspective: Selections 2012–2013*, ed., Kee Beng Ooi (Singapore: ISEAS-Yusof Ishak Institute, 2014); Yun Sun, "China, Myanmar Face Myitsone Dam Truths," *Asia Times Online*, February 19, 2014.

51 Yun Sun, "China's Strategic Misjudgement on Myanmar," *Journal of Current Southeast Asian Affairs* 31, no. 1 (2012): 86.

52 Ibid.

53 Yun Sun, "China, the United States and the Kachin Conflict," Issue Brief No. 2, *Great Powers and The Changing Myanmar Issue Brief* (Washington, DC: Stimson Center, 2014).

54　2014年夏天和緬甸仰光中國大使館官員的訪問。中國政府原本透過雲南省，以省級管道處理部分對緬外交政策往來，尤其是貿易等經濟關係方面的領務。認為雙邊關係全毀之後，北京重新直接執掌外交。

55　Sun, "China, Myanmar Face Myitsone Dam Truths."

56　Aung Hla Tun and Ben Blanchard, "China Reaches out to Myanmar's Suu Kyi," *Reuters*, December 15, 2011.

57　Patrick Boehler, "Thein Sein Talks Investment, Kachin Conflict during China Visit," *The Irrawaddy*, April 8, 2013.

58　"Myanmar President Meets Chinese Senior Military Official," *Xinhua*, July 24, 2013.

59　"Chinese President Meets Myanmar Defense Chief," *Xinhua*, October 17, 2013.

60　〈中國駐緬大使：緬甸轉型無礙中緬關係大格局〉，《中國青年報》，2014年1月28日。

61　"Aung San Suu Kyi Arrives in China for First Visit," *BBC News*, June 10, 2015.

62　Sun Yun, "Chinese Investment in Myanmar: What Lies Ahead?" Issue Brief No. 1, *Great Powers and the Changing Myanmar* (Washington, DC: Stimson Center, 2013).

63　中華人民共和國駐厄瓜多爾共和國大使館，〈2009年9月1日外交部發言人姜瑜舉行例行記者會〉，http://ec.chineseembassy.org/chn/fyrth/t581720.htm。

64　中華人民共和國駐伊朗伊斯蘭共和國大使館，〈2013年1月4日外交部發言人華春瑩主持例行記者會〉，http://ir.china-embassy.org/chn/fyrth/t1002817.htm。

65　中華人民共和國駐丹麥王國大使館，〈2013年1月17日外交部發言人洪磊主持例行記者會〉，http://www.fmprc.gov.cn/ce/cedk/chn/fyrth/t1005817.htm。

66　中華人民共和國駐丹麥王國大使館，〈2013年1月21日外交部發言人洪磊主持例行記者會〉，http://www.fmprc.gov.cn/ce/cedk/chn/fyrth/t1006882.htm。

67　根據我在拉咱和仰光的訪談結果，王英凡在談判桌上盛氣凌人，激怒了克欽獨立軍代表，他們覺得王英凡在對他們說教。

68　〈外交部：緬甸衝突流彈落入中國境內　已向緬方表達關切〉，《人民網》，2015年3月10日。

69　〈范長龍要求緬方嚴格約束部隊　否則將採取措施〉，《人民網》，2015年3月15日。

70　"North Myanmar Peace Imperative for China," *Global Times*, February 16, 2015. 《環球時報》不得不澄清果敢和克里米亞的差異，因為中國政府畢竟不希望迫於壓力效法俄國出兵克里米亞，但這樣便可能被較強硬派的民族主義者貶為「軟弱」。

71　中文引自：http://lb.chineseembassy.org/chn/fyrth/t1245956.htm。

72 "Myanmar Cross-Border Bombing Kills Four, Draws Protest from China," *Radio Free Asia*, March 13, 2015.

73 "Myanmar Apologizes to China over Warplane Bombing," *Xinhuanet*, April 2, 2015.

74 "Myanmar Apologizes to China over Cross-Border Bombing," *Myanmar Times*, April 3, 2015.

75 Antoni Slodkowski, "Myanmar Signs Ceasefire with Eight Armed Groups," *Reuters*, October 15, 2015.

76 Burma News International, *Deciphering Myanmar's Peace Process: A Reference Guide 2016* (Chiang Mai: Burma News International, 2017), 29–30.

77 Jens Wardenaer, "Myanmar: Progress at Panglong despite Obstacles," *IISS Voices*, September 6, 2016.

78 "State Councilor Says Not to Put Blame on Anyone over Wa Departure," *Mizzima*, September 2, 2016.

79 "NCA Non-Signatories Disavow Peace Accord, Seek Alternative Talks," *Democratic Voice of Burma*, February 27, 2017.

80 Ibid.

81 International Crisis Group, *Building Critical Mass for Peace in Myanmar*, Asia Report N° 287 (Yangon, Myanmar; Brussels: International Crisis Group, June 29, 2017), 4.

82 "Northern Alliance Members Arrive in Naypyidaw for Peace Conference," *The Irrawaddy*, May 23, 2017.

83 "Union Peace Conference Achieves Agreement on the Majority of Points in Five Sectors," *Mizzima*, May 26, 2017.

84 International Crisis Group, *Building Critical Mass for Peace in Myanmar*, 10.

85 "Post-Panglong, Peace Challenges Remain," *Democratic Voice of Burma*, June 5, 2017.

結論

　　登上索洛（Sop Ruak）村旁的山頂，老撾、緬甸、泰國三國交界處一覽無遺。泰國地方政府將這裏廣告成「真正的」金三角，吸引想要一窺這個惡名昭彰的種植鴉片和販毒中心的觀光客，然而遊客可能會敗興而歸，因為這段冷戰時期跨境陰謀糾葛的歷史，在主題樂園式的呈現下，看不到絲毫有意義的東西。不過，距離這個人工觀光景點不遠處，沿著湄公河國界橫跨國境，嶄新發展標誌著人流、物流從中國經老撾往下游泰國前所未見地熱絡流動。

　　來到河對岸的老撾頓蓬（Tonpheung）市，一幢賭場兼飯店的大型複合建築矗立於天際線。身為中資集團建立的新金三角經濟特區一分子，金木棉賭場（King Romans Casino）是湄公河流域最大的博奕娛樂城；隨之而來的，是蓬勃發展的販毒、洗錢等非法經濟，加上越過泰老邊界湧入的大批緬甸移工和中國觀光客。[1]

　　前往一水之隔的泰國清盛市，清盛港務局龐大的工業園區前，飄揚著中國、老撾、緬甸、泰國的國旗。湄公河日益繁忙的交通，改善了四國進一步經濟合作的前景。再往下游走一點，便來到清孔市，2013年完工的第四座泰老友誼大橋成為連結中國路網和泰國路網的聯絡要道，構成亞洲公路3號線的一段。基礎建設聯絡更通達，讓過去在冷戰時期是窮鄉僻壤的邊區地帶，如今更像是深化區域經濟整合的中心。

事實上，最近在中國和若干湄公河流域國家的提議下，各國達成一項促進區域經濟整合的計畫：瀾滄—湄公合作會議（Lancang-Mekong Cooperation）。相較於亞洲開發銀行的大湄公河次區域合作計畫或西方資助的湄公河委員會（Mekong River Commission）等早期區域計畫，瀾湄合作的中國參與較深。

2015年11月，瀾湄合作首次外長會在雲南省南部西雙版納地區的景洪召開，會後發布了瀾湄合作框架的概念文件。之後，瀾湄合作首次領導人會議在海南三亞舉行，《瀾湄合作首次領導人會議三亞宣言》於焉誕生。[2] 會議上，柬埔寨、中國、老撾、緬甸、泰國、越南等各國領導人，同意在政治安全、經濟和永續發展、社會人文等三大關鍵領域，加強對話合作。各國也同意開始在互聯互通、產能、跨境經濟、水資源、農業減貧等五大優先領域合作。[3] 瀾湄合作主要側重於經濟合作，和強調環境保護及水資源管理的另外兩個區域計畫調性不同。

關於中國何以推動瀾湄合作，理解時也應考慮到一帶一路的大戰略背景，一帶一路的目標在於強化中國和東南亞的聯絡互通。從中國政府的觀點來看，雲南等西南省份應該成為一帶一路的重要通道，為此，中國政府出資400億美元新成立「絲路基金」，支持大湄公河次區域各國的基礎建設和產業合作。[4] 這表示中國不只決心要「在次區域合作上發揮更全面的作用，投射其主導權和制定規則的權力」，[5] 還要減少西方和日本在當地的影響力。

瀾湄合作確實被認為是中國對區域主導權的宣告，表明其有力左右東南亞大陸的合作。[6] 自瀾湄合作成立以來，中國已主持三次瀾湄合作外長會，也設立基金資助該合作機制底下的45個計畫，包括水資源研究中心，以及互聯互通、產業能力、邊境貿易、農業、扶貧等各方面計畫的合作。[7]

近日，瀾湄合作第二次領導人峰會於2018年1月在金邊召開。雖然，瀾湄合作的最終執行細節尚不明朗，但就目前可見的協議看來，瀾湄合作主要似乎是用來深化中國對大湄公河次區域各國的經濟滲透，著重於經濟發展，而非以湄公河為中心的環境保護和其他民生議題。[8]事實上，瀾湄合作會議將湄公河委員會拒於門外——後者主要關心湄公河上下游的環境保護問題，由西方出資贊助，成員國並不包括中國。[9]

中國在東南亞推動瀾湄合作和一帶一路的整體戰略，處處展現中國已越來越像區域霸主。過去數十年來的經濟快速成長和區域影響力擴張，更加擴大了中國和東南亞南方諸鄰的不對等權力失衡。這點體現在泰、緬兩國加深對北京的依賴上，兩國皆越來越仰賴北京為其解決國內經濟挑戰。由於國內政治轉型，泰、緬兩國對北方強鄰的關係皆走向前所未見的趨勢。

進入21世紀以來，泰國國內局勢動盪，粗略分成「黃衫軍」和「紅衫軍」的兩股政治力量連連示威、反示威，互相較勁。[10]這些草根對抗反映被趕下台的總理他信・西那瓦和皇室勢力支持者之間的權力鬥爭，驅使軍方在2006年和2014年兩度接管政府。

值得注意的是，最近一次由巴育・占奧差將軍(Prayuth Chan-ocha)發動的政變，造成更高壓的國內政治環境：公民自由倒退、人權侵害加劇，苛刻運用《冒犯君主法》(*lèse majesté*)將政治異議人士入罪，更是為人詬病。[11]泰國的國內政治倒退引發對美關係的問題，美國已經不再像過去冷戰年間那麼容忍或支持泰國的軍事政變。

美國政府的正式回應，包括降級和泰國的軍事關係、取消部分軍援、批評泰國政局。雖說美國的施壓力道不強，但泰國政府更是不痛不癢，因為泰國正積極尋求中國支持。2014年12月19日，中國國務院總理李克強出訪泰國，成為泰國同年5月軍變以來，層級最高的訪泰外國領導人。[12] 數日後，泰國總理巴育飛抵北京，拜會中國國家主席習近平，習近平表示，希望兩國在攸關雙方核心利益的議題上，繼續展現相互理解與支持。

曼谷和北京不只政治關係更密切，兩國也加強軍事合作。泰國向中國採購潛水艇、坦克車及其他軍事裝備，中、泰兩國更在2016年進行「藍色突擊」(Blue Strike) 聯合軍事演習，被認為是「兩國有史以來最全面的演習，涵蓋陸戰、海戰及人道主義救援訓練。」[13]

藉由尋求中國支持，泰國政府有效對抗來自美國的壓力。例如，美國國務院亞太助卿羅素 (Daniel Russel) 在2015年1月發表演說時，批評軍政府，泰國外交部隨後便召見美國高級外交官表達不滿。[14] 曼谷的美國駐泰大使館前，有群眾發起針對羅素演講的抗議。[15] 2015年12月，美國新任駐泰大使戴維斯 (Glyn Davis) 擔心《冒犯君主法》遭到濫用，其評論招致泰國總理巴育的批評，巴育說戴維斯的「意見偏頗不公⋯⋯可能導致泰、美長期邦誼惡化。」[16]

由於美國處於和中國競爭東南亞影響力的動態，禁不起過度施壓而致現任泰國政府疏遠的後果，唯恐將泰國進一步推向中國的懷抱。[17] 因此，美國和泰國政府往來時行事謹慎，泰軍和美軍的年度聯合軍事演習「金色眼鏡蛇」(Cobra Gold) 2016年如期舉行，2017年也再度舉行，儘管先前有消息指出，美國或許有意取消演習。[18]

特朗普總統就職後，兩國關係進一步改善，巴育在2017年10月訪問白宮，成為睽違12年來首位訪問白宮的泰國總理。[19] 綜上所述，泰國透過和中、美兩國公開交往，成功在國內政治避開美國壓力而維持自主權。藉由追求更密切的對中關係，現任軍政府得以繼續牢牢掌握國內權力，也享有國際外交行動自由。

　　另一方面，緬甸和中國的關係近年經歷高低起伏，但已見穩定，2015年昂山素姬上台後更是平穩。2017年，昂山素姬及其政府深受若開邦的羅興亞危機困擾，昂山素姬在此際表示感謝北京對緬甸政府的支持，例如，她在接見來訪中國外長的近期會面上說：「中國和緬甸是兄弟之邦，邦誼永固。」[20]

　　近來，昂山素姬政府處理羅興亞危機的方式，飽受國際批評，被痛批是種族清洗、甚至種族屠殺，而後，北京繼續包庇緬甸逃避國際譴責，就這點而言，緬甸的對中關係某種程度上，的確又重回依賴，和過去軍政府時期如出一轍。

　　中國顯然不支持就羅興亞議題對緬甸施加國際制裁，願意在聯合國安理會動用否決權反對任何制裁提案。2017年11月，鑑於中國和俄國明顯不願意支持聯合國決議，安理會轉而發布聲明，譴責若開邦的暴力，但避開了種族清洗等字眼。[21] 2018年3月，中國再次阻撓英國在聯合國安理會的動作，英國希望發出聲明，要求緬甸審判應該為羅興亞攻擊事件負責的人，但中國提出淡化的修正案，一概不提調查或究責。[22]

　　另一方面，中國也積極介入緬甸和孟加拉國之間，促成緬、孟兩國協商解決問題。中國並非一味支持緬甸，也力圖安撫孟加拉國對於收容大量難民不堪負荷的擔憂。2017年11月，中國外交部長王毅出訪達卡（Dhaka）後，中國政府自請為緬甸和孟加拉國政府居中調停，提出解決緬、孟僵局的三階段提議，包括第一步的緬甸軍方停火，第二步的緬甸和孟加拉國政府協商解決羅興亞難民遣返問題，以及最後一步，國際社會協助重建戰火蹂躪後的若開邦。[23]

　　不過羅興亞危機仍是現在進行式，關於緬甸政府將承受多沉重、多長久的國際壓力，以及國際壓力對昂山素姬本人及民盟有何政治影響，目前細談尚為之過早。

　　儘管如此，在緬甸邊境少數民族反叛組織的國內和平進程議題上，中國居中斡旋的影響力與日俱增。值得再次強調的是，中國在整體進程扮演關鍵要角，而緬甸的和平進程，也深深牽動中國一帶一路大戰略的整體戰略利益。事實上，中國國內討論到東南亞的一帶一路戰略時，緬甸往往不只是連結中國和印度洋的樞紐，也是通往南亞諸國走廊的一環。

　　備受討論的一條貿易聯通道，是所謂的孟加拉國、印度、緬甸、中國經濟走廊，旨在促進各國的互聯互通、文化、貿易、觀光往來，以及人文接觸，尤其側重邊境地區，構想是要建立能跨越陸路邊界的更緊密貿易網絡，儘管現實是這些邊區地帶皆位於險阻重重的山區。[24]

　　雖然，這樣的倡議聽來不像是基於務實理解跨越緬甸、印度、孟加拉國界的困難，反而像是異想天開，但還是勾勒出也許國界障礙能降低的未來願景。或許是因為中國就羅興亞議題給予緬甸政府外交支持，兩國政府在7月同意簽訂中、緬經濟走廊合作備忘錄。[25]經濟走廊的根本確切細節仍然模糊不清，但這次協議表示緬甸政府終於加入了中國的區域發展戰略，儘管起初心懷抗拒。

　　皎漂港的情況類似，雖然國內出現部分反對聲浪，也憂心皎漂港港口設施的財務永續性，但緬甸政府最後還是和中國中信集團簽約，共同開發經濟特區，中信集團控制70%股份。[26]

　　種種宏大計畫若要成功，便亟需興建連結緬、中兩國的良好基礎建設。但是，只要談到促進兩國之間的基礎建設聯絡，就不可能繞開這些路線途經地的現實：路線必定會穿過少數民族反叛武裝組織控制的領土，或是這些武裝組織和緬甸中央政府的爭議領土。因此，中國政府體認到，緬甸動盪的邊區是中國在緬戰略利益的一大負擔。持續爆發的武裝反抗不只不時將難民推向中國領土，也傷害了仰賴邊境貿易的地方經濟。倘若衝突繼續，對這些需要穿過緬甸的基礎建設聯絡計畫而言，前景將黯淡無光。這說明北京近來為何積極介入緬甸的和平進程。

我們在上一章討論過，中國如何出力促成大小少數民族反叛組織和緬甸中央政府在「21世紀彬龍會議」的談判。北京主要透過佤邦聯合軍領導的緬北聯合陣線等管道，施壓雙方展開持續對話。例如，據稱中國特使孫國祥在和緬北聯合陣線各方領導人會面時，說：「中國希望緬甸全境和平，不願意說誰對誰錯。中國不當法官斷案，只會鼓勵有關各方參與和平進程。中國希望敦促有關各方在談判桌解決問題，萬一出現難題，將以朋友身分提供建議。」[27]

不少關係人確實注意到中國在緬甸和平進程中不可或缺的地位。例如，國際危機組織 (International Crisis Group) 就曾評論：「若中國決心看到邊界常保和平，就能動用強力手腕和高明的外交調停使各方妥協。」[28] 不過，關於中國對緬甸和平進程的真正居心，也不乏各種推測。緬甸長期觀察家林納指出，藉由展現斡旋各方對話的關鍵影響力，北京企圖施壓內比都禮尚往來、讓利給中國，允許中國進出印度洋。[29] 因此，和平進程未來結果如何，最終似乎取決於中國的戰略利益如何和緬甸國內各方關係人的利益達成一致，其中北京的主導地位必然不容忽視。

本書總體檢視了中國、緬甸、泰國三國邊區地帶的國家建構及國族建構進程。書中爬梳了各國國家、國族建構差異的歷史發展及當代樣貌，藉此強調跨越國界的不對等國力關係，如何深深影響邊區地帶的政治結構方式，又如何深深影響國家整合和國族認同建構的多樣結果。具體而言，本書指出中國對邊區政治動態的巨大影響。隨著中國和南方鄰國的國力不對等日益擴大，其影響必將加劇，也可能隨之出現對其影響的抵抗。

　　跨境聯絡網及區域化將走向何種未來，誰也說不準；由於北京和華盛頓的貿易爭端仍持續延燒，中、美關係日趨對抗，中國未來的經濟軌跡也越來越難以逆料。儘管如此，我希望本書說的故事未來仍可繼續提供指引，協助我們理解中國和南方鄰國之間政治關係的邏輯。中國的強權野心未來或許會受挫暫停，但在改造自身和東南亞大陸之間的邊區地帶時，其龐大的經濟規模和人口數量，仍將持續施展主導性的影響。

註釋

1　Pinkaew Laungaramsri, "Commodifying Sovereignty: Special Economic Zones and the Neoliberalization of the Lao Frontier," in *Impact of China's Rise on the Mekong Region*, ed. Yos Santasombat (New York: Palgrave Macmillan, 2015), 117–146.

2　宣言全文可至中國外交部網站以下網址瀏覽：http://www.fmprc.gov.cn/mfa_eng/wjdt_665385/2649_665393/t1350039.shtml。

3　Carl Middleton and Jeremy Allouche, "Watershed or Powershed? Critical Hydropolitics, China and the 'Lancang-Mekong Cooperation Framework,' " *The International Spectator* 51, no. 3 (2016): 111.

4　Guangsheng Lu, *China Seeks to Improve Mekong Sub-Regional Cooperation: Causes and Policies*, Policy Report (Singapore: S. Rajaratnam School of International Studies, Nanyang Technological University, 2016), 8.

5　Ibid, 15.

6　Middleton and Allouche, "Watershed or Powershed?" 111.

7　Laura Zhu, "Five Things to Know about the Lancang-Mekong Cooperation Summit," *South China Morning Post*, January 9, 2018.

8　David Hutt, "China Flexes Its Control on the Mekong," *Asia Times*, January 11, 2018.

9　Ibid.

10　Pavin Chachavalpongpun, "The Necessity of Enemies in Thailand's Troubled Politics," *Asian Survey* 51, no. 6 (2011): 1019–1041; Marc Askew, ed., *Legitimacy*

Crisis in Thailand, no. 5 *King Prajadhipok's Institute Yearbook* (Nonthaburi; Chiang Mai: King Prajadhipok's Institute, 2010).

11　Andrew MacGregor Marshall, *A Kingdom in Crisis: Thailand's Struggle for Democracy in the Twenty-First Century* (London: Zed Books, 2014); Pavin Chachavalpongpun, ed., *Good Coup Gone Bad: Thailand's Political Development Since Thaksin's Downfall* (Singapore: Institute of Southeast Asian Studies, 2014); Federico Ferrara, *The Political Development of Modern Thailand* (Cambridge University Press, 2015).

12　"Thailand Welcomes China's Li as US Ties Cool over Coup," *Reuters*, December 18, 2014.

13　Pongphisoot Busbarat, "Thai–US Relations in the Post-Cold War Era: Untying the Special Relationship," *Asian Security* 13, no. 3 (September 2, 2017): 270.

14　Shawn W. Crispin, "Thai Coup Alienates US Giving China New Opening," Yale Global Online, March 5, 2015, https://ceas.yale.edu/news/thai-coup-alienates-us-giving-china-new-opening.

15　Busbarat, "Thai–US Relations in the Post-Cold War Era," 265.

16　Ibid, 269.

17　「美國利益」(American Interest) 網站上的一篇評論文章，的確將美國使緬甸脫離中國掌握和中國使泰國脫離美國軌道相互比較。參見："Is Thailand's Coup an Opening for China?" The American Interest (blog), May 23, 2014, https://www.the-american-interest.com/2014/05/23/is-thailands-coup-an-opening-for-china/。

18　Prashanth Parameswaran, "US, Thailand Launch 2016 Cobra Gold Military Exercises Amid Democracy Concerns," *The Diplomat*, September 2, 2016. https://thediplomat.com/2016/02/us-thailand-launch-2016-cobra-gold-military-exercises-amid-democracy-concerns/.

19　Rattaphol Onsanit, "Thailand's Prime Minister Finds Common Ground with Trump," VOA News, October 7, 2017.

20　Htet Naing Zaw, "Chinese Foreign Minister Promises Continued Support for Myanmar," *The Irrawaddy*, November 20, 2017.

21　聲明全文可至以下網址瀏覽：https://www.un.org/press/en/2017/sc13055.doc.htm。

22　"China Resists Britain's Push for UN Statement in Probe on Myanmar's Rohingya Crisis," *The Guardian*, March 9, 2018.

23　K. S. Venkatachalam, "Can China Solve the Rohingya Crisis?" *The Diplomat*, December 2, 2017.

24 Mohd Aminul Karim and Faria Islam, "Bangladesh-China-India-Myanmar (BCIM) Economic Corridor: Challenges and Prospects," *The Korean Journal of Defense Analysis* 30, no. 2 (2018): 283–392.

25 Nan Lwin, "China, Myanmar Agree 15-Point MoU on Economic Corridor," *The Irrawaddy*, July 6, 2018.

26 "Gov't Inks Agreement with Chinese Firm to Develop Kyaukphyu SEZ," *The Irrawaddy*, November 8, 2018.

27 "China Plays Its Hand in Burma," *The Irrawaddy*, May 23, 2017.

28 International Crisis Group, *Building Critical Mass for Peace in Myanmar*, ii.

29 Bertil Lintner, "China Captures Myanmar's Peace Process," *Asia Times*, June 3, 2017.

10

尾聲

自2021年2月1日緬甸發生軍事政變以來，有許多報導指控中國默許支持政變，意指軍方上台會對北京更加有利。這樣的說法論點論據明顯有很多漏洞，不經推敲。這是因為北京一直認為緬甸軍方是無能和腐敗的。中國政府在和軍方打交道的過程中，往往對其神秘不可預測的個性心有怨言。例如，軍方背景的登盛政府在2011年上台時，將軍們背叛對北京的允諾轉而投向西方，儘管北京此前曾試圖保護其政府不受國際制裁。

登盛上台後，緬甸在奧巴馬政府「重返亞洲」期間與美國的關係升溫，使中國望而卻步，並重啟中國在緬甸投資合同的談判，並對其很多項目做出取消的威脅。最好的例子就是擱置的密松大壩，使得項目投資公司中電投遭受了巨大的財務損失。所以說，對中國的經濟和戰略利益造成最大損害的，其實是緬甸的軍方。北京傾向於將其視為忘恩負義和貪得無厭的商業夥伴。

同時，在昂山素姬領導下，過去五年裏，北京體會到了與民盟政府合作的誠意。昂山素姬相對頻繁地訪問北京，並指出，為了緬甸的經濟發展，有必要與中國建立友好關係。在其政府的領導下，中、緬兩國的雙邊經濟關係得到了極大的改善，緬甸作為中國「一帶一路」倡議的一部分，積極參與了中、緬經濟走廊的合作。最近，昂山素姬政府也簽署了《區域全面經濟夥伴關係協定》（*Regional Comprehensive Economic Partnership*），這是中國有濃厚興趣的地區自由貿易協定。

我們也應該看到民盟領導下，緬甸經歷了顯著的經濟增長。這符合中國在該地區的經濟利益。今天的中國不是只對緬甸的自然資源感興趣，而且還在尋找銷售其產品的市場。所以，作為緬甸的數一數二投資者，中國希望在緬甸看到一個穩定的，國際認可的政府。所以說，現在北京回去支持國際社會唾罵嫌棄的軍事政變，是不合邏輯的。緬甸再次受到國際制裁，並且其經濟惡化，中國將失去其產品的市場。中國是不可能從緬甸的軍事政變中受益的。

聯合國安理會在2月4日發表的新聞聲明裏，只對政變表示「深切關注」，據說是因為中國和俄羅斯刪除了譴責政變的更強硬語言。這與中國以前的做法是一致的。中國是不可能公開譴責緬甸政變的，因為之前沒有這樣的先例。北京政府從不譴責其他國家的政權更迭，北京無理由在緬甸破例。官方上講，不干涉其他國家的內政一直是中國外交政策的核心原則。沒有理由指望中國現在會例外。對於中國來說，這雖然可能看起來並不好，尤其是在國際媒體以及緬甸國內媒體對北京負面報導的背景下。

但是，聯合國的聲明雖然沒有譴責政變，但的確有要求釋放昂山素姬和其他目前處於羈押狀態的人，並表示支持緬甸的民主過渡。該聲明指出，聯合國安理會成員「強調必須維護民主體制和程序，避免暴力並充分尊重人權，基本自由和法治。他們鼓勵按照緬甸人民的意願和利益進行對話與和解。」從這樣明顯支持昂山素姬和她的政府的措詞中可以看出，中國其實是不支持這一次軍方的政變的，北京已經朝著對緬甸民主政府的支持，邁出了正確的一步。

實際上，我們都可以說中國是緬甸政變最大的外部受害者，因為其在緬甸的巨大利益，將會受到直接威脅和衝擊。與包括美國在內的多數西方國家不同，中國在緬甸擁有巨大的經濟利益和戰略利益，而這些利益現在正處於巨大風險之中。

作為緬甸最大的貿易夥伴，也是緬甸的第二大外資來源，中國在過去十年一直推動的「一帶一路」所倡議的相關一系列項目中，進行了廣泛的投資。連接孟加拉灣和中國雲南省的石油和天然氣管道已在運營。至少在新冠肺炎開始肆虐之前，中、緬經濟走廊協議的簽訂也意味著兩國之間更緊密的貿易和運輸聯繫。這就是為什麼中國不希望看到緬甸國內騷亂與政治動盪，以及政變後，國際社會對緬甸可能採取的各種制裁舉措。

因此北京對於如何應對有點進退兩難。正如我們之前所說，北京不能公開譴責軍政府，但又不願緬甸政治動盪對自己的利益帶來大的衝突。因此，有待觀察的，是中國政府如何促成軍政府與民盟之間進行某種對話或談判。中國大使陳海在最近的聲明中提到，中國支持就東盟和聯合國秘書長緬甸問題特使的調解努力。

中國外交部長王毅進一步強調了以東盟為中心解決緬甸危機方法的重要性，但到目前為止，我們還沒有看到東盟究竟如何幫助改變緬甸軍方想法的細節。可是另一方面，不作為則使得中國陷入極度被動，反而會導致中國投資和在緬華人受到激憤緬甸公眾的攻擊。這是有歷史先例的，比如前文提到的1967年緬甸排華暴力事件。

現下，緬甸社會強烈的反華情緒已經浮出水面，網上和社交媒體衝出各種謠言。比如，有傳言說從昆明來的飛機，裝載的是用作在緬甸互聯網上建立防火牆的電信裝備。後來，雖然有商人澄清是進口的海鮮，但一般緬甸民眾根本就不信這樣的闢謠。廣泛傳播的，居然還有說是中國士兵和坦克在緬甸街頭巡邏的照片。雖然，有識之人會覺得這根本就是荒唐可笑的，可對於一直對中國有「迫害妄想症」的緬甸社會，這樣的謠言的廣泛傳播恰恰證明他們對中國的恐懼和反感。

目前的形勢看來，過去五年來，中國政府為提高其在緬甸社會中的形象所做的一切公關努力，似乎已白費。如果這種反華情緒持續下去，中國在緬現有經濟和長遠戰略利益都將受到重創。果不其然，緬甸網路上充斥要炸毀中、緬油氣管道的論述，宣言炸不炸是「緬甸的內政，中國無權干涉」！近日，在仰光的中資服裝企業也受到了縱火打砸。針對中國的暴力行為只會越演越烈。

最後，將緬甸描述為中、美之間的大國競爭的框架，是極其危險和適得其反的。許多國際評論員都願把緬甸當前的政治危機，定為對美國與中國兩強競爭中的一個考驗。可是，如果將緬甸的政治危機描繪成中、美交手的一個舞台，並且如果北京開始認為支持反軍政府的示威遊行，是美國針對中國在緬利益的陰謀，那麼北京也許會退而求其次，轉向支持軍方。這樣的結果顯然不是緬甸普通百姓想要看到的。

因此，對於緬甸公眾而言，如果人們繼續指責中國是軍政府背後的「邪惡力量」，並公開要求將中國在緬投資從緬甸趕出去，那麼這些行動將不可避免遭到北京的反制。莫名挑釁北京的價值有限，反而會給緬甸的民主進程帶來嚴重的反效果。

同時，如前文所述，中國對緬甸邊區地帶各個民族地方武裝組織都有很深的影響力，對於緬甸國家整合的前景可以說有決定性作用。政變發生之後，緬軍和大小民族地方武裝在克欽邦和撣邦又發生交火。內戰戰火是否會蔓延開來，也不可知，我們無法預測未來會發生什麼。緬甸這次政變和國內政局的走勢會怎麼樣，沒人可以說出來。但是可以肯定的是，中國這個強鄰對於緬甸的內政外交的影響，會是長遠的。

參考書目

中文書目

中文書籍與期刊文章

王樹槐：《咸同雲南回民事變》。台北：中央研究院近代史研究所，1980。

西雙版納傣族自治州地方志編輯委員會：《西雙版納傣族自治州志》。北京：新華出版社，2002。

朱強：〈民國時期的德宏土司與邊疆治理研究〉。雲南大學碩士論文，2015。

李君山：〈抗戰時期西南運輸的發展與困境——以滇緬公路為中心的探討（1938–1942）〉，《國史館館刊》，第 33 期（2012），頁 57–88。

林國榮：〈出國遠征——滇緬路會戰的進行與影響〉，《中正歷史學刊》，第 19 期（2016），頁 203–250。

姚勇：〈邊境與邊民的國家化——近代中英會審滇緬邊案制度〉，《歷史人類學學刊》，卷 13，第 1 期（2015），頁 87–130。

馬廷中：〈淺析雲南民國時期民族教育政策〉，《黑龍江民族叢刊》，第 105 期（2008），頁 178–182。

馬劍雄：〈從「倮匪」到「拉祜族」——邊疆化過程中的族群認同〉，《歷史人類學學刊》，卷 2，第 1 期（2004），頁 1–32。

張寧：〈清末鎮邊廳的設置與西南邊疆〉。復旦大學碩士論文，2013。

覃怡輝：《金三角國軍血淚史》。台北：中央研究院、聯經出版，2009。

賀聖達：〈關於科學發展觀和新時期雲南對外開放的幾個問題〉，《雲南社會科學》，第 2 期（2007），頁 115–120。

黃嘉謨：《滇西回民政權的聯英外交 (1869–1874)》。台北：中央研究院近代史研究所，2015。

楊洪常：《雲南省與湄公河區域合作：中國地方自主性的發展》。香港：香港中文大學香港亞太研究所，2001。

董敏、黃穎潔、羅明燦、劉德欽：〈中緬木材貿易探究〉，《林業經濟問題》，卷36，第2期 (2016)，頁143–147。

楊維真：〈商埠、鐵路、文化交流——以近代雲南為中心的探討〉，《輔仁歷史學報》，第24期 (2009)，頁93–115。

德宏州史志編委辦公室：《中共德宏州黨史資料選編》。芒市：德宏民族出版社，1989。

劉亞朝：〈民國在滇西邊區的改土歸流〉，《雲南民族學院學報》，第1期 (1999)，頁63–69。

劉璇：〈緬甸佤邦聯合軍：起源、發展及影響〉，《印度洋經濟體研究》，第3期 (2014)，頁71–93。

歐洲林業研究所 (European Forest Institute)：《中緬邊境木材研究專案總結報告》。歐洲林業研究所，無日期。

中共領導人的演說及政治指示

下列演說及政治指示的資料出處為香港中文大學編纂之「中國當代政治運動史」數據庫。

中共中央：〈中央關於邊疆宗教工作給西南局和雲南省委的指示〉。1952年11月。

中共中央：〈中央對西南局關於雲南省委所報邊疆民族工作方針與步驟的意見的批示〉。1952年12月6日。

中共雲南省委黨史研究室：〈雲南「文化大革命」運動大事記實〉。2005年5月18日。

西南公安部：〈西南公安部關於第四次全國公安會議後八個月來西南鎮反基本情況及今後意見的報告〉。1952年7月21日。

雲南省委：〈雲南省委關於目前邊疆情況和邊疆改革問題向中央的報告〉。1954年11月16日。

賀龍、鄧小平：〈賀鄧張李關於50年剿匪情況向毛主席及軍委的綜合報告〉。1951年1月6日。

劉少奇：〈中央關於雲南土改問題的指示〉。1952年6月16日。

閻紅彥：〈在雲南省邊疆工作會議上的講話：雲南省委第一書記閻紅彥〉。
　　1965年12月21日。

羅瑞卿：〈堅決鎮壓反革命：羅瑞卿在中央人民政府所屬部門機關大會上的報
　　告〉。1951年4月4日。

中文報刊

〈中國駐緬大使：緬甸轉型無礙中緬關係大格局〉，《中國青年報》。2014年1月
　　28日。

〈外交部：緬甸衝突流彈落入中國境內　已向緬方表達關切〉，《人民網》。
　　2015年3月10日。

〈范長龍要求緬方嚴格約束部隊　否則將採取措施〉，《人民網》。2015年3月
　　15日。

〈首都紅衛兵憤怒聲討奈溫反動政府〉，《人民日報》。1967年7月2日。

〈美帝國主義勾結鑾披汶反動政府　進行整編逃緬殘匪陰謀計畫〉，《人民日
　　報》。1951年6月22日。

〈泰國鑾披汶政府的排華罪行〉，《人民日報》。1950年1月27日。

〈敢於犧牲，敢於鬥爭，敢於勝利〉，《人民日報》。1969年3月21日。

〈雲南省農村發生反革命分子破壞案件多起〉，《新華社內部參考》。1954年5月
　　17日。

〈鑾披汶日益投靠美帝　政府內充斥美國顧問〉，《人民日報》。1950年1月12日。

泰文書目

Chitbundid, Chanida. *The Royal Projects: The Making of King Bhumibol's Royal Hegemony*. Bangkok: The Foundation of the Promotion of Social Science and Humanities Textbooks Project, 2007. / ชนิดา ชิตบัณฑิตย์, **โครงการอันเนื่องมาจากพระราชดำริ: การสถาปนาพระราชอำนาจนำในพระบาทสมเด็จพระเจ้าอยู่หัว** (กรุงเทพฯ: มูลนิธิ โครงการตำราสังคมศาสตร์และมนุษยศาสตร์, 2550).

Mulamek, Akni. *Shan State: History and Revolution*. Bangkok: Matichon Book, 2005. / อัคนี มูลเมฆ, **รัฐฉาน: ประวัติศาสตร์และการปฏิวัติ**, (กรุงเทพฯ: สำนักพิมพ์มติชน, 2548).

Santasombat, Yos. *Power, Space, and Ethnic Identities: Political Culture of the Nation-State in Thai Society*. Bangkok: Princess Maha Chakri Sirindhorn Anthropology Center, 2008. / ยศ สันตสมบัติ, **อำนาจ พื้นที่ และอัตลักษณ์ทางชาติพันธุ์: การเมือง วัฒนธรรมของรัฐชาติในสังคมไทย** (กรุงเทพฯ: ศูนย์มานุษยวิทยาสิรินธร, 2551).

Sittan, R., S. Boonplook, and S. Warit. *The Communist Party of Thailand Today*. Bangkok: Krung Siam Publishing, 1980. / สิทธานต์ รักษ์ประเทศ, บุญปลูก ส่วนพงษ์ และ วฤทธิ์ ชินสาย, **พรรคคอมมิวนิสต์แห่งประเทศไทยวันนี้** (กรุงเทพฯ: สำนักพิมพ์ กรุงสยาม, 2523).

Sodsuk, Narumit. *History of the People's Republic of China until the Four Modernizations: Effects on the Thai Communist Party*. Bangkok: Odeon Store, 1994. / นฤมิตร สอดสุข, **ประวัติศาสตร์สาธารณรัฐประชาชนจีนจนถึงยุคสี่ทันสมัย: ผลกระทบต่อ พคท.** (กรุงเทพฯ: โอเดียนสโตร์, 2537).

Trichot, Pornpimol. *Thai Policy on Repatriation of Displaced Persons from Myanmar*. Bangkok: Institute of Asian Studies, Chulalongkorn University, 2004. / พรพิมล ตรีโชติ, **นโยบายส่งกลับผู้พลัดถิ่นจากพม่าของไทย** (กรุงเทพฯ: สถาบันเอเชียศึกษา จุฬาลงกรณ์มหาวิทยาลัย, 2547).

Trichot, Pornpimol. *Myanmar Foreign Policy in the Ethnic Minority Context and its Impact on the Thai-Myanmar Relationship*. Bangkok: Institute of Asian Studies, Chulalongkorn University, 2006. / พรพิมล ตรีโชติ, **การดำเนินนโยบายต่างประเทศ ของพม่าในส่วนสัมพันธ์กับชนกลุ่มน้อยและผลกระทบต่อความสัมพันธ์ไทย-พม่า** (กรุงเทพฯ: สถาบันเอเชียศึกษา จุฬาลงกรณ์มหาวิทยาลัย, 2549).

Vijirakorn, Amporn. *History beyond the Nation State: 55 Years of the Shan Resistance Movement*. Chiang Mai: Chiang Mai University Regional Center for Social Science and Sustainable Development, 2015. / อัมพร จิรัฐติกร, **ประวัติศาสตร์นอก กรอบรัฐชาติ: 55 ปี ขบวนการกู้ชาติไทใหญ่** (เชียงใหม่: ศูนย์ศึกษาชาติพันธุ์และการ พัฒนา คณะสังคมศาสตร์ มหาวิทยาลัยเชียงใหม่, 2558).

緬文書目

State Law and Order Restoration Council (SLORC) and State Peace and Development Council (SPDC). *Development and Prosperity for Myanmar*. Vols. I–IV. / နိုင်ငံတော်ငြိမ်ဝပ်ပိပြားမှု တည်ဆောက်ရေးအဖွဲ့ ။ နိုင်ငံတော်အေးချမ်းသာယာရေးနှင့် ဖွံ့ဖြိုးရေးကောင်စီ။ တိုင်းကျိုးပြည်ပြု (အတွဲ ၁-၄)။

Zhang, Jianzhang. *Experiences at the Communist Party of Burma*. Translated by Wakema Mann Phoe Aye. Yangon, Myanmar: Journalist Publishing, 2016. / ကျမ်းကျန့်ကျန်း (ဘာသာပြန်ဆိုသူ - မန်းဖိုးအေး၊ ဝါးခယ်မ)။ ဗမာပြည်ကွန်မြူနစ်ပါတီ ခရီးကြမ်း ။ ရန်ကုန်၊ မြန်မာ - ဂျာနယ်လစ် စာပေ။ ၂၀၁၆။

Zin Htet et al. *That's Why It Happened: The Communist Party of Burma on the Northeast Mountain Ranges*. Yangon, Myanmar: Lwin Oo Book Publishing House, 2015. / ရဲဘော်ဇင်ထက်၊ ထွန်းသိန်း၊ အောင်မင်း၊ ဗိုလ်မှူးကြီးဟောင်း စန်းပွင့် ။ ထို့ကြောင့် ၍သို့ (အရှေ့မြောက်တောင်တန်းများပေါ်က ဗမာပြည်ကွန်မြူနစ်ပါတီ) ။ ရန်ကုန်၊ မြန်မာ - လွင်ဦးစာပေ။ ၂၀၁၅။

英文書目

Abhakorn, M. R. Rujaya. "Changes in the Administrative Systems of Northern Siam, 1884–1933." In *Changes in Northern Thailand and the Shan States 1886–1940*, edited by Prakai Nontawasee, 63–108. Singapore: Institute of Southeast Asian Studies, 1988.

Acemoglu, Daron, and James Robinson. *Why Nations Fail: The Origins of Power, Prosperity, and Poverty*. New York: Crown Business, 2013.

Alesina, Alberto, Arnaud Devleeschauwer, William Easterly, Sergio Kurlat, and Romain Wacziarg. "Fractionalization." *Journal of Economic Growth* 8, no. 2 (2003): 155–194.

Alesina, Alberto, and Eliana La Ferrara. "Participation in Heterogeneous Communities." *The Quarterly Journal of Economics* 115, no. 3 (August 1, 2000): 847–904.

Amnesty International. "'All the Civilians Suffer': Conflict, Displacement, and Abuse in Northern Myanmar." London: Amnesty International, 2017.

Anderson, Benedict. "Murder and Progress in Modern Siam." *New Left Review*, I, no. 181(1990): 33–48.

Andreas, Peter. *Border Games: Policing the U.S.-Mexico Divide*. 2nd ed. Ithaca, NY: Cornell University Press, 2009.

Ang, Cheng Guan. "The Domino Theory Revisited: The Southeast Asia Perspective." *War & Society* 19, no. 1 (May 1, 2001): 109–130.

Asian Development Bank. *Assessing Impact in the Greater Mekong Subregion: An Analysis of Regional Cooperation Projects*. Mandaluyong City, Philippines: Asian Development Bank, 2014.

Askew, Marc, ed. *Legitimacy Crisis in Thailand*. No. 5. *King Prajadhipok's Institute Yearbook*. Chiang Mai, Thailand, 2010.

Atwill, David. *The Chinese Sultanate: Islam, Ethnicity, and the Panthay Rebellion in Southwest China, 1856–1873*. Stanford, CA: Stanford University Press, 2005.

Aung, Winston Set. *The Role of Informal Cross-Border Trade in Myanmar*. Asia Papers Series. Singapore: Institute for Security & Development Policy, 2009.

Aung-Thwin, Michael, and Maitrii Aung-Thwin. *A History of Myanmar since Ancient Times: Traditions and Transformations*. London: Reaktion Books, 2013.

Autesserre, Séverine. *The Trouble with the Congo: Local Violence and the Failure of International Peacebuilding*. Cambridge, UK; New York: Cambridge University Press, 2010.

Baker, Chris. "An Internal History of the Communist Party of Thailand." *Journal of Contemporary Asia* 33, no. 4 (January 1, 2003): 510–541.

Ball, Desmond. *Tor Chor Dor: Thailand's Border Patrol Police*. Vol. 1. *History, Organisation, Equipment and Personnel*. 2 vols. Bangkok: White Lotus Press, 2013.

Bandyopadhyaya, Kalyani. *Burma and Indonesia: Comparative Political Economy and Foreign Policy*. New Delhi: South Asian Publishers, 1983.

Bello, David A. "To Go Where No Han Could Go for Long: Malaria and the Qing Construction of Ethnic Administrative Space in Frontier Yunnan." *Modern China* 31, no. 3 (2005): 283–317.

Bernstein, Arthur M. *Up to the Mountains and Down to the Villages: Transfer of Youth from Urban to Rural China*. New Haven, CT: Yale University Press, 1977.

Bhattacharya, S. "Burma: Neutralism Introverted." *The Australian Quarterly* 37, no. 1 (1965): 50–61.

Boone, Catherine. *Political Topographies of the African State: Territorial Authority and Institutional Choice*. Cambridge, UK; New York: Cambridge University Press, 2003.

———. *Property and Political Order in Africa: Land Rights and the Structure of Politics*. New York: Cambridge University Press, 2014.

Borchert, Thomas. "The Abbot's New House: Thinking about How Religion Works among Buddhists and Ethnic Minorities in Southwest China." *Journal of Church and State* 52, no. 1 (2010): 112–137.

———. "Worry for the Dai Nation: Sipsongpannā, Chinese Modernity, and the Problems of Buddhist Modernism." *Journal of Asian Studies* 67, no. 1 (2008): 107–142.

Bresnan, John. *From Dominoes to Dynamos: The Transformation of Southeast Asia*. New York: Council on Foreign Relations, 1994.

Brubaker, Rogers. *Nationalism Reframed: Nationhood and the National Question in the New Europe*. Cambridge, UK; New York: Cambridge University Press, 1996.

Buchanan, John, Tom Kramer, and Kevin Woods. "Developing Disparity: Regional Investment in Burma's Borderlands." Amsterdam: Transnational Institute (TNI), 2013.

Buhaug, Halvard, and Jan Ketil Rød. "Local Determinants of African Civil Wars, 1970–2001." *Political Geography* 25, no. 3 (March 2006): 315–335.

Bünte, Marco. "Myanmar's Protracted Transition: Arenas, Actors, and Outcomes." *Asian Survey* 56, no. 2 (April 1, 2016): 369–391.

Burma News International. *Deciphering Myanmar's Peace Process: A Reference Guide 2013*. Chiang Mai: Burma News International, 2013.

———. *Deciphering Myanmar's Peace Process: A Reference Guide 2015*. Chiang Mai: Burma News International, 2015.

———. *Deciphering Myanmar's Peace Process: A Reference Guide 2016*. Chiang Mai: Burma News International, 2017.

Busbarat, Pongphisoot. "Thai–US Relations in the Post-Cold War Era: Untying the Special Relationship." *Asian Security* 13, no. 3 (September 2, 2017): 256–274.

Callahan, Mary P. *Making Enemies: War and State Building in Burma.* Ithaca, NY: Cornell University Press, 2005.

———. *Political Authority in Burma's Ethnic Minority States: Devolution, Occupation, and Coexistence.* Singapore: Institute of Southeast Asian Studies; Washington, DC: East-West Center Washington, 2007.

Campbell, Kurt, and Brian Andrews. *Explaining the US "Pivot" to Asia.* London: Chatham House, The Royal Institute of International Affairs, 2013.

Cederman, Lars-Erik, Nils B. Weidmann, and Kristian Skrede Gleditsch. "Horizontal Inequalities and Ethnonationalist Civil War: A Global Comparison." *American Political Science Review* 105, no. 3 (August 2011): 478–495.

Centeno, Miguel A., and Agustin E. Ferraro, eds. *State and Nation Making in Latin America and Spain: Republics of the Possible.* Reprint. Cambridge, UK: Cambridge University Press, 2014.

Centeno, Miguel Angel. *Blood and Debt: War and the Nation-State in Latin America.* University Park, PA: Penn State University Press, 2002.

Centeno, Miguel Angel, and Fernando López- Alves, eds. *The Other Mirror.* Princeton, NJ: Princeton University Press, 2001.

Chachavalpongpun, Pavin. *A Plastic Nation: The Curse of Thainess in Thai-Burmese Relations.* Lanham, MD: University Press of America, 2005.

———, ed. *Good Coup Gone Bad: Thailand's Political Development Since Thaksin's Downfall.* Singapore: Institute of Southeast Asian Studies, 2014.

———. "The Necessity of Enemies in Thailand's Troubled Politics." *Asian Survey* 51, no. 6 (2011): 1019–1041.

Chakravarti, Nalini Ranjan. *Indian Minority in Burma: Rise and Decline of an Immigrant Community.* London; New York: Oxford University Press, 1971.

Chaloemtiarana, Thak. *Thailand: The Politics of Despotic Paternalism.* 1st ed. Ithaca, NY: Cornell Southeast Asia Program Publications, 2007.

Chang, Wen-Chin. *Beyond Borders: Stories of Yunnanese Chinese Migrants of Burma.* Ithaca, NY: Cornell University Press, 2014.

———. "The Everyday Politics of the Underground Trade in Burma by the Yunnanese Chinese since the Burmese Socialist Era." *Journal of Southeast Asian Studies* 44, no. 2 (June 2013): 292–314.

———. "Venturing into 'Barbarous' Regions: Transborder Trade among Migrant Yunnanese between Thailand and Burma, 1960s–1980s." *Journal of Asian Studies* 68, no. 2 (2009): 543–572.

Chansiri, Disaphol. *The Chinese Émigrés of Thailand in the Twentieth Century*. Youngstown, NY: Cambria Press, 2008.

Chapman, E. C. "The Expansion of Rubber in Southern Yunnan, China." *The Geographical Journal* 157, no. 1 (1991): 36–44.

Charoenmuang, Thanet. "When the Young Cannot Speak Their Own Mother Tongue: Explaining A Legacy of Cultural Domination in Lan Na." In *Regions and National Integration in Thailand 1892–1992*, edited by Volker Grabowsky, 82–93. Wiesbaden: Harrassowitz Verlag, 1995.

Cheesman, Nick. "How in Myanmar 'National Races' Came to Surpass Citizenship and Exclude Rohingya." *Journal of Contemporary Asia* 47, no. 3 (May 27, 2017): 461–483.

Chen, Jian. *Mao's China and the Cold War*. Chapel Hill: University of North Carolina Press, 2001.

Chen, Jie. "Shaking off an Historical Burden: China's Relations with the ASEAN-Based Communist Insurgency in Deng's Era." *Communist and Post-Communist Studies* 27, no. 4 (December 1, 1994): 443–462.

Chere, Lewis Milton. *Diplomacy of the Sino-French War 1883–85: Global Complications of an Undeclared War*. Notre Dame, IN: Cross Cultural Publications, 1989.

Chin, Ko-Lin. *The Golden Triangle: Inside Southeast Asia's Drug Trade*. 1st ed. Ithaca, NY: Cornell University Press, 2009.

Chin, Ko-lin, and Sheldon X. Zhang. *The Chinese Heroin Trade: Cross-Border Drug Trafficking in Southeast Asia and Beyond*. New York; London: New York University Press, 2015.

Chin, Peng. *Alias Chin Peng— My Side of History*. Singapore: Media Masters, 2003.

Christensen, Thomas. "Obama and Asia: Confronting the China Challenge." *Foreign Affairs* 94, no. 5 (September / October, 2015): 28–36.

Chutima, Gawin. "The Rise and the Fall of the Communist Party of Thailand (1973– 1987)." Occasional Paper No. 12. Center of South-East Asian Studies, University of Kent at Canterbury, 1990.

Clymer, Kenton. *A Delicate Relationship: The United States and Burma/ Myanmar since 1945*. 1st ed. Ithaca, NY: Cornell University Press, 2015.

Coleman, M. "U.S. Statecraft and the U.S.–Mexico Border as Security/Economy Nexus." *Political Geography* 24, no. 2 (February 2005): 185–209.

Communist Party of Thailand. *The Road to Victory: Documents from the Communist Party of Thailand*. Chicago: Liberator Press, n.d.

Connors, Michael Kelly. *Democracy and National Identity in Thailand*. Rev. ed. Copenhagen: NIAS Press, 2006.

Conway, Susan. "Shan Tribute Relations in the Nineteenth Century." *Contemporary Buddhism* 10, no. 1 (May 1, 2009): 31–37.

———. *The Shan: Culture, Arts and Crafts*. Bangkok: River Books, 2006.

Cooper, Robert George. *Resource Scarcity and the Hmong Response: Patterns of Settlement and Economy in Transition*. Singapore: Singapore University Press, National University of Singapore, 1984.

Croissant, Aurel, and Jil Kamerling. "Why Do Military Regimes Institutionalize? Constitution-Making and Elections as Political Survival Strategy in Myanmar." *Asian Journal of Political Science* 21, no. 2 (August 1, 2013): 105–125.

Crossley, Pamela Kyle. *A Translucent Mirror: History and Identity in Qing Imperial Ideology*. Berkeley: University of California Press, 2000.

Daniels, Christian. "Chieftains into Ancestors: Imperial Expansion and Indigenous Society in Southwest China." *The China Journal*, no. 73 (January 2015): 232–235.

Darden, Keith, and Anna Grzymala-Busse. "The Great Divide: Literacy, Nationalism, and the Communist Collapse." *World Politics* 59, no. 1 (October 2006): 83–115.

Darling, Frank Clayton. *Thailand and the United States*. Washington, DC: Public Affairs Press, 1965.

Dean, Karin. "Spaces and Territorialities on the Sino–Burmese Boundary: China, Burma and the Kachin." *Political Geography* 24, no. 7 (September 2005): 808–830.

Deaton, Angus. *The Great Escape: Health, Wealth, and the Origins of Inequality*. Princeton, NJ: Princeton University Press, 2013.

Diana, Antonella. "Re-Configuring Belonging in Post-Socialist Xishuangbanna, China." In *Tai Lands and Thailand: Community and State in Southeast Asia*, edited by Andrew Walker, 163–180. Honolulu: University of Hawai'i Press, 2009.

Diehl, Paul, and Gary Goertz. *War and Peace in International Rivalry*. Ann Arbor, MI: University of Michigan Press, 2001.

Dikötter, Frank. *The Cultural Revolution: A People's History, 1962–1976*. London: Bloomsbury Paperbacks, 2017.

Dittmer, Lowell, ed. *Burma or Myanmar? The Struggle for National Identity*. Singapore; Hackensack, NJ: World Scientific Publishing Company, 2010.

Doner, Richard F. *The Politics of Uneven Development: Thailand's Economic Growth in Comparative Perspective*. Cambridge, UK; New York: Cambridge University Press, 2009.

Doner, Richard F., Bryan K. Ritchie, and Dan Slater. "Systemic Vulnerability and the Origins of Developmental States: Northeast and Southeast Asia in Comparative Perspective." *International Organization* 59, no. 2 (April 2005): 327–361.

Doran, David, Matthew Christensen, and Thida Aye. "Hydropower in Myanmar: Sector Analysis and Related Legal Reforms." *The International Journal of Hydropower & Dams* 21, no. 3 (2014): 87–91.

Downing, Brian. *The Military Revolution and Political Change: Origins of Democracy and Autocracy in Early Modern Europe*. Princeton, NJ: Princeton University Press, 1992.

Eberle, Meghan L., and Ian Holliday. "Precarity and Political Immobilisation: Migrants from Burma in Chiang Mai, Thailand." *Journal of Contemporary Asia* 41, no. 3 (August 1, 2011): 371–392.

Egreteau, Renaud. "Burmese Indians in Contemporary Burma: Heritage, Influence, and Perceptions since 1988." *Asian Ethnicity* 12, no. 1 (February 1, 2011): 33–54.

Elliott, Mark C. *The Manchu Way: The Eight Banners and Ethnic Identity in Late Imperial China*. Stanford, CA: Stanford University Press, 2001.

Ertman, Thomas. *Birth of the Leviathan: Building States and Regimes in Medieval and Early Modern Europe*. Cambridge, UK; New York: Cambridge University Press, 1997.

Ettinger, Glenn. "Thailand's Defeat of Its Communist Party." *International Journal of Intelligence and CounterIntelligence* 20, no. 4 (August 20, 2007): 661–677.

Fan, Hongwei. "The 1967 Anti-Chinese Riots in Burma and Sino-Burmese Relations." *Journal of Southeast Asian Studies* 43, no. 2 (June 2012): 234–256.

Fearon, James D. "Ethnic and Cultural Diversity by Country." *Journal of Economic Growth* 8, no. 2 (June 2003): 195–222.

Fearon, James D., and David D. Laitin. "Ethnicity, Insurgency, and Civil War." *American Political Science Review* 97, no. 1 (February 2003): 75–90.

Ferguson, Jane M. "Ethno-Nationalism and Participation in Myanmar: Views from Shan State and Beyond." In *Metamorphosis: Studies in Social and Political Change in Myanmar*, edited by Renaud Egreteau and Francois Robinne, 127–150. Singapore: NUS Press, 2016.

———. "Is the Pen Mightier than the AK-47? Tracking Shan Women's Militancy Within and Beyond." *Intersections: Gender and Sexuality in Asia and the Pacific*, no. 33 (2013). http://intersections.anu.edu.au/issue33/ferguson.htm.

———. "Revolutionary Scripts: Shan Insurgent Media Practice at the Thai-Burma Border." In *Political Regimes and the Media in Asia*, edited by Krishna Sen and Terence Lee, 106–121. London: New York: Routledge, 2008.

———. "Who's Counting? Ethnicity, Belonging, and the National Census in Burma/Myanmar." *Bijdragen Tot de Taal-, Land- En Volkenkunde* 171, no. 1 (2015): 1–28.

Ferrara, Federico. *The Political Development of Modern Thailand*. Cambridge, UK: Cambridge University Press, 2015.

Fineman, Daniel. *A Special Relationship: The United States and Military Government in Thailand, 1947–1958*. 1st ed. Honolulu: University of Hawaiʻi Press, 1997.

Fiskesjö, Magnus. "Mining, History, and the Anti-State Wa: The Politics of Autonomy between Burma and China." *Journal of Global History* 5, no. 2 (July 2010): 241–264.

———. "People First: The Wa World of Spirits and Other Enemies." *Anthropological Forum* 27, no. 4 (April 19, 2017): 340–364.

Fitzgerald, Stephen. *China and the Overseas Chinese: A Study of Peking's Changing Policy: 1949–1970*. Cambridge, UK: Cambridge University Press, 1972.

Fleischmann, Klaus. *Documents on Communism in Burma, 1945–1977*. Hamburg: Institut für Asienkunde, 1989.

Fong, Jack. "Sacred Nationalism: The Thai Monarchy and Primordial Nation Construction." *Journal of Contemporary Asia* 39, no. 4 (November 1, 2009): 673–696.

Forest Trends. *Analysis of Sino-Myanmar Timber Trade (Zhongmian Mucai Maoyi Fenxi)*. Policy Brief. Forest Trends, 2014.

Fukuyama, Francis. *State Building: Governance and World Order in the Twenty-First Century*. London: Profile Books, 2004.

Gelb, Stephen, Linda Calabrese, and Xiaoyang Tang. *Foreign Direct Investment and Economic Transformation in Myanmar*. London: Supporting Economic Transformation, Overseas Development Institute, 2017. https://www.odi.org/publications/10774-foreign-direct-investment-and-economic-transformation-myanmar.

Gibson, Richard Michael, and Wen H. Chen. *The Secret Army: Chiang Kai-Shek and the Drug Warlords of the Golden Triangle*. Singapore: Wiley, 2011.

Giersch, C. Patterson. *Asian Borderlands: The Transformation of Qing China's Yunnan Frontier*. Cambridge, MA: Harvard University Press, 2006.

———. "The Sipsong Panna Tai and the Limits of Qing Conquest in Yunnan." *Chinese Historians* 10, no. 1–2 (October 1, 2000): 71–92.

Gillogly, Kathleen. "Developing the 'Hill Tribes' of Northern Thailand." In *Civilizing the Margins: Southeast Asian Government Policies for the Development of Minorities*, edited by Christopher R. Duncan, 116–149. Ithaca, NY: Cornell University Press, 2004.

Gladney, Dru C. "Representing Nationality in China: Refiguring Majority/Minority Identities." *Journal of Asian Studies* 53, no. 1 (1994): 92–123.

Glassman, Jim. "On the Borders of Southeast Asia: Cold War Geography and the Construction of the Other." *Political Geography* 24, no. 7 (September 2005): 784–807.

———. "Recovering from Crisis: The Case of Thailand's Spatial Fix." *Economic Geography* 83, no. 4 (2007): 349–370.

————. *Thailand at the Margins: Internationalization of the State and the Transformation of Labour*. London and New York: Oxford University Press, 2004.

Gleditsch, Kristian Skrede. *All International Politics Is Local: The Diffusion of Conflict, Integration, and Democratization*. Ann Arbor: University of Michigan Press, 2002.

————. "Transnational Dimensions of Civil War." *Journal of Peace Research* 44, no. 3 (2007): 293–309.

Global Witness. "Jade: Myanmar's 'Big State Secret,'" 2015. https://www.globalwitness.org/en/campaigns/oil-gas-and-mining/myanmarjade/.

Goodman, David S. G. "The Campaign to 'Open up the West': National, Provincial-Level and Local Perspectives." *The China Quarterly*, no. 178 (2004): 317–334.

Goss, Jasper, and David Burch. "From Agricultural Modernisation to Agri-Food Globalisation: The Waning of National Development in Thailand." *Third World Quarterly* 22, no. 6 (December 1, 2001): 969–986.

Gravers, Mikael. "Introduction: Ethnicity against State—State against Ethnic Diversity?" In *Exploring Ethnic Diversity in Burma*, edited by Mikael Gravers, 1–33. Copenhagen: NIAS Press, 2007.

————. *Nationalism as Political Paranoia in Burma: An Essay on the Historical Practice of Power*. London: Routledge, 1999.

Grundy-Warr, Carl, and Elaine Wong Siew Yin. "Geographies of Displacement: The Karenni and the Shan Across the Myanmar-Thailand Border." *Singapore Journal of Tropical Geography* 23, no. 1 (March 1, 2002): 93–122.

Guo, Xiaolin. *State and Ethnicity in China's Southwest*. Leiden; Boston: Brill, 2008.

Haacke, Jürgen. *Myanmar: Now a Site for Sino-US Geopolitical Competition?* SR015 *LSE IDEAS*. London: London School of Economics and Political Science, 2012.

Hall, D. G. E. *History of South East Asia*. London: Macmillan, 1981.

Han, Enze. "Bifurcated Homeland and Diaspora Politics in China and Taiwan towards the Overseas Chinese in Southeast Asia." *Journal of Ethnic and Migration Studies* 45, no. 4 (2019): 577–594.

————. "Borderland Ethnic Politics and Changing Sino-Myanmar Relations." In *War and Peace in the Borderlands of Myanmar: The Kachin Ceasefire, 1994–2011*, edited by Mandy Sadan, 149–168. Copenhagen: NIAS Press, 2016.

————. *Contestation and Adaptation: The Politics of National Identity in China*. New York; London: Oxford University Press, 2013.

————. "From Domestic to International: The Politics of Ethnic Identity in Xinjiang and Inner Mongolia." *Nationalities Papers* 39, no. 6 (November 1, 2011): 941–962.

————. "Geopolitics, Ethnic Conflicts along the Border, and Chinese Foreign Policy Changes toward Myanmar." *Asian Security* 13, no. 1 (January 2, 2017): 59–73.

———. "Transnational Ties, HIV/AIDS Prevention and State-Minority Relations in Sipsongpanna, Southwest China." *Journal of Contemporary China* 22, no. 82 (2013): 594–611.

Han, Enze, and Christopher Paik. "Dynamics of Political Resistance in Tibet: Religious Repression and Controversies of Demographic Change." *The China Quarterly*, no. 217 (2014): 69–98.

———. "Ethnic Integration and Development in China." *World Development* 93 (May 1, 2017): 31–42.

Hansen, Mette Halskov. *Lessons in Being Chinese: Minority Education and Ethnic Identity in Southwest China.* Seattle: University of Washington Press, 1999.

Harrell, Stevan. "Introduction: Civilizing Projects and the Reaction to Them." In *Cultural Encounters on China's Ethnic Frontiers*, edited by Stevan Harrell, 3–36. Seattle: University of Washington Press, 1995.

Heberer, Thomas. *China and Its National Minorities: Autonomy or Assimilation.* Armonk, NY: Routledge, 1989.

Herbst, Jeffrey. *States and Power in Africa: Comparative Lessons in Authority and Control.* 1st ed. Princeton, NJ: Princeton University Press, 2000.

———. "War and the State in Africa." *International Security* 14, no. 4 (1990): 117–139.

Herman, John. *Amid the Clouds and Mist: China's Colonization of Guizhou, 1200–1700.* Cambridge, MA: Harvard University Asia Center, 2007.

———. "Collaboration and Resistance on the Southwest Frontier: Early Eighteenth-Century Qing Expansion on Two Fronts." *Late Imperial China* 35, no. 1 (2014): 77–112.

Hiro, Dilip. *The Longest War: The Iran-Iraq Military Conflict.* London: Routledge, 1990.

Ho, Elaine Lynn-Ee. "Mobilising Affinity Ties: Kachin Internal Displacement and the Geographies of Humanitarianism at the China–Myanmar Border." *Transactions of the Institute of British Geographers* 42, no. 1 (March 1, 2017): 84–97.

Ho, Ts'ui-p'ing. "People's Diplomacy and Borderland History through the Chinese Jingpo Manau Zumko Festival." In *War and Peace in the Borderlands of Myanmar: The Kachin Ceasefire, 1994–2011*, edited by Mandy Sadan, 169–201. Copenhagen: NIAS Press, 2016.

Hobsbawm, E. J. *Nations and Nationalism Since 1780: Programme, Myth, Reality.* Cambridge, UK: New York: Cambridge University Press, 1990.

Holliday, Ian. "Addressing Myanmar's Citizenship Crisis." *Journal of Contemporary Asia* 44, no. 3 (July 3, 2014): 404–421.

————. "Ethnicity and Democratization in Myanmar." *Asian Journal of Political Science* 18, no. 2 (August 1, 2010): 111–128.

Holmes Robert A. "Burmese Domestic Policy: The Politics of Burmanization." *Asian Survey* 7, no. 3 (1967): 188–197.

Hooghe, Ingrid d'. "Regional Economic Integration in Yunnan." In *China Deconstructs: Politics, Trade and Regionalism*, edited by David S. G. Goodman and Gerald Segal, 286–321. London: New York: Routledge, 1994.

Horowitz, Donald L. *Ethnic Groups in Conflict*. Berkeley: University of California Press, 1985.

Hsieh, Shi-Chung. "Ethnic-Political Adaptation and Ethnic Change of the Sipsong Panna Dai: An Ethnohistorical Analysis." PhD diss., University of Washington, 1989.

Hui, Victoria Tin-bor. *War and State Formation in Ancient China and Early Modern Europe*. New York: Cambridge University Press, 2005.

Hyun, Sinae. "Building a Human Border: The Thai Border Patrol Police School Project in the Post–Cold War Era." *Sojourn: Journal of Social Issues in Southeast Asia* 29, no. 2 (July 17, 2014): 332–363.

————. "Indigenizing the Cold War: Nation-Building by the Border Patrol Police in Thailand, 1945–1980." PhD diss., University of Wisconsin-Madison, 2014.

————. "Mae Fah Luang: Thailand's Princess Mother and the Border Patrol Police during the Cold War." *Journal of Southeast Asian Studies* 48, no. 2 (June 2017): 262–282.

International Crisis Group. *Building Critical Mass for Peace in Myanmar*. Yangon/Brussels: International Crisis Group, 2017.

Israeli, Raphael. *Islam in China: Religion, Ethnicity, Culture, and Politics*. Lanham, MD: Lexington Books, 2002.

Jain, R. K., ed. *China and Thailand, 1949–83*. New Delhi: Radiant Publishers, 1984.

James, Helen. "Myanmar's International Relations Strategy: The Search for Security." *Contemporary Southeast Asia* 26, no. 3 (2004): 530–553.

Jelsma, Martin, Tom Kramer, and Pietje Vervest, eds. *Trouble in the Triangle: Opium and the Conflict in Burma*. Chiang Mai: Silkworm Books, 2005.

Jirattikorn, Amporn. "Aberrant Modernity: The Construction of Nationhood among Shan Prisoners in Thailand." *Asian Studies Review* 36, no. 3 (September 1, 2012): 327–343.

————. "'Pirated' Transnational Broadcasting: The Consumption of Thai Soap Operas among Shan Communities in Burma." *Sojourn: Journal of Social Issues in Southeast Asia* 23, no. 1 (2008): 30–62.

————. "Shan Virtual Insurgency and the Spectatorship of the Nation." *Journal of Southeast Asian Studies* 42, no. 1 (2011): 17–38.

Jones, Lee. "The Political Economy of Myanmar's Transition." *Journal of Contemporary Asia* 44, no. 1 (February 1, 2014): 144.

————. "Understanding Myanmar's Ceasefires: Geopolitics, Political Economy and State-Building." In *War and Peace in the Borderlands of Myanmar: The Kachin Ceasefire, 1994–2011*, edited by Mandy Sadan, 95–113. Copenhagen: NIAS Press, 2016.

Kampan, Palapan. "Standing Up to Giants: Thailand's Exit from 20th Century War Partnerships." *Asian Social Science* 10, no. 15 (August 2014): 153–168.

Karim, Mohd Aminul, and Faria Islam. "Bangladesh-China-India-Myanmar (BCIM) Economic Corridor: Challenges and Prospects." *The Korean Journal of Defense Analysis* 30, no. 2 (2018): 283–392.

Kathman, Jacob D. "Civil War Contagion and Neighboring Interventions." *International Studies Quarterly* 54, no. 4 (2010): 989–1012.

Keyes, Charles F. "Buddhism and National Integration in Thailand." *Journal of Asian Studies* 30, no. 3 (1971): 551–567.

Kiik, Laur. "Conspiracy, God's Plan and National Emergency: Kachin Popular Analyses of the Ceasefire Era and Its Resource Grabs." In *War and Peace in the Borderlands of Myanmar: The Kachin Ceasefire, 1994–2011*, edited by Mandy Sadan, 205–235. Copenhagen: NIAS Press, 2016.

————. "Nationalism and Anti-Ethno-Politics: Why 'Chinese Development' Failed at Myanmar's Myitsone Dam." *Eurasian Geography and Economics* 57, no. 3 (May 3, 2016): 374–402.

Kingston, Lindsey N. "Protecting the World's Most Persecuted: The Responsibility to Protect and Burma's Rohingya Minority." *The International Journal of Human Rights* 19, no. 8 (November 17, 2015): 1163–1175.

Kipgen, Nehginpao. "US–Burma Relations: Change of Politics under the Bush and Obama Administrations." *Strategic Analysis* 37, no. 2 (March 1, 2013): 203–216.

Kiser, Edgar, and Yong Cai. "War and Bureaucratization in Qin China: Exploring an Anomalous Case." *American Sociological Review* 68, no. 4 (2003): 511–539.

Kiser, Edgar, and April Linton. "Determinants of the Growth of the State: War and Taxation in Early Modern France and England." *Social Forces* 80, no. 2 (2001): 411–448.

————. "The Hinges of History: State-Making and Revolt in Early Modern France." *American Sociological Review* 67, no. 6 (2002): 889–910.

Krainara, Choen, and Jayant K. Routray. "Cross-Border Trades and Commerce between Thailand and Neighboring Countries: Policy Implications for Establishing Special Border Economic Zones." *Journal of Borderlands Studies* 30, no. 3 (July 3, 2015): 345–363.

Kramer, Tom, Ernestien Jensema, Martin Jelsma, and Tom Blickman. *Bouncing Back: Relapse in the Golden Triangle*. Amsterdam: Transnational Institute (TNI), 2014.

Krasner, Stephen D. *Structural Conflict: Third World Against Global Liberalism*. Berkeley: University of California Press, 1985.

Kuah, Khun Eng. "Negotiating Central, Provincial, and County Policies: Border Trading in South China." In *Where China Meets Southeast Asia: Social & Cultural Change in the Border Regions*, edited by Grant Evans, Christopher Hutton, and Kuah Khun Eng, 72–97. Singapore: Institute of Southeast Asian Studies, 2000.

Kubo, Koji. "Myanmar's Cross-Border Trade with China: Beyond Informal Trade." Discussion Papers 625. Institute of Developing Economies, Japan External Trade Organization, 2016.

Kudo, Toshihiro. "Myanmar's Economic Relations with China: Can China Support the Myanmar Economy." Discussion Papers 066. Institute of Developing Economies, Japan External Trade Organization, 2006.

Kyaw Yin Klaing. "Understanding Recent Political Changes in Myanmar." *Contemporary Southeast Asia: A Journal of International & Strategic Affairs* 34, no. 2 (2012): 197–216.

Lacina, Bethany. "Explaining the Severity of Civil Wars." *Journal of Conflict Resolution* 50, no. 2 (2006): 276–289.

Lahpai, Seng Maw. "State Terrorism and International Compliance: The Kachin Armed Struggle for Political Self-Determination." In *Debating Democratization in Myanmar*, edited by Nick Cheesman, Nicholas Farrelly, and Trevor Wilson, 285–304. Singapore: ISEAS Publishing, 2014.

Latt, Sai S. W. "More Than Culture, Gender, and Class: Erasing Shan Labor in the 'Success' of Thailand's Royal Development Project." *Critical Asian Studies* 43, no. 4 (December 1, 2011): 531–550.

Laungaramsri, Pinkaew. "Commodifying Sovereignty: Special Economic Zones and the Neoliberalization of the Lao Frontier." In *Impact of China's Rise on the Mekong Region*, edited by Yos Santasombat, 117–146. New York: Palgrave Macmillan, 2015.

———. "Contested Citizenship: Cards, Colors, and the Culture of Identification." In *Ethnicity, Borders, and the Grassroots Interface with the State: Studies on Southeast Asia in Honor of Charles F. Keyes*, edited by John A. Marston, 143–162. Chiang Mai: Silkworm Books, 2014.

———. "Ethnicity and the Politics of Ethnic Classification in Thailand." In *Ethnicity in Asia*, edited by Colin Mackerras. London: RoutledgeCurzon, 2003.

———. "Women, Nation, and the Ambivalence of Subversive Identification along the Thai-Burmese Border." *Sojourn: Journal of Social Issues in Southeast Asia* 21, no. 1 (April 1, 2006): 68–89.

Leach, Edmund R. *Political Systems of Highland Burma: A Study of Kachin Social Structure.* London: Bell, 1964.

Lee, Melissa. "The International Politics of Incomplete Sovereignty: How Hostile Neighbors Weaken the State." *International Organization* 72, no. 2 (2018): 283–315.

Lee, Sang Kook. "Behind the Scenes: Smuggling in the Thailand-Myanmar Borderland." *Pacific Affairs* 88, no. 4 (December 1, 2015): 767–790.

Leibold, James. *Ethnic Policy in China: Is Reform Inevitable?* Washington, DC: East-West Center, 2013.

———. "Positioning 'Minzu' within Sun Yat-Sen's Discourse of Minzuzhuyi." *Journal of Asian History* 38, no. 2 (2004): 163–213.

Lieberman, Victor B. "Reinterpreting Burmese History." *Comparative Studies in Society and History* 29, no. 1 (January 1987): 162–194.

Liew-Herres, Foon Ming, Volker Grabowsky, and Renoo Wichasin. *Chronicle of Sipsong Panna: History and Society of a Tai Lu Kingdom.* Chiang Mai: Silkworm Books, 2012.

Lin, Hsiao-ting. *Modern China's Ethnic Frontiers: A Journey to the West.* Abingdon, UK; New York: Routledge, 2010.

Lintner, Bertil. *Burma in Revolt: Opium and Insurgency since 1948.* 2nd ed. Chiang Mai: Silkworm Books, 1999.

———. "Recent Developments on the Thai-Burma Border." *IBRU Boundary and Security Bulletin* 3, no. 1 (April 1995): 72–76.

———. *The Rise and Fall of the Communist Party of Burma (CPB).* Ithaca, NY: Southeast Asia Program, Department of Asian Studies, Cornell University, 1990.

Lintner, Bertil, and Michael Black. *Merchants of Madness: The Methamphetamine Explosion in the Golden Triangle.* Chiang Mai: Silkworm Books, 2009.

Lovelace, Daniel Dudley. *China and "People's War" in Thailand, 1964–1969.* No. 8. China Research Monographs. Berkeley: Center for Chinese Studies, University of California, 1971.

Lovell, Julia. *The Opium War: Drugs, Dreams and the Making of China.* London: Picador, 2012.

Lu, Guangsheng. *China Seeks to Improve Mekong Sub-Regional Cooperation: Causes and Policies.* Singapore: S. Rajaratnam School of International Studies, Nanyang Technological University, 2016.

Ma, Jianxiong. "Salt and Revenue in Frontier Formation: State Mobilized Ethnic Politics in the Yunnan-Burma Borderland since the 1720s." *Modern Asian Studies* 48, no. 6 (November 2014): 1637–1669.

Macfarquhar, Roderick, and Michael Schoenhals. *Mao's Last Revolution.* Cambridge, MA: Harvard University Press, 2006.

Mackerras, Colin. *China's Minorities: Integration and Modernization in the Twentieth Century.* Hong Kong; New York: Oxford University Press, 1994.

Mallet, Marian. "Causes and Consequences of the October '76 Coup." *Journal of Contemporary Asia* 8, no. 1 (January 1, 1978): 80–103.

Mangrai, Saimong. *The Padaeng Chronicle and the Jengtung State Chronicle Translated.* Ann Arbor: University of Michigan, Center for South and Southeast Asian Studies, 1981.

Marciel, Scot. "Burma: Policy Review." Diplomacy in Action. United States Department of State, 2009.

Marks, Tom. *Making Revolution: The Insurgency of the Communist Party of Thailand in Structural Perspective.* Bangkok: White Lotus Press, 1994.

Marshall, Andrew MacGregor. *A Kingdom in Crisis: Thailand's Struggle for Democracy in the Twenty-First Century.* London: Zed Books, 2014.

Marx, Anthony W. *Faith in Nation: Exclusionary Origins of Nationalism.* Oxford; New York: Oxford University Press, 2003.

Masviriyakul, Siriluk. "Sino-Thai Strategic Economic Development in the Greater Mekong Subregion (1992–2003)." *Contemporary Southeast Asia* 26, no. 2 (2004): 302–319.

Maung Aung Myoe. *In the Name of Pauk-Phaw: Myanmar's China Policy since 1948.* Singapore: Institute of Southeast Asian Studies; London, 2011.

———. "The Soldier and the State: The Tatmadaw and Political Liberalization in Myanmar since 2011." *South East Asia Research* 22, no. 2 (June 1, 2014): 233–249.

Maung Maung. *Grim War Against KMT.* 2nd ed. Yangon: Seikku Cho Cho Publishing House, 2013.

McCargo, Duncan. "Informal Citizens: Graduated Citizenship in Southern Thailand." *Ethnic and Racial Studies* 34, no. 5 (May 1, 2011): 833–849.

———. *Tearing Apart the Land: Islam and Legitimacy in Southern Thailand.* Ithaca, NY: Cornell University Press, 2008.

McCarthy, Susan. *Communist Multiculturalism: Ethnic Revival in Southwest China.* Seattle: University of Washington Press, 2009.

McCoy, Alfred W. *The Politics of Heroin: CIA Complicity in the Global Drug Trade.* 1st ed. Brooklyn, NY: Lawrence Hill Books, 1991.

McLynn, Frank. *The Burma Campaign: Disaster into Triumph 1942–45.* London: Vintage, 2011.

Meehan, Patrick. "Fortifying or Fragmenting the State? The Political Economy of the Opium/Heroin Trade in Shan State, Myanmar, 1988–2013." *Critical Asian Studies* 47, no. 2 (April 3, 2015): 253–282.

Middleton, Carl, and Jeremy Allouche. "Watershed or Powershed? Critical Hydropolitics, China and the 'Lancang-Mekong Cooperation Framework.'" *The International Spectator* 51, no. 3 (2016): 100–117.

Min, Brian. *Power and the Vote: Elections and Electricity in the Developing World.* New York: Cambridge University Press, 2015.

Min Zin. "Burmese Attitude toward Chinese: Portrayal of the Chinese in Contemporary Cultural and Media Works." *Journal of Current Southeast Asian Affairs* 31, no. 1 (January 1, 2012): 115–131.

Montalvo, Jose G., and Marta Reynal-Querol. "Ethnic Diversity and Economic Development." *Journal of Development Economics* 76, no. 2 (April 2005): 293–323.

Mueller, John E. "Presidential Popularity from Truman to Johnson." *The American Political Science Review* 64, no. 1 (1970): 18–34. https://doi.org/10.2307/1955610.

Mullaney, Thomas. *Coming to Terms with the Nation: Ethnic Classification in Modern China.* Berkeley: University of California Press, 2010.

Murashima, Eiji. "The Commemorative Character of Thai Historiography: The 1942–43 Thai Military Campaign in the Shan States Depicted as a Story of National Salvation and the Restoration of Thai Independence." *Modern Asian Studies* 40, no. 4 (2006): 1053–1096.

———. "The Thai-Japanese Alliance and The Overseas Chinese in Thailand." In *Southeast Asian Minorities in the Wartime Japanese Empire*, edited by Paul H. Kratoska, 192–223. Oxford: RoutledgeCurzon, 2005.

Murphy, Ann Marie. "Beyond Balancing and Bandwagoning: Thailand's Response to China's Rise." *Asian Security* 6, no. 1 (January 22, 2010): 1–27.

Muscat, Robert J. *The Fifth Tiger: Study of Thai Development Policy.* Armonk, NY: M.E. Sharpe, 1994.

Mya Than. "Myanmar's Cross-Border Economic Relations and Cooperation with the People's Republic of China and Thailand in the Great Mekong Subregion." *Journal of GMS Development Studies* 2 (2005): 37–54.

Mylonas, Harris. *The Politics of Nation Building: Making Co-Nationals, Refugees, and Minorities*. New York: Cambridge University Press, 2013.

Nemoto, Kei. "The Concepts of Dobama ('Our Burma') and Thudo-Bama ('Their Burma') in Burmese Nationalism, 1930–1948." *Journal of Burma Studies* 5, no. 1 (March 30, 2011): 1–16.

Nyíri, Pál. "Reorientation: Notes on the Rise of the PRC and Chinese Identities in Southeast Asia." *Southeast Asian Journal of Social Science* 25, no. 2 (1997): 161–182.

OECD. *OECD Investment Policy Reviews: Myanmar 2014*. Paris: OECD Publishing, 2014.

Olson, James Stuart, and Randy W. Roberts. *Where the Domino Fell: America and Vietnam 1945–2010*. 6th ed. Chichester, UK: Wiley-Blackwell, 2013.

Østby, Gudrun. "Polarization, Horizontal Inequalities and Violent Civil Conflict." *Journal of Peace Research* 45, no. 2 (2008): 143–162.

Parameswaran, Prashanth. "US, Thailand Launch 2016 Cobra Gold Military Exercises Amid Democracy Concerns." *The Diplomat*, September 2, 2016.

Park, Joy K. "A Global Crisis Writ Large: The Effects of Being 'Stateless in Thailand' on Hill-Tribe Children." *San Diego International Law Journal* 10, no. 2 (March 22, 2009): 495.

Parnini, Syeda Naushin. "The Crisis of the Rohingya as a Muslim Minority in Myanmar and Bilateral Relations with Bangladesh." *Journal of Muslim Minority Affairs* 33, no. 2 (June 1, 2013): 281–297.

Perdue, Peter C. *China Marches West: The Qing Conquest of Central Eurasia*. Cambridge, MA: Harvard University Press, 2005.

Perera, Suda. "Alternative Agency: Rwandan Refugee Warriors in Exclusionary States." *Conflict, Security & Development* 13, no. 5 (December 1, 2013): 569–588.

Perry, Elizabeth J. "Rural Violence in Socialist China." *The China Quarterly*, no. 103 (1985): 414–440.

Platt, Stephen R. *Autumn in the Heavenly Kingdom: China, the West, and the Epic Story of the Taiping Civil War*. New York: Vintage Books, 2012.

Postiglione, Gerard A., ed. *China's National Minority Education: Culture, Schooling, and Development*. New York: Falmer Press, 1999.

Rajchagool, Chaiyan. *The Rise and Fall of the Thai Absolute Monarchy*. Bangkok: White Lotus Press, 1994.

Ramsay, James Ansil. "Modernization and Centralization in Northern Thailand, 1875–1910." *Journal of Southeast Asian Studies* 7, no. 1 (March 1976): 16–32.

Randolph, R. S., and W. Scott Thompson. *Thai Insurgency: Contemporary Developments*. Beverly Hills; London: Sage Publications, 1981.

Ratanaporn, Sethakul. "Political, Social, and Economic Changes in the Northern States of Thailand from the Chiang Mai Treaties of 1874 and 1883." PhD diss., Northern Illinois University, 1989.

Ratchasomphan, Saenluang. *The Nan Chronicle*. Translated by David K. Wyatt. Ithaca, NY: Southeast Asia Program, Cornell University, 1994.

Renard, Ronald D. "Social Change in the Shan States under the British, 1886–1942." In *Changes in Northern Thailand and the Shan States 1886–1940*, edited by Prakai Nontawasee, 109–147. Singapore: Institute of Southeast Asian Studies, 1988.

Reynolds, Bruce. "Phibun Songkhram and Thai Nationalism in the Fascist Era." *European Journal of East Asian Studies* 3, no. 1 (2004): 99–134.

Rigger, Shelley. "Nationalism versus Citizenship in the Republic of China on Taiwan." In *Changing Meanings of Citizenship in Modern China*, edited by Merie Goldman and Elizabeth Perry, 353–374. Cambridge, MA: Harvard University Press, 2002.

Ritharom, Chatri. "The Making of the Thai–U.S. Military Alliance and the SEATO Treaty of 1954: A Study in Thai Decision-Making." PhD diss., Claremont Graduate School, 1976.

Rock, Michael T. *Dictators, Democrats, and Development in Southeast Asia: Implications for the Rest*. New York: Oxford University Press, 2016.

Rossi, Amalia. "Turning Red Rural Landscapes Yellow? Sufficiency Economy and Royal Projects in the Hills of Nan Province, Northern Thailand." *Austrian Journal of South-East Asian Studies* 5, no. 2 (December 30, 2012): 275–291.

Sadan, Mandy. *Being and Becoming Kachin: Histories Beyond the State in the Borderworlds of Burma*. Oxford: British Academy, 2013.

———, ed. *The War and Peace in the Borderlands of Myanmar: The Kachin Ceasefire, 1994–2011*. Copenhagen: NIAS Press, 2016.

Safman, Rachel M. "Minorities and State-Building in Mainland Southeast Asia." In *Myanmar: State, Society and Ethnicity*, edited by N. Ganesan and Kyaw Yin Klaing, 30–69. Singapore: Institute of Southeast Asian Studies, 2007.

Sai Aung Tun. *History of the Shan State: From Its Origins to 1962*. Chiang Mai: Silkworm Books, 2009.

Salehyan, Idean. "Transnational Rebels: Neighboring States as Sanctuary for Rebel Groups." *World Politics* 59, no. 2 (2007): 217–242.

Salehyan, Idean, and Kristian Skrede Gleditsch. "Refugees and the Spread of Civil War." *International Organization* 60, no. 2 (April 2006): 335–366.

Sambanis, Nicholas. "Do Ethnic and Nonethnic Civil Wars Have the Same Causes?" *Journal of Conflict Resolution* 45, no. 3 (June 2001): 259–282.

Samudavanija, Chai-anan. "State-Identity Creation, State-Building and Civil Society, 1939–1989." In *National Identity and Its Defenders: Thailand Today*, edited by Craig J. Reynolds, 59–85. Chiang Mai: Silkworm Books, 2002.

Santasombat, Yos. *Lak Chang: A Reconstruction of Tai Identity in Daikong*. Canberra: Australian National University Press, 2011.

Satawedin, Dhanasarit. "Thai-American Alliance during the Laotian Crisis, 1959–1962: A Case Study of the Bargaining Power of a Small State." PhD diss., Northern Illinois University, 1984.

Sautman, Barry. "Ethnic Law and Minority Rights in China: Progress and Constraints." *Law & Policy* 21, no. 3 (July 1, 1999): 283–314.

———. "Preferential Policies for Ethnic Minorities in China: The Case of Xinjiang." *Nationalism and Ethnic Politics* 4, no. 1–2 (March 1, 1998): 86–118.

Schendel, Willem van. "Geographies of Knowing, Geographies of Ignorance: Jumping Scale in Southeast Asia." *Environment and Planning D: Society & Space* 20, no. 6 (2002): 647–668.

Schoenhals, Michael. "Cultural Revolution on the Border: Yunnan's 'Political Frontier Defence.'" *The Copenhagen Journal of Asian Studies*, no. 19 (2004): 27–54.

Scott, James C. *Seeing Like a State: How Certain Schemes to Improve the Human Condition Have Failed*. New Haven, CT: Yale University Press, 1999.

———. *The Art of Not Being Governed: An Anarchist History of Upland Southeast Asia*. New Haven, CT: Yale University Press, 2009.

Setakun, Rattanaporn. "History of Chiang Tung." In *Things about Chiang Tung*, edited by Arunrat Vichiankiew and Narumon Ruangrangsi. Chiang Mai: Suriwongs Book Center, 1994.

Shan Women's Action Network and Shan Human Rights Foundation. *License to Rape: The Burmese Military Regime's Use of Sexual Violence in the Ongoing War in Shan State*. Chiang Mai: Shan Human Rights Foundation, 2002.

Shannon, Stephanie, and Nicholas Farrelly. "Whither China's Myanmar Stranglehold?" In *ISEAS Perspective: Selections 2012–2013*, edited by Kee Beng Ooi, 26–36. Singapore: ISEAS-Yusof Ishak Institute, 2014.

Shao, Dan. "Chinese by Definition: Nationality Law, Jus Sanguinis, and State Succession." *Twentieth-Century China* 35, no. 1 (2009): 4–28.

Silverstein, J. *Burmese Politics: The Dilemma of National Unity*. New Brunswick, NJ: Rutgers University Press, 1980.

Sirikrai, Surachai. "Thai-American Relations in the Laotian Crisis of 1960–1962." PhD diss., State University of New York, 1979.

Skinner, G. William. *Chinese Society in Thailand: An Analytical History*. Ithaca, NY: Cornell University Press, 1962.

Skinner, George William. *Chinese Society in Thailand: An Analytical History*. Ithaca, NY: Cornell University Press, 1957.

Slater, Dan. "The Elements of Surprise: Assessing Burma's Double-Edged Détente." *South East Asia Research* 22, no. 2 (June 1, 2014): 171–182.

Smith, John Sterling Forssen. *The Chiang Tung Wars: War and Politics in Mid-19th Century Siam and Burma*. Bangkok: Institute of Asian Studies, Chulalongkorn University, 2013.

Smith, Martin. *Burma: Insurgency and the Politics of Ethnic Conflict*. London: Zed Books, 1999.

———. "Reflections on the Kachin Ceasefire: A Cycle of Hope and Disappointment." In *War and Peace in the Borderlands of Myanmar: The Kachin Ceasefire, 1994–2011*, edited by Mandy Sadan, 57–91. Copenhagen: NIAS Press, 2016.

———. *State of Strife: The Dynamics of Ethnic Conflict in Burma*. Washington, DC: East-West Center Press, 2007.

Sng, Jeffery, and Pimpraphai Bisalputra. *A History of the Thai-Chinese*. Singapore: Editions Didier Millet, 2015.

Solinger, Dorothy J. "Politics in Yunnan Province in the Decade of Disorder: Elite Factional Strategies and Central-Local Relations, 1967–1980." *The China Quarterly*, no. 92 (1982): 628–662.

———. *Regional Government and Political Integration in Southwest China 1949–1954: A Case Study*. Berkeley: University of California Press, 1977.

Soonthornpasuch, Suthep. "Socio-Cultural, and Political Change in Northern Siam: The Impact of Western Colonial Expansion (1850–1932)." In *Changes in Northern Thailand and the Shan States 1886–1940*, edited by Prakai Nontawasee, 148–174. Singapore: Institute of Southeast Asian Studies, 1988.

South, Ashley. *Ethnic Politics in Burma: States of Conflict*. London; New York: Routledge, 2008.

South, Ashley, and Kim Jolliffe. "Forced Migration: Typology and Local Agency in Southeast Myanmar." *Contemporary Southeast Asia: A Journal of International & Strategic Affairs* 37, no. 2 (August 2015): 211–241.

Steinberg, David I. *Burma: The State of Myanmar*. Washington, DC: Georgetown University Press, 2001.

Steinberg, David I., and Hongwei Fan. *Modern China-Myanmar Relations: Dilemmas of Mutual Dependence*. Copenhagen: NIAS Press, 2012.

Steiner, Zara. *The Triumph of the Dark: European International History 1933–1939*. Oxford; New York: Oxford University Press, 2013.

Stewart, Frances, ed. *Horizontal Inequalities and Conflict: Understanding Group Violence in Multiethnic Societies*. Basingstoke, UK; New York: Palgrave Macmillan, 2008.

Strate, Shane. *The Lost Territories: Thailand's History of National Humiliation*. Honolulu: University of Hawai'i Press, 2015.

Strauss, Julia C. "Paternalist Terror: The Campaign to Suppress Counterrevolutionaries and Regime Consolidation in the People's Republic of China, 1950–1953." *Comparative Studies in Society and History* 44, no. 1 (2002): 80–105.

Stubbs, Richard. "War and Economic Development: Export-Oriented Industrialization in East and Southeast Asia." *Comparative Politics* 31, no. 3 (1999): 337–355.

Sturgeon, Janet C. *Border Landscapes: The Politics of Akha Land Use in China and Thailand*. Seattle: University of Washington Press, 2005.

———. "Cross-Border Rubber Cultivation between China and Laos: Regionalization by Akha and Tai Rubber Farmers." *Singapore Journal of Tropical Geography* 34, no. 1 (March 1, 2013): 70–85.

Sturgeon, Janet C., and Nicholas Menzies. "Ideological Landscapes: Rubber in Xishuangbanna, Yunnan, 1950 to 2007." *Asian Geographer* 25, no. 1–2 (January 1, 2006): 21–37.

Sturgeon, Janet C., Nicholas K. Menzies, Yayoi Fujita Lagerqvist, David Thomas, Benchaphun Ekasingh, Louis Lebel, Khamla Phanvilay, and Sithong Thongmanivong. "Enclosing Ethnic Minorities and Forests in the Golden Economic Quadrangle." *Development and Change* 44, no. 1 (January 1, 2013): 53–79.

Su, Xiaobo. "Development Intervention and Transnational Narcotics Control in Northern Myanmar." *Geoforum* 68, Supplement C (January 1, 2016): 10–20.

———. "From Frontier to Bridgehead: Cross-Border Regions and the Experience of Yunnan, China." *International Journal of Urban and Regional Research* 37, no. 4 (July 1, 2013): 1213–1232.

———. "Nontraditional Security and China's Transnational Narcotics Control in Northern Laos and Myanmar." *Political Geography* 48 (September 2015): 72–82.

Summers, Tim. *Yunnan—A Chinese Bridgehead to Asia: A Case Study of China's Political and Economic Relations with Its Neighbours*. Oxford: Chandos Publishing, 2013.

Sun, Yun. "China, Myanmar Face Myitsone Dam Truths." *Asia Times Online*, February 19, 2014.

———. "China, the United States and the Kachin Conflict." Issue Brief. *Great Powers and The Changing Myanmar*. Washington, DC: Stimson Center, 2014.

———. "China's Strategic Misjudgement on Myanmar." *Journal of Current Southeast Asian Affairs* 31, no. 1 (2012): 73.

Supin, Ritpen. *The Princesses of Mangrai-Kengtung (Chao Nang)*. Chiang Mai: Tai Ethnic Art and Culture Center, Thakradat Temple, 2013.

Taylor, Robert H. "British Policy and the Shan States, 1886–1942." In *Changes in Northern Thailand and the Shan States 1886–1940*, edited by Prakai Nontawasee, 13–62. Singapore: Institute of Southeast Asian Studies, 1988.

———. *Foreign and Domestic Consequences of the KMT Intervention in Burma*. Ithaca, NY: Southeast Asia Program, Dept of Asian Studies, Cornell University, 1973.

———. *The State in Myanmar*. London: C Hurst & Co Publishers Ltd, 2008.

Tejapira, Kasian. *Commodifying Marxism: The Formation of Modern Thai Radical Culture, 1927–1958*. Kyoto, Japan; Melbourne, Australia; Portland, OR: Trans Pacific Press, 2001.

Thies, Cameron G. "Of Rulers, Rebels, and Revenue: State Capacity, Civil War Onset, and Primary Commodities." *Journal of Peace Research* 47, no. 3 (2010): 321–332.

———. "State Building, Interstate and Intrastate Rivalry: A Study of Post-Colonial Developing Country Extractive Efforts, 1975–2000." *International Studies Quarterly* 48, no. 1 (March 1, 2004): 53–72.

———. "The Political Economy of State Building in Sub-Saharan Africa." *Journal of Politics* 69, no. 3 (2007): 716–731.

———. "War, Rivalry, and State Building in Latin America." *American Journal of Political Science* 49, no. 3 (July 1, 2005): 451–465.

Thomas, M. Ladd. "Communist Insurgency in Thailand: Factors Contributing to Its Decline." *Asian Affairs* 13, no. 1 (1986): 17–26.

Thompson, William R. "Identifying Rivals and Rivalries in World Politics." *International Studies Quarterly* 45, no. 4 (December 1, 2001): 557–586.

Thornton, Patricia M., Peidong Sun, and Chris Berry, eds. *Red Shadows*. Vol. 12. *Memories and Legacies of the Chinese Cultural Revolution*. Cambridge: Cambridge University Press, 2017.

Tian, Qunjian. "China Develops Its West: Motivation, Strategy and Prospect." *Journal of Contemporary China* 13, no. 41 (November 1, 2004): 611–636.

Tilly, Charles. *Coercion, Capital and European States: AD 990–1992*. Cambridge, MA: Wiley-Blackwell, 1992.

———, ed. *The Formation of National States in Western Europe*. 1st ed. Princeton, NJ: Princeton University Press, 1975.

———. "War Making and State Making as Organized Crime." In *Bringing the State Back In*, edited by Dietrich Reuschmeyer, Theda Skocpol, and Peter Evans, 169–191. Cambridge, UK: Cambridge University Press, 1985.

Tin Maung Maung Than. *State Dominance in Myanmar: The Political Economy of Industrialization*. Singapore: ISEAS Publishing, 2007.

Tinker, Hugh. *The Union of Burma: A Study of The First Years of Independence*. London: Oxford University Press, 1967.

To, James Jiann Hua. *Qiaowu: Extra-Territorial Policies for the Overseas Chinese*. Leiden: Brill Academic Publishers, 2014.

Toft, Monica Duffy. *The Geography of Ethnic Violence: Identity, Interests, and the Indivisibility of Territory*. Princeton, NJ: Princeton University Press, 2005.

Tollefsen, Andreas Forø, and Halvard Buhaug. "Insurgency and Inaccessibility." *International Studies Review* 17, no. 1 (March 1, 2015): 6–25.

Tsuneishi, Takao. "Border Trade and Economic Zones on the North-South Economic Corridor: Focusing on the Connecting Points between the Four Countries." Discussion Papers 205. Institute of Developing Economies, Japan External Trade Organization, 2009.

———. "Development of Border Economic Zones in Thailand: Expansion of Border Trade and Formation of Border Economic Zones." Discussion Papers 153. Institute of Developing Economies, Japan External Trade Organization, 2008.

———. "The Regional Development Policy of Thailand Its Economic Cooperation with Neighbouring Countries." Discussion Papers 32. Institute of Developing Economies, Japan External Trade Organization, 2005.

Tubilewicz, Czeslaw, and Kanishka Jayasuriya. "Internationalisation of the Chinese Subnational State and Capital: The Case of Yunnan and the Greater Mekong Subregion." *Australian Journal of International Affairs* 69, no. 2 (March 4, 2015): 185–204.

Turnell, Sean. *Fiery Dragons: Banks, Moneylenders and Microfinance in Burma*. Copenhagen: NIAS Press, 2009.

Turner, Alicia. *Saving Buddhism: The Impermanence of Religion in Colonial Burma*. Honolulu: University of Hawai'i Press, 2017.

Unger, Daniel. "Ain't Enough Blanket: International Humanitarian Assistance and Cambodian Political Resistance." In *Refugee Manipulation: War, Politics, and the Abuse of Human Suffering*, edited by Stephen Stedman and Fred Tanner, 17–56. Washington, DC: Brookings Institution Press, 2003.

Vaddhanaphuti, Chayan. "The Thai State and Ethnic Minorities: From Assimilation to Selective Integration." In *Ethnic Conflict in Southeast Asia*, edited by Kusuma Snitwngse and W. Scott Thompson, 151–166. Singapore: Institute of Southeast Asian Studies, 2005.

Vella, Walter F. *Chaiyo!: King Vajiravadh and the Development of Thai Nationalism.* Honolulu: University of Hawai'i Press, 1986.

Vila, Pablo. *Crossing Borders, Reinforcing Borders: Social Categories, Metaphors and Narrative Identities on the U.S.-Mexico Frontier.* Austin: University of Texas Press, 2000.

Viraphol, Sarasin. *Tribute and Profit: Sino-Siamese Trade, 1652–1853.* Cambridge, MA: Harvard University Asia Center, 1977.

Vogt, Manuel, Nils-Christian Bormann, Seraina Rüegger, Lars-Erik Cederman, Philipp Hunziker, and Luc Girardin. "Integrating Data on Ethnicity, Geography, and Conflict: The Ethnic Power Relations Data Set Family." *Journal of Conflict Resolution* 59, no. 7 (October 1, 2015): 1327–1342.

Vreeland, James Raymond. "The Effect of Political Regime on Civil War: Unpacking Anocracy." *Journal of Conflict Resolution* 52, no. 3 (2008): 401–425.

Walker, Andrew. "Seditious State-Making in the Mekong Borderlands: The Shan Rebellion of 1902–1904." *Sojourn* 29, no. 3 (November 1, 2014): 554–590.

———, ed. *Tai Lands and Thailand: Community and State in Southeast Asia.* Singapore: National University of Singapore Press, 2009.

———. *Thailand's Political Peasants: Power in the Modern Rural Economy.* Madison: University of Wisconsin Press, 2012.

Walton, Matthew J. "The Disciplining Discourse of Unity in Burmese Politics." *Journal of Burma Studies* 19, no. 1 (June 17, 2015): 1–26.

———. "Ethnicity, Conflict, and History in Burma: The Myths of Panglong." *Asian Survey* 48, no. 6 (2008): 889–910.

———. "The 'Wages of Burman-Ness:' Ethnicity and Burman Privilege in Contemporary Myanmar." *Journal of Contemporary Asia* 43, no. 1 (February 1, 2013): 1–27.

Wang, Bing. *Ta'ang.* Documentary, Chinese Shadows, 2016.

Wang, Gungwu. *The Chinese Overseas: From Earthbound China to the Quest for Autonomy.* Cambridge, MA: Harvard University Press, 2002.

Webster, Donovan. *The Burma Road.* London: Macmillan, 2004.

Weinberg, Gerhard L. *Hitler's Foreign Policy 1933–1939: The Road to World War II.* New York: Enigma Books, 2005.

Weiner, Myron. "Bad Neighbors, Bad Neighborhoods." *International Security* 21, no. 1 (July 1, 1996): 5.

Wimmer, Andreas, Lars-Erik Cederman, and Brian Min. "Ethnic Politics and Armed Conflict: A Configurational Analysis of a New Global Data Set." *American Sociological Review* 74, no. 2 (2009): 316–337.

Winichakul, Thongchai. "Nationalism and the Radical Intelligentsia in Thailand." *Third World Quarterly* 29, no. 3 (April 1, 2008): 575–591.

———. *Siam Mapped: A History of the Geo-Body of a Nation.* Honolulu: University of Hawai'i Press, 1994.

Wolters, O. W. *Culture, History and Region in South East Asian Perspectives.* Singapore: Institute of Southeast Asian Studies, 1982.

Wongsurawat, Wasana. "Beyond Jews of the Orient: A New Interpretation of the Problematic Relationship between the Thai State and Its Ethnic Chinese Community." *Positions* 24, no. 2 (May 1, 2016): 555–582.

Wongtrangan, Kanok. "Communist Revolutionary Process: A Study of the Communist Party of Thailand." PhD diss., Johns Hopkins University, 1981.

Woods, Kevin. "Ceasefire Capitalism: Military–Private Partnerships, Resource Concessions and Military–State Building in the Burma–China Borderlands." *Journal of Peasant Studies* 38, no. 4 (October 1, 2011): 747–770.

———. *Commercial Agriculture Expansion in Myanmar: Links to Deforestation, Conversion Timber, and Land Conflicts.* Washington, DC: Forest Trends, 2015.

Wyatt, David K. *Thailand: A Short History.* 2nd rev. ed. New Haven, CT: Yale University Press, 2003.

Wyatt, David K., and Aroonrut Wichienkeeo, trans. *The Chiang Mai Chronicle.* Chiang Mai: Silkworm Books, 1995.

Yang, Bin. *Between Winds and Clouds: The Making of Yunnan.* New York: Columbia University Press, 2009.

———. "'We Want to Go Home!' The Great Petition of the Zhiqing, Xishuangbanna, Yunnan, 1978–1979." *The China Quarterly*, no. 198 (2009): 401–421.

Yang, Kuisong. "Reconsidering the Campaign to Suppress Counterrevolutionaries." *The China Quarterly*, no. 193 (2008): 102–121.

Yawnghwe, Chao Tzang. *The Shan of Burma: Memoirs of a Shan Exile.* Singapore: Institute of Southeast Asian Studies, 2010.

Yoon, Won Zoon. "Japan's Occupation of Burma, 1941–1945." PhD diss., New York University, 1971.

Yun, Sun. "Chinese Investment in Myanmar: What Lies Ahead?" Issue Brief No. 1. *Great Powers and the Changing Myanmar.* Washington, DC: Stimson Center, 2013.

Zaiotti, Ruben. *Cultures of Border Control: Schengen and the Evolution of European Frontiers.* Chicago: University of Chicago Press, 2011.

Zhang, Wenyi, and FKL Chit Hlaing. "The Dynamics of Kachin 'Chieftaincy' in Southwestern China and Northern Burma." *Cambridge Anthropology* 31, no. 2 (Autumn 2013): 88–103.